Information & Communication
信息与通信创新学术专著

Wireless Positioning Principles and Technologies

无线定位原理与技术

刘 琪 冯 毅 邱佳慧／编著

人民邮电出版社
北 京

图书在版编目（CIP）数据

无线定位原理与技术 / 刘琪，冯毅，邱佳慧编著
. -- 北京 : 人民邮电出版社，2017.7
（信息与通信创新学术专著）
ISBN 978-7-115-44324-3

Ⅰ. ①无… Ⅱ. ①刘… ②冯… ③邱… Ⅲ. ①无线电定位 Ⅳ. ①TN95

中国版本图书馆CIP数据核字(2017)第147258号

内 容 提 要

本书聚焦无线定位的基本原理和关键技术。首先介绍了定位技术的起源，并对定位技术进行了分类；其次分析了影响定位的重要因素之一——无线传播环境；然后介绍了无线定位的基本原理和算法，并且分析了影响定位性能的主要因素；接着分别系统地介绍了卫星定位、蜂窝网定位和无线局域网定位，包括基本原理、定位方法、误差来源及应用，并给出了蜂窝网定位的实例；最后总结了无线定位技术在现网和5G中的应用，并展望了未来无线定位的发展。

本书属于无线定位的基础教材，适合从事无线定位理论与关键技术研究的专业人员阅读，也可以供通信及计算机相关专业的研究生阅读。

◆ 编　　著　刘　琪　冯　毅　邱佳慧
责任编辑　代晓丽
执行编辑　刘　琳
责任印制　彭志环

◆ 人民邮电出版社出版发行　　北京市丰台区成寿寺路 11 号
邮编　100164　　电子邮件　315@ptpress.com.cn
网址　http://www.ptpress.com.cn

◆ 开本：700×1000　1/16
印张：12.5　　2017 年 7 月第 1 版
字数：245 千字　　2017 年 7 月河北第 1 次印刷

定价：88.00 元

读者服务热线：(010)81055488　印装质量热线：(010)81055316
反盗版热线：(010)81055315

《无线定位原理与技术》顾问及编委名单

（按姓氏拼音排序）

序　　言

人类社会正在向信息化社会迅速发展，万物互联、信息交互已经成为必然的发展趋势，信息的获取、分析和利用是人类改造世界和推动社会发展的重要手段。位置信息作为人类生活的基本信息之一，越来越受到重视。定位，就是获取目标位置信息的过程。一方面，人类在不断探索如何获得更加精确的位置信息并加以利用；另一方面，在人类隐私不断被攻击破坏的时代，个人位置信息的保护同样受到关注。

定位应用的历史最早可以追溯到 20 世纪 70 年代。美国军方为实现对陆海空三大领域提供实时、全天候和全球性的定位导航服务，研制了 GPS，并在海湾战争中大规模使用。后续前美国总统克林顿又颁布法令，将 GPS 免费向民用领域开放。1966 年，美国联邦通信委员会提出的 E-911 紧急呼叫定位需求，使基于电信蜂窝网络的定位技术得到充分发展。随着科技的进步以及人类生产、生活水平的不断提高，基于室内定位的需求越来越强烈，包括机场导航、商场导购、仓储与物流等，未来还将会应用到虚拟现实、机器人和无人机等领域。考虑到 GPS 在室内应用的局限性以及目前蜂窝网的定位精度问题，基于局域网定位的技术应运而生，如 Wi-Fi 定位、蓝牙定位、超宽带定位和射频识别定位等。每一项技术都可以形成一套完整的定位系统，并根据其在网络部署、定位能力和运营成本等方面的特点应用于各个领域。多种技术融合来实现高效精准的定位将是未来定位行业的重要发展趋势。

本书介绍了当前主流无线定位技术，包括卫星定位、蜂窝网定位以及无线局域网定位，内容涵盖了室内定位的基本原理、定位系统、误差评估及实际应用案例。兼顾原理与应用是本书的一大特色，既有详细的定位理论推导，也有定位系统演示、实验结果及性能分析。本书体系完整、内容详实、深入浅出，对未来无线定位的发展和应用具有重要的参考价值和指导意义。

中国科学院院士和中国工程院院士
北京邮电大学教授

陈俊亮

2016年8月于北京

前　言

随着无线通信技术的飞跃发展，人们对智能化生活的需求也不断提升。基于位置的服务已经逐渐成为日常生活的必要组成部分，例如导航追踪、交通管理及旅游服务等。实际上，LBS 在室内场景下的应用更加广泛，比如商场或超市购物、仓库物品管理、游戏开发等。在未来 5G 的发展中，车联网、智能家居、工业 4.0、VR 等新兴技术与产业更加需要高精度定位技术的支持。

无线定位技术研究受到国内外标准组织、研究机构及产业界的广泛关注。国际标准组织 3GPP 长期致力于无线定位技术标准化，主要内容涉及无线定位方法、LBS 标准，并且详细规范了定位系统的网络架构、网络单元及工作流程等。美国 FCC 主要致力于无线网络紧急呼叫业务下的无线定位标准，对无线定位精度进行了量化规范。中国 2016 年国家重大研发计划将“导航与位置服务核心技术”方向作为重要支持项目之一，作者所在单位也承担了该项目的研究工作。国内外各大公司，包括谷歌、苹果、微软、百度和阿里巴巴等互联网公司，也都在室内外地图、定位系统部署和导航追踪等方面颇有建树。

发展至今，无线定位技术已经趋于成熟，全球已部署 4 套卫星定位系统，基于蜂窝网等地面广域覆盖网络的定位系统也已经开始应用。为满足室内 LBS 性能要求，近年来基于无线局域网、射频识别、超宽带和蓝牙等网络实现室内定位的技术也如雨后春笋般涌现，其定位精度达米级，甚至采用超宽带技术可达厘米级精度。然而，由于无线传播环境复杂、生活环境不断变化等因素影响，现有的定位服务尚不足以满足人们的高精度、多样化业务需求，还有待于依靠多种定位技术融合协作进一步提高定位性能。

本书聚焦无线定位的基本原理和关键技术。全书共分为 8 章，第 1 章主要介绍定位技术的起源、发展与分类；第 2 章分析影响定位的重要因素——无线传播环境；第 3 章介绍定位基本原理和算法，包括测量方法和定位算法；第 4～6 章分别系统介绍卫星定位、蜂窝网定位和无线局域网定位，包括基本原理、定位方法、误差来源及应用；第 7 章给出蜂窝网定位的实例——LTE 室内高精度定位，包括系统架构、实现原理及方法以及性能演示分析等，本章的定位系统是作者的自主研发成果；第 8 章总结无线定位在现网和 5G 中的应用以及未来无线定位的发展。作者长期从事室内外定位技术研究工作，并且致力于定位系统的设备研发与网络部署等领域。

本书由刘琪担任主编，冯毅、邱佳慧、胡荣贻、张文浩、陈祎、马玥、刘珊等共同撰写完成。其中，刘琪、冯毅主要负责全书内容选材和审稿；邱佳慧负责第 1、6、7 章的编写和统稿；张文浩负责第 2、7 章的编写；胡荣贻负责第 3、5、7 章的编写；陈祎负责第 4、7 章的编写；马玥负责第 5 章的编写；刘珊负责第 8 章的编写。感谢北京邮电大学陈俊亮院士对本书出版的大力支持，并欣然作序。在本书撰写过程中，中国联通的迟永生、刘华平、马红兵、唐雄燕、范斌、胡云、王友祥、韩潇、王蕴实，北京交通大学的苏伟、陈佳等提供了支持和帮助，对此表示衷心感谢。同时，感谢深圳国人通信有限公司对本书出版的支持。各位同事的技术积累、专业精神与无私支持是完成本书的动力所在。

因作者水平有限，书中难免存在错漏与不足之处，敬请广大读者批评指正。

作　者

2016 年 9 月 27 日于北京

目　　录

第 1 章 绪论

1.1 定位技术的起源与发展

定位，就是确定地球表面某个物体在某一参考坐标系中的位置[1]。

定位技术的大规模发展源于全球定位系统（Global Positioning System，GPS）技术的产生和普及。GPS 是 20 世纪 70 年代由美国陆海空三军联合研制的新一代空间卫星导航定位系统。截至 1994 年 3 月 10 日，预定的 24 颗卫星全部发射完毕，全球覆盖率高达 98%。2000 年美国取消了对 GPS 卫星民用信道的干扰信号，民用 GPS 的定位精度达到平均 6.2 m 的实用化水平，从而掀起 GPS 产业和应用热潮[2]。

基于无线网络的定位技术起源于 20 世纪 90 年代中期美国联邦通信委员会（Federal Communications Commission，FCC）提出的 E-911（Emergency Call 911，紧急呼叫“911”）服务条款[3]，要求无线网络能够提供符合要求的、可靠的、准确的定位信息[4]。E-911 服务条款的提出使基于无线通信网络的移动终端定位技术得到了快速发展，其应用范围也不断延伸到人们生活的方方面面。

随着智能化生活需求的不断提升，用户的业务需求需要无线终端提供多样化的服务。其中，基于位置的服务（Location Based Service，LBS）就是无线终端通过卫星通信技术、无线蜂窝通信技术、无线局域网（Wireless Local Area Networks，WLAN）等通信网络获取位置信息并为用户提供基于位置信息的个性化服务。

室外场景下的 LBS 应用包括导航追踪、交通管理及旅游服务等。在室外场景下，常用的无线定位技术包括 GPS[5]、辅助 GPS（Assisted GPS，A-GPS）[6]，以及基于无线蜂窝网络的定位，如小区 ID（Cell ID，CID）技术[7]、增强型小区 ID（Enhance Cell ID，E-CID）技术[8]。LBS 在室内场景下的应用更加广泛，比如商场或超市购物、仓库物品管理、游戏开发等。为满足室内 LBS 定位性能要求，近年来国内外学者及科研机构研究利用 WLAN[9]、射频识别（Radio Frequency

Identification，RFID）[10]、超宽带（Ultra Wide Band，UWB）[11]、蓝牙[12]（Bluetooth）等无线网络来实现室内移动终端的定位技术，其定位精度可达米级，而采用UWB 技术甚至可达厘米级精度[11]。图 1-1 给出了基于各种无线网络的定位技术的性能对比[13,14]。LBS 市场的拓展与无线定位技术的发展是相互关联、相互促进的，无线定位技术性能的提高有利于 LBS 服务质量的提高，而 LBS 市场应用的拓展进一步加大了无线定位技术研究面的广度与研究点的深度。

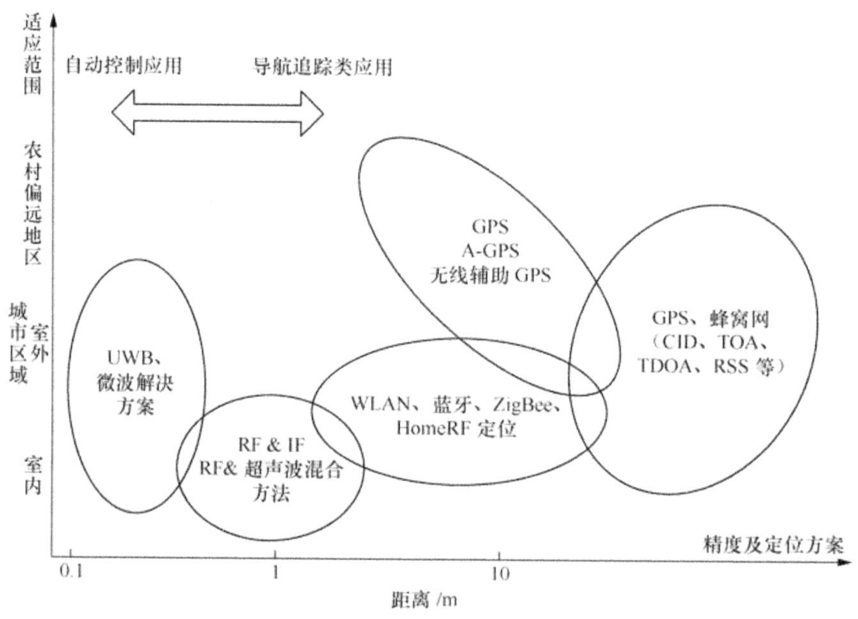

图 1-1 定位系统性能比较

无线定位系统主要由 4 部分组成，包括信号接收、参数估计、位置计算和定位显示与应用，如图 1-2 所示。

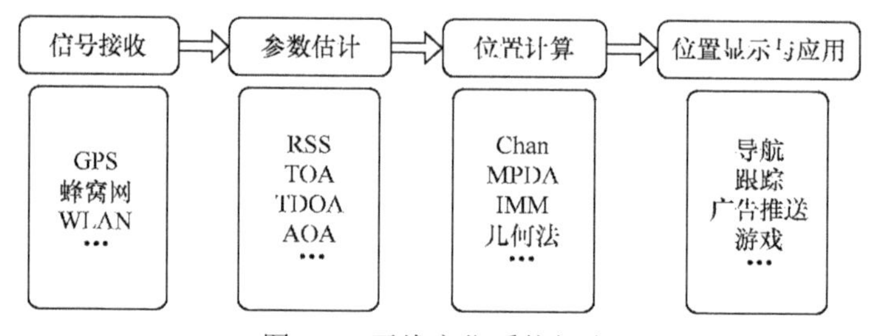

图 1-2 无线定位系统组成

（1）无线接收信号

无线定位技术能够利用的无线信号包括移动蜂窝通信网络（2G/3G/LTE/LTE-A）、GPS、WLAN 等，可为不同应用场景下的不同用户提供不同业务类型的无线通信服务。

（2）参数估计

收发机之间距离信息需要通过估计两者无线信道链路的参数信息来获取，该参数包括接收信号强度（Received Signal Strength，RSS）、到达时间（Time Of Arrival，TOA）、到达时间差（Time Difference Of Arrival，TDOA）、到达角（Angle Of Arrival，AOA）等。上述参数是进行下一步位置估计的前提。实际接收的无线信号受非视距传输及多径效应、阴影效应的影响，因此，即使精确估计信道参数信息，也难以获取准确的收发机之间的直线距离。

（3）位置计算

定位算法是整个定位系统性能的关键性影响因素，一方面要求定位算法有较好的精准度；另一方面又要求定位系统有较低的复杂度和时延。精准度与复杂度之间的平衡，是定位系统开发考虑的重要因素。常见的优化算法包括 Chan 算法、MPDA 算法、IMM 算法等。

（4）位置信息显示与应用

定位技术的实现可以在终端界面直观地以地图信息的方式显示估计的位置结果；同时，定位技术需要与其他应用相结合，在终端软/硬件的支持下完成数据处理，为用户提供数字化的 LBS 服务。

1.2　研究现状

随着市场的需求不断增大，定位技术的发展也越来越迅速，以求满足人们在不同场景下的定位要求。下面将从标准化和产业发展两个方面，简要介绍目前定位技术的发展现状。

1.2.1　标准化

主要的定位标准化组织及其职能描述如下。

（1）美国联邦通信委员会

美国联邦通信委员会[15]主要致力于无线网络提供紧急呼叫业务下的无线定位标准，对无线定位精度进行了量化规范。在早期颁布的 E-911 条令中，要求基于无线网络的定位技术提供 100 m 精度的概率达到 67%，300 m 精度的概率达到 90%；而基于手持终端的定位技术（如 GPS 技术）提供 50 m 精度的概率为 67%，150 m 精度的概率为 90%。2006 年，美国联邦通信委员会提出了 NG911（Next Generation 911，下一代 911）服务以进一步提高定位精度，特别是环境恶劣的地区，如城区、山区、森林等。同时支持空白（Void）业务，以自动识别呼叫者的位置信息。

（2）3GPP

3GPP（Third Generation Partnership Project，第三代合作伙伴计划）的 SA（Service and System Aspects，服务和系统方面）工作组长期致力于 LBS 标准化，主要内容涉及无线定位方法[16]、LBS 服务标准[17]以及 LBS 架构[18]。该工作组主要利用蜂窝网提供 LBS 应用与开发，涵盖的 LBS 应用包括物流管理、导航、城市旅游、热点地区查找、商业广告投放与推广等。3GPP 的 RAN（Radio Access Network，无线接入网）工作组详细规范了蜂窝网定位技术的网络架构、定位流程、定位方法，尤其是关于 Cell-ID、ECID、OTDOA 及网络辅助的 GPS 定位技术方面的实现[16]。

在 3GPP Release 8 中提出了利用服务用户的蜂窝网信息进行定位，即 CID 定位，这是最基本的定位方法。Release 9 提出利用下行定位参考信号（Positioning Reference Signals，PRS）的时间差进行定位，即 OTDOA 法，其定位精度为 50～100 m。Release 11 进一步定义了上行 TDOA 方法，即 UTDOA 法。Release 12 中考虑使定位精度满足 FCC 的需求（定位精度小于 50 m 的概率为 67%，即<50 m@67%）。从 Release 8 到 Release 12，主要关注室外定位技术，通过增强技术提高定位精度，而 Release 13 提出利用 Wi-Fi（Wireless Fidelity，无线保真）、蓝牙、气压计、TBS 等方法进行室内定位，并要求垂直定位精度达到 3 m。在目前正在开展的 Release 14 中，将对定位技术进行进一步增强，以达到更高的定位精度（<3 m@80%）和更低的时延（初始化时间小于 10 s，连续定位响应时间为 10～15 ms）。定位技术在 3GPP 标准中的演进如图 1-3 所示。

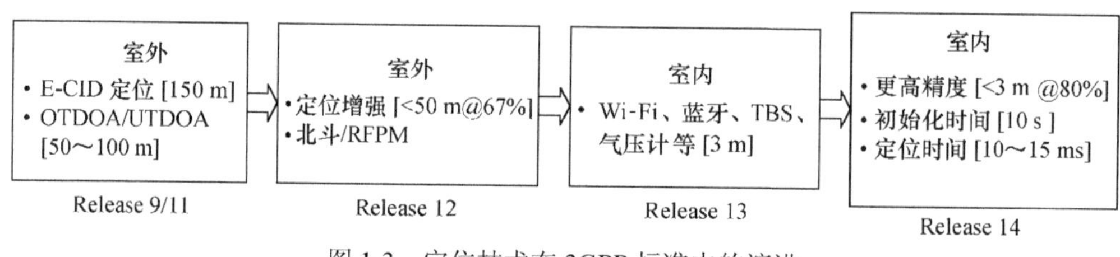

图 1-3　定位技术在 3GPP 标准中的演进

（3）OMA

OMA（Open Mobile Alliance，开放式移动联盟）源自于无线应用协议（Wireless Application Protocol，WAP）论坛[19]，主要致力于根据市场和用户需求制定对应的高质量开放式标准协议，同时保障不同服务提供商之间 LBS 的互联互通性，并加强不同标准组织之间的合作，以促进 LBS 体系框架的商业化进展。OMA 关于 LBS 的协议中主要明确了位置信息的框架、位置信息的传输协议以及位置信息可拓展标记语言（Extensive Markup Language，XML）文件格式，通过标准化位置信息传输通信协议，使不同位置服务供应商及其位置服务开发应用之间互联互通，从而有效促进了 LBS 市场的发展。

1.2.2　产业界

在产业界，各大巨头纷纷布局定位产业，如图 1-4 所示。2013 年以来，谷歌（Google）室内地图快速覆盖了北美、欧洲、澳大利亚和日本等地的 1 万多家大型场馆，且总数仍在不断增加。2014 年 2 月，谷歌开发 3D 视觉智能机项目，名为 Project Tango，该项目已开发出一款集成摄像头、传感器和芯片的原型智能手机，这些部件能够帮助用户塑造出周围环境的 3D 地图，谷歌表示这类 3D 模型有望成为各类应用的基础，如室内导航。另外，苹果公司于 2013 年收购了室内定位团队 WiFiSLAM，推出 iBeacon 蓝牙室内定位系统，目前已在美国千家商城推广试用。

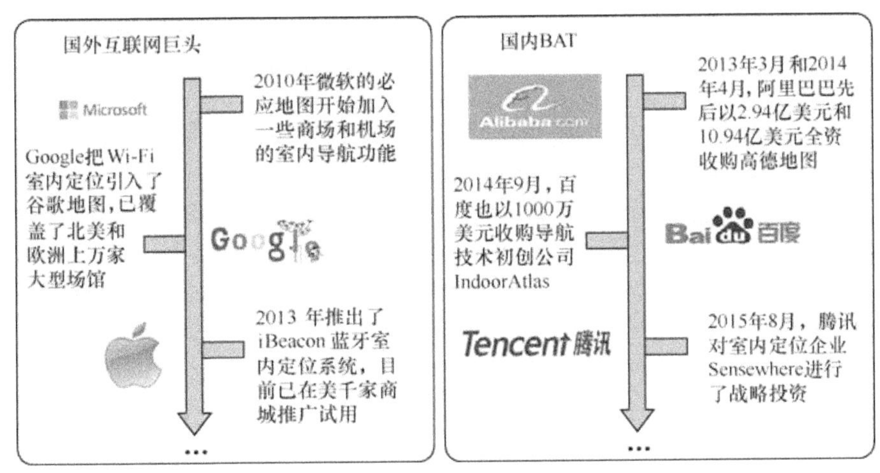

图 1-4　互联网公司在无线定位方向的动态

无线定位的广阔市场前景同样也吸引国内的互联网公司的注意与投资。2013 年 3 月和 2014 年 4 月，阿里巴巴先后以 2.94 亿美元和 10.94 亿美元全资收购高德地图。阿里巴巴方面表示，通过全资收购，将有助于高德地图和导航业务提升竞争力，从而进一步提升高德软件在地图和导航业务领域服务用户的能力。2014 年 9 月，百度为室内导航技术公司 IndoorAtlas 投资 1 000 万美元，旨在发展应用于建筑物和购物中心的导航服务。2015 年 8 月，腾讯对室内定位企业 Sensewhere 进行了战略投资。以上国内互联网巨头在定位领域市场的战略性投资，表明无线定位行业存在巨大的经济利益潜力，需要进一步发掘和开发。

1.3　无线定位技术分类

目前，室外定位技术主要包括以卫星定位、蜂窝网定位，以及 GPS 与蜂窝网相结合的 A-GPS 定位等。针对室内定位，蜂窝网的室分系统同样可以利用，另外基于 WLAN 的定位技术在室内定位中发挥重要作用。

1.3.1 卫星定位

全球卫星导航系统（Global Navigation Satellite System，GNSS）是一种空间无线电定位系统。在地球上的任何时间、地点和天气下，只要接收机能接收到良好的卫星信号，就能确定它自身的准确位置。

目前，在轨运行的卫星导航系统包括美国的 GPS、我国的北斗系统、俄罗斯 GLONASS 系统以及欧盟伽利略（Galileo）系统。这些系统丰富和拓展了卫星导航定位技术，可以为全球用户提供 24 h 的导航定位服务。GPS 是最早研制成功也是目前应用最为广泛的一个全球导航定位系统。目前，GPS 的空间星座部分由 21 颗工作卫星和 3 颗备用卫星组成，卫星均匀分布在 6 个轨道面上（每个轨道面 4 颗），轨道倾角为 55°。GPS 系统可以提供的服务分为两类，分别是精密定位服务（Precise Positioning Service，PPS）和标准定位服务（Standard Positioning Service，SPS）。其中，PPS 主要服务于美国军方和取得授权的政府机构用户，系统采用 P 码定位，单点定位精度可以达到 0.29～2.9 m。SPS 则主要用作民用，定位精度可达 2.93～29.3 m。目前美国正加紧部署和研究 GPS Ⅲ计划，GPS Ⅲ将选择全新的优化设计方案，放弃现有的 24 颗中轨道卫星，采用全新的 33 颗高轨道加静止轨道卫星组网。据介绍，与现有 GPS 相比，GPS Ⅲ的信号发射功率可提高 100 倍，定位精度提高到 0.2～0.5 m。

北斗卫星导航定位系统是由我国自主研发的，可以和目前世界上其他几大卫星导航定位系统实现兼容与互操作的全球卫星导航定位系统。北斗具有三大基本功能，分别是快速定位、双向通信和精密授时。根据我国的战略方针，北斗卫星导航系统按照三步走的总体规划分步实施：第一步是建立区域有源系统，1994 年启动北斗卫星导航试验系统建设，即实施“北斗一代”导航系统的建设，2000 年形成区域有源服务能力；第二步是建立区域无源系统，于 2000 年启动北斗卫星导航系统建设，在 2012 年形成区域无源服务的能力；第三步是建立全球无源定位系统，于 2020 年形成能够提供无源定位的全球卫星导航定位系统。

GLONASS 是 Global Navigation Satellite System 的缩写，是由前苏联国防部独立研制和控制的军用导航定位系统，采用与 GPS 相近的 24 颗星星座组成，其中包含 21 颗处于工作状态的运行卫星和 3 颗处于工作状态的在轨备份卫星。与 GPS 所采用的码分多址（Code Division Multiple Access，CDMA）不同，GLONASS 系统使用频分多址（Frequency Division Multiple Access，FDMA）的方式，每颗 GLONASS 卫星广播两种信号，即 L1 和 L2 信号。根据俄联邦太空署官方网站提供的数据，目前 GLONASS 有 29 颗在轨卫星，其中 23 颗 GLONASS-M 卫星正常工作，2 颗卫星暂时进入技术维修中，3 颗用于系统备用，还有 1 颗 GLONASS-K 卫星用于飞行实验。

伽利略计划是一个欧洲的全球导航服务计划。它是世界上第一个专门为民用目的设计的全球性卫星导航定位系统。它的总体思路具有四大特点：自成独立体系；能与其他的 GNSS 系统兼容互动；具备先进性和竞争能力；公开进行国际合作。完全部署之后的伽利略系统将主要由 3 部分组成，即空间星座部分、地面监控与服务设施部分和用户设备部分，此外伽利略系统还将为外部系统及地区增值服务运营系统提供接口。伽利略系统的空间星座部分将包括 30 颗卫星（27 颗工作卫星、3 颗备用卫星），它们将被均分为 3 组运行于中地球轨道上，预定轨道半径为 29 601.297 km，轨道平面与地球赤道平面的轨道倾角为 56°，卫星运行周期约为 14 h，卫星设计寿命为 20 年。

1.3.2 蜂窝网定位

蜂窝网络定位技术发展的原动力是美国联邦通信委员会于 1966 年提出的 E-911 紧急呼叫的定位需求。蜂窝网定位技术主要是利用现有的蜂窝网络，通过测量信号的某些特征值来完成定位的技术。因为蜂窝网的覆盖率比较广，不需要移动终端硬件上的升级，在室内也能完成定位，所以基于蜂窝网的定位技术是目前比较常用的定位技术。依据定位技术所采用的测量值，可以将基于蜂窝网的定位技术分为基于到达时间、到达角度、接收信号场强及混合定位技术等。

在蜂窝网中，按照定位主体、定位估计位置及所使用设备的不同，将移动台无线定位方案分成以下几种系统[20]。

（1）基于移动台的系统

此系统又称为前向链路定位系统或移动台自定位系统。在此过程中，移动台检测到多个位置已知的发射机所发射的信号，并按照信号中所包含的与移动台位置坐标相关的特征信息（如传播时间、时间差、场强等）来确定它与发射机之间的位置关系，并由移动台中集成的位置计算功能，依据相关定位算法计算出估计位置。

（2）基于网络的定位系统

该系统又称为远距离定位系统或是反向链路系统，在这一过程中，多个位置固定的接收机对移动台发出的信号同时进行检测，并将接收信号中包含的与移动台位置相关的信息传送到网络中的移动定位中心（Mobile Localization Center，MLC），并由定位中心的分组控制功能（Packet Control Function，PCF）最终计算出移动台的位置估计值。

（3）网络辅助定位系统

该系统也属于一种移动台自定位系统。此过程中，多个网络中位置固定的接收机对移动台所发出的信号同时进行检测，并将接收信号中所包含的位置相关信息经过空中接口传送至移动台，并利用移动台中的 PCF 计算得到最终估计位置。

这里，网络为移动台定位提供了必要的辅助信息。

（4）移动台辅助定位系统

此系统采用基于网络的定位方案。在定位过程中，移动台对多个位置固定的发射机所发射的信号进行检测，并将信号中携带的移动台位置相关信息经过空中接口送回网络中，并由网络 MLC 中的 PCF 算出移动台位置估计值。这里，移动台为网络定位提供了相关的检测信息。

（5）GNNS 辅助定位系统

此系统采用的是卫星系统定位方案，由网络中的 GPS 辅助设备和移动台中集成的 GPS 接收机对移动台进行定位估计。但是，GNNS 接收机通常具有“首次定位时间（Time to First Fix，TTFF）”问题，会造成比较大的定位时延。为了减少 TTFF，地面蜂窝网络可给配备 GNSS 的 UE（User Equipment，用户设备）提供一些辅助数据。辅助数据含有卫星广播信息，使接收机能在任意时刻计算轨道位置，从而减小卫星信号搜索窗的大小。

1.3.3 无线局域网定位

无线局域网的发展主要基于人们对室内定位的需求。与室外定位相比，室内定位技术的起步较晚，但发展迅速。人们对室内环境下的定位、导航需求越来越大，例如医院对病人和医疗设备的跟踪和管理，机场、展厅、博物馆等场馆的人员导航，矿井、建筑物内发生火灾等紧急情况时的人员定位和线路规划，以及在仓库、停车场等场所物品和车辆的管理等。

室内定位的巨大需求，促使人们对室内定位展开了广泛研究。方法之一就是将室外定位技术引入室内环境，但是由于其信号难以穿透建筑物而使定位效果大打折扣。此外，现有的移动通信网定位精度太低，无法满足室内定位对精度的要求。因此，人们又专注于其他定位技术，例如无线局域网定位技术。

无线局域网具有传输速率高、安装便捷等特点，覆盖了人们活动的大多数区域（如办公楼、宾馆、车站、家庭、学校、超市等），使人们在日常生活工作中可以随时随地快速接入网络。室内定位系统可以在无线局域网中获取无线局域网信号，并对信号进行处理并提取与目标位置相关的信息（如信号强度等），运用定位算法来估计目标的位置。比较常见的有 Wi-Fi 定位、RFID 定位、蓝牙定位、ZigBee 定位、UWB 定位。

1.3.4 其他定位技术

除了上述常见的定位方法，近几年还出现一些新兴的定位技术，主要有以下几种。

（1）地磁定位

地磁场是地球的固有资源，为航空、航天、航海提供了天然的坐标系。地磁定位的原理是通过地磁传感器测得的实时地磁数据，与存储在计算机中的地磁基准图进行匹配来定位。由于地磁场为矢量场，在地球近地空间内任意一点的地磁矢量都不同于其他地点的矢量，且与该地点的经纬度存在一一对应的关系。因此，理论上只要确定该点的地磁场矢量即可实现全球定位。地磁导航作为一种新兴的导航技术，具有不受地形、位置、气候等外部环境限制，可实现全地域、全天候导航的优点，能够有效弥补现有导航方法的不足，因而具有广阔的应用前景。地磁导航主要包括 3 个分支领域：磁场测量技术、全息磁图数字化技术、定位与导航技术。

（2）气压计定位

气压计定位主要根据不同高度气压的变化对定位目标的高度进行估计。由于受到技术和其他方面原因的限制，GPS 在定位中的高度一般误差都会有 10 m 左右，所以在手机原有 GPS 的基础上再增加气压计，可以辅助 GPS 使定位更加精准。尤其在一线城市交通中，立交桥、高架桥林立，以往基于 GPS 的导航无法判断是在高架桥上方还是下方行驶，容易造成错误的引导。当加入了气压计后，导航软件可感应气压变化，实现高架区域内的垂直定位，进行精确判断，从而带来了更为精准的导航服务。此外，气压计定位也可以为用户提供所在楼层信息，这种垂直定位信息在高楼林立的城市中尤为重要。

（3）可见光定位

在室内可见光（Light Emitting Diode，LED）定位系统中，由天花板上固定位置的 LED 阵列发射带有位置信息的光信号，经编码调制后由移动目标携带光探测器接收光信号，通过解码、解调等信号处理后恢复出原始信号，再由相应的定位算法分析得到移动目标的位置。

一家名为 ByteLight 的公司[21]专门从事 LED 定位系统的开发，内嵌了 ByteLight 芯片的 LED 灯具会发出闪烁信号（肉眼感知不到）。在消费者打开支持 ByteLight 的应用时，手机摄像头会检测到这些信号，以此识别用户当前所在位置。由于不用依靠 Wi-Fi 或者数据网络，所有的一切都在终端设备上运行，所以定位也会非常迅速。ByteLight 技术需要在生产线上改造 LED 灯具，每支新灯具成本比普通灯具增加 10 美分。该技术的优点是定位精度在 1 m 以内，不需要零售店做额外的架构铺设。在商业模式上，ByteLight 选择技术授权的形式。公司本身不生产芯片也不生产灯具，而是向厂商（及开发者）提供硬件技术授权以及配套的移动应用技术。

（4）视觉定位

视觉定位可以描述为运动载体通过视觉设备观察场景，再通过图像分析、目标识别等技术，计算载体在世界坐标系下的全局位姿，或是载体相对场景中特定参照物的局部相对位姿。

美国加州大学伯克利分校开发的技术可利用设备摄像头拍摄的照片，来计算设备的位置和方向，不过需要有建筑物内部的全景图库（跟谷歌的街景图类似）。

由于系统掌握图库中每一张照片的实际位置，因此通过照片比对可计算出设备的位置所在。目前这项技术已经在伯克利分校园区的建筑及加州 Fremont 的一个商场进行了测试。结果表明，图片的匹配成功达到了 96%。一旦将图片匹配结果用于位置修正，最后的定位误差不会超过 1 m[22]。

（5）红外定位

红外线室内定位技术定位的原理是，红外线标识发射调制的红外射线，通过安装在室内的光学传感器接收并进行定位。虽然红外线具有相对较高的室内定位精度，但是由于光线不能穿过障碍物，所以红外射线仅能视距传播。直线视距和传输距离较短这两大缺点使其室内定位的效果很差。当标识放在口袋里或者有墙壁及其他遮挡时便不能正常工作，需要在每个房间、走廊安装接收天线，造价较高。因此，红外线只适合短距离传播，在医疗、机械、消防、军事方面都有重要应用。

1.4 本书内容编排

本书聚焦无线定位的基本原理和关键技术。全书共分为 8 章：第 1 章主要介绍定位技术的起源、发展与分类；第 2 章分析影响定位的重要因素之一无线传播环境；第 3 章阐述定位基本原理和算法，包括测量方法和定位算法；第 4～6 章分别介绍卫星定位、蜂窝网定位和无线局域网定位，包括基本原理、定位方法、误差来源及应用等；第 7 章给出蜂窝网定位的实例——基于 LTE 的室内定位，包括系统架构、实现原理及方法以及性能演示分析等；第 8 章总结无线定位在现网和 5G 中的应用，并展望未来无线定位的发展趋势。

参考文献

[1] 范平志, 邓平, 刘林. 蜂窝网无线定位[M]. 北京: 电子工业出版社, 2002.

[2] 美国 GPA 发展简史——将实现对民用信号的控制[EB/OL]. http://news.163.com/10/0331/16/6349CB5R00011232.html.

[3] FCC publications. FCC acts to promote competition and public safety in enhanced wireless 911 services[C]// HT Services, 19040, 1999.

[4] REED J H. An overview of the challenges and process in meeting the E-911 requirement for location service [J]. IEEE communications magazine, 1998, 36(4): 30-37.

[5] KARAMAT T, ATIA M, NOURELDIN A. Performance analysis of code-phase-based relative GPS positioning and its integration with land vehicle's motion sensors [J]. IEEE sensors journal,

2014, 14(9): 3084-3100.
[6] DAKOPIAN J S. A fast positioning method without navigation data decoding for assisted GPS receivers [J]. IEEE transactions on vehicular technology, 2007, 58(8): 4640-4645.
[7] WANG H, MA S, HONG Z, et al. Design and implementation of cell-ID location system based on signal monitoring[C]//Proceedings of International Conference on Mechatronic Sciences, Electronic Engineering and Computer, 2013: 2260-2264.
[8] WIGREN T. Adaptive enhanced cell-ID fingerprinting localization by clustering of precise position measurements [J]. IEEE transactions on vehicular technology, 2007, 56(5): 3199-3209.
[9] SAEED A, KOSBA A, YOUSSEF M. Ichnaea: a low-overhead robust WLAN device-free passive localization system [J]. IEEE journal of selected topics in signal processing, 2014, 8(1): 5-15.
[10] ARNITZ D, MUEHLMANN U, WITRISAL K. Characterization and modeling of UHF RFID channels for ranging and localization [J]. IEEE transactions on antennas and propagation, 2012, 60(5): 2491-2051.
[11] WYMEERSCH H, MARANO S, GIORD W, et al. A machine learning approach to ranging error mitigation for UWB localization [J]. IEEE transactions on communications, 2012, 60(6): 1719-1728.
[12] AKMMAHTAB SOH W. A comprehensive study of bluetooth signal parameters for localization [C]//Proceedings of IEEE 18th International Symposium on Personal, Indoor and Mobile Radio Communications (PIMRC), 2007: 1-5.
[13] LIU H, DARABI H, BANERJEE P, et al. Survey of wireless indoor positioning techniques and systems [J]. IEEE trans. syst. man cybern. c, appl. rev., 2007, 37(6):1067-1080.
[14] 丁根明. 基于人工智能的室内指纹定位技术研究[D]. 北京：北京交通大学, 2015.
[15] CLYBURN W. Wireless E911 location accuracy requirements. technical report, federal communications commission [EB/OL]. http://www.fcc.gov/document/proposes-new-indoor-requirements-and-revisions-existing-e911-rules.
[16] RAN G. Stage 2 functional specification of user equipment positioning in UTRAN. Technical report, 3rd Generation Partnership Project, 2013 [EB/OL]. http://www.3gpp.org/DynaReport/25305.htm.
[17] SSA G. Location services and service description. Technical report, 3rd Generation Partnership Project, 2014 [EB/OL]. http://www.3gpp.org/ftp/specs/archive/22 series/22.071/.
[18] SSA G. RESTful network API for terminal location. Technical report, Open Mobile Alliance, 2014 [EB/OL]. http://www.3gpp.org/DynaReport/23271.htm.
[19] OMA. Functional stage 2 description of location services (LCS). Technical report, 3rd Generation Partnership Project, 2013 [EB/OL]. http://technical.openmobilealliance.org/Technical/technical-information/release-program/current-releases/terminallocationrest-v1-0.
[20] 邓平. 蜂窝网络移动台定位技术研究[D]. 成都：西南交通大学, 2002.
[21] ByteLight™Services: Indoor Positioning [EB/OL]. http://www.acuitybrands.com/solutions/services/bytelight-services-indoor-positioning.
[22] 误差小于 1 米摄像头室内定位技术诞生[EB/OL]. http://gps.zol.com.cn/419/4197902.html.

第 2 章 无线传播环境

无线定位方法通常都是基于无线信号的传输时间、功率损耗、多径传播等检测参数来实现定位计算的，熟悉无线信号传播特征是无线定位算法设计和优化、定位系统研发的前提。为了提升定位的性能，设计出适应无线传播特性的优秀算法，必须对无线电波传播特性有较为深入的理解。本章将对无线信号传播的基本原理、传播模型进行详细阐述。

2.1 无线传播基本方式

天线电波从发射天线到接收天线的传播方式主要包括直达波（或称自由空间波）、地波（或称表面波）、对流层反射波、电离层反射波等[1,2]，如图 2-1 所示。

图 2-1（a）表示直达波，这种方式是最简单的空间无线传播模式，可以用于卫星和外部空间通信，当然也可以用于陆上视距传播（如两个微波塔之间的通信）。

地波的传播方式一般包括 3 种：直达波、反射波和表面波。这 3 种波都沿地球表面传播，如图 2-1（b）所示。从发射天线发出的无线信号，一些能量直接通过空间传输到达接收机，称为直达波；有些能量经从地球表面反射后到达接收机，称为反射波；还有些能量通过地球表面传播，称为表面波。由于地面是不理想的，有些能量被地面吸收，形成地面电流。蜂窝系统主要采用地波的传播方式，包括直达波和反射波。

对流层反射波产生于对流层，对流层是异类介质，其信号反射特性根据天气情况不同会随时间变化，如图 2-1（c）所示。对流层反射波常应用于波长小于 10 m（即频率大于 30 MHz）的无线通信中。

电离层反射传播是指当电波波长小于：1 m（即频率大于 300 MHz）时，电离层可以作为反射体，如图 2-1（d）所示。从电离层反射的电波可能有一个或多个跳跃，这种传播多用于长距离通信。

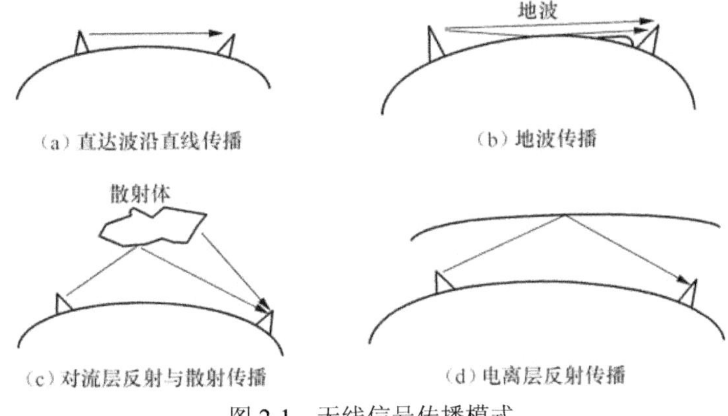

图 2-1　无线信号传播模式

2.2　无线传播特性

无线信道作为无线电传播信息的媒介，容易受到噪声、干扰和其他信道因素的影响，而且由于用户的移动性和信道的动态变化，影响信号传播的各因素可能随时间而变化。本节将着重讨论无线传播过程中信号的大尺度衰落与小尺度衰落。

大尺度衰落主要是由信号传播过程中路径损耗引起的，路径损耗是由发射功率的辐射扩散和信道的传播特性造成的。一种特殊的情况是阴影效应，发射机和接收机之间存在障碍物就会造成阴影区域，这些障碍物通过吸收、散射和绕射等方式衰减信号功率，严重时会造成通信中断。小尺度衰落主要是由多径传播引起的，多径信号叠加有可能造成接收信号失真，导致信息无法正确解调。无线信号传播过程中受到路径损耗、阴影效应和多径传播的综合影响，图 2-2 给出了信号功率损耗与传输距离之间的关系[3]。

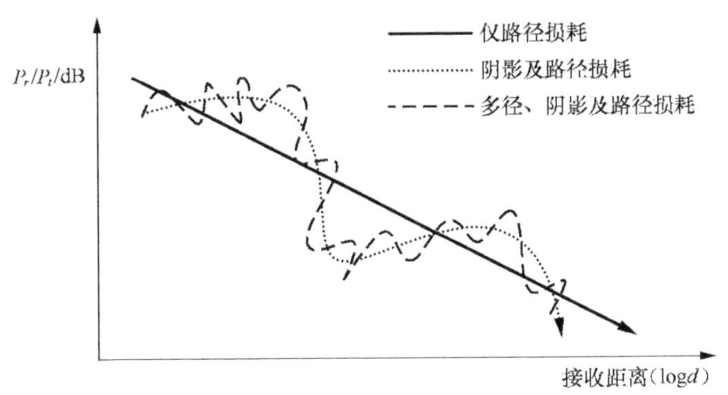

图 2-2　路径损耗、阴影及多径与距离的关系

2.2.1 传播的大尺度衰落

（1）自由空间传播

假设信号经过自由空间，从发射机到达相距距离为 d 的接收机，其间没有任何障碍，信号沿直线传播，这样的场景被称为视距信道（Line-Of-Sight，LOS），相应的接收信号称为 LOS 信号[4]。

$$r(t)=\mathrm{Re}\left\{\frac{\lambda\sqrt{G_l}\,\mathrm{e}^{-\mathrm{j}2\pi d/\lambda}}{4\pi d}u(t)\mathrm{e}^{\mathrm{j}2\pi fd}\right\} \tag{2-1}$$

其中，$G_l=G_tG_r$ 是视距方向上发射天线增益 G_t 和接收天线增益 G_r 之积，$\mathrm{e}^{-\mathrm{j}2\pi d/\lambda}$ 是传播距离 d 引起的相移。自由空间传播模型用于完全无阻挡的视距路径场景，是其他信号模型的基础。在自由空间场景下，距离发射天线 d 处的接收功率由 Friis 公式[5]给出。

$$P_r(d)=\frac{P_tG_tG_r\lambda^2}{(4\pi)^2d^2L} \tag{2-2}$$

下面给出简要解释。

以发射机为圆心，天线的辐射能量可通过面积分来得到。

$$P_tG_t=\iint_s P_d\,\mathrm{d}s=4\pi d^2P_d \tag{2-3}$$

式（2-3）中 S 表示一个球面，其能流密度为

$$P_d=\frac{P_tG_t}{4\pi d^2} \tag{2-4}$$

能流密度还可以写成电场的函数，即

$$P_d=\frac{|E|^2}{\eta} \tag{2-5}$$

其中，$\eta=120\pi\,\Omega$ 是自由空间的固有阻抗。

天线增益 G 与它的有效截面 A_e 及波长 λ 的关系为 $G=4\pi A_e/\lambda^2$，对于接收天线，式（2-5）变为

$$A_e=\frac{G_r\lambda^2}{4\pi} \tag{2-6}$$

在 d 处的接收功率可以表示为

$$P_r(d)=P_dA_e \tag{2-7}$$

将式（2-4）、式（2-6）代入式（2-7）得

$$P_r(d)=\frac{P_tG_tG_r\lambda^2}{(4\pi)^2d^2} \tag{2-8}$$

加入系统损耗因子 L，可得 Friis 传输公式，即

$$P_r(d)=\frac{P_tG_tG_r\lambda^2}{(4\pi)^2d^2L} \tag{2-9}$$

将式（2-5）和式（2-6）代入式（2-7）得到接收功率的另一个表达式为

$$P_r(d)=\frac{|E|^2G_r\lambda^2}{480\pi^2} \tag{2-10}$$

在实际应用中，通常采用 dB 为单位来表示路径损耗 PL。

$$PL(\text{dB})=10\lg(\frac{P_t}{P_r})=-10\lg\left[\frac{G_tG_r\lambda^2}{(4\pi)^2d^2}\right] \tag{2-11}$$

Friis 公式适用于远场条件 $d>d_f$，其中，$d_f=2D^2/\lambda$ 是 Fraunhofer 距离，D 为天线的最大物理尺寸。因此，Friis 公式不适合于 $d=0$ 的情况，大尺度传播模型使用近地距离 d_0 作为接收功率参考点，在 d_0 处的接收功率记为 $P_r(d_0)$。当 $d>d_0$ 时，接收功率 P 可表示为

$$P_r(d)=P_r(d_0)(\frac{d_0}{d})^2,\quad d>d_0>d_f \tag{2-12}$$

在移动无线系统中，经常发现 P_r 在几平方公里的典型覆盖区内要发生多个数量级的变化，即接收电平的动态范围非常大，因此常采用 dBm 为单位来表示接收电平。

$$P_r(d)\,(\text{dBm})=10\lg\left[\frac{P_r(d_0)}{10^{-3}}\right]+20\lg\left(\frac{d_0}{d}\right),\quad d>d_0>d_f \tag{2-13}$$

其中，$P_r(d_0)$ 单位为 W。

（2）两径传播

两径模型用在单一的地面反射波在多径效应中起主导作用的情形，图 2-3 给出了两径模型示意[3]。到达接收机的信号由两部分组成：一是经自由空间到达接收端的直射分量，另一个是经过地面反射到达接收机的反射分量。这种模型不仅考虑了发射机和接收机之间的直接路径，而且考虑了地面反射路径，对于预测几千米范围内的大尺度信号衰落比较准确。

具体地，反射路径由图 2-3 中的 x 和 x' 两段组成，两径模型中的接收信号为

$$r_{2\text{-ray}}(t)=\mathrm{Re}\left(\frac{\lambda}{4\pi}\left[\frac{\sqrt{G_l}u(t)\mathrm{e}^{-\mathrm{j}2\pi l/\lambda}}{l}+\frac{R\sqrt{G_r}u(t-\tau)\mathrm{e}^{-\mathrm{j}2\pi(x+x')/\lambda}}{x+x'}\right]\mathrm{e}^{\mathrm{j}2\pi f_c t}\right) \quad (2\text{-}14)$$

其中，$G_l=G_aG_b$ 是直射方向上发射和接收天线增益的乘积，R 是地面发射系数，$G_r=G_cG_d$ 是 x 方向上的发射天线增益和 x' 方向上接收天线增益的乘积。$\tau=(x+x'-l)/c$ 是反射波相对于直射波的时延，即两径模型的时延扩展。

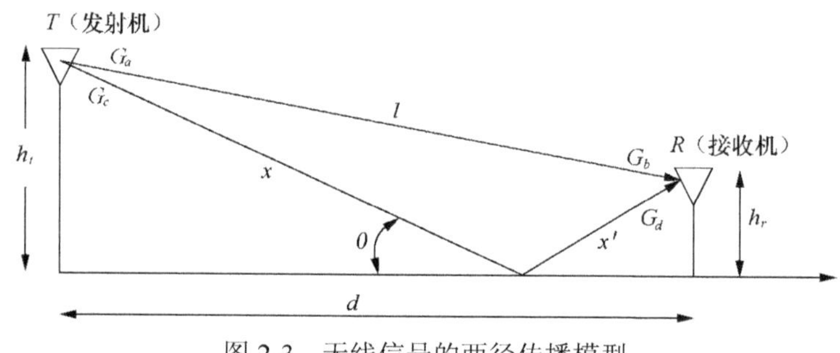

图 2-3　无线信号的两径传播模型

如果发射信号相对于时延扩展是窄带的（$\tau \ll B_u^{-1}$），那么 $u(t)\approx u(t-\tau)$。于是，在两径传输情况下，窄带信号的接收功率为

$$P_r=P_t\left[\frac{\lambda}{4\pi}\right]^2\left|\frac{\sqrt{G_l}}{l}+\frac{R\sqrt{G_r}\mathrm{e}^{-\mathrm{j}\Delta\phi}}{x+x'}\right|^2 \quad (2\text{-}15)$$

其中，$\Delta\phi=2\pi(x+x'-l)/\lambda$ 是直射信号和反射信号的相位差。若 d 表示收发天线的水平距离，h_t 表示发射天线高度，h_r 表示接收天线高度，由几何关系可得

$$x+x'-l=\sqrt{(h_t+h_r)^2+d^2}-\sqrt{(h_t-h_r)^2+d^2} \quad (2\text{-}16)$$

当 $d \gg h_t+h_r$ 时，由泰勒级数近似可得

$$\Delta\phi=\frac{2\pi(x+x'-l)}{\lambda}=\frac{4\pi h_t h_r}{\lambda d} \quad (2\text{-}17)$$

地面发射系数由式（2-18）给出。

$$R=\frac{\sin\theta-Z}{\sin\theta+Z} \quad (2\text{-}18)$$

其中，

$$Z=\begin{cases}\sqrt{\varepsilon_r-\cos^2\theta}/\varepsilon_r\\ \sqrt{\varepsilon_r-\cos^2\theta}\end{cases} \quad (2\text{-}19)$$

ε_r 是大地的介电常数，陆地及道路的介电常数近似于纯绝缘体，是一个约等于 15 的实数。

可以看出，当 d 充分大时，$x+x'\approx l\approx d$，$\theta=0$，$G_t=G_r$，$R\approx -1$，代入式（2-15），则接收功率近似为

$$P_r\approx\left[\frac{\lambda\sqrt{G_l}}{4\pi d}\right]^2\left[\frac{4\pi h_t h_r}{d^2}\right]^2 P_t=\left[\frac{\sqrt{G_l}h_t h_r}{d^2}\right]P_t \tag{2-20}$$

表示为分贝形式为

$$P_r(\text{dBm})=P_t(\text{dBm})+10\lg(G_l)+20\lg(h_t h_r)-40\lg(d) \tag{2-21}$$

由此可以看出，当距离很大时（即 $d\gg\sqrt{h_t h_r}$），接收功率随距离增大呈 4 次方衰减，这比自由空间中的损耗要快得多，并且与波长 λ 无关，因为从式（2-21）中可以看出，天线的接收功率并没有随频率增大而单调减小，直射路径和反射路径的叠加实际上等效形成了一个天线阵列。

2.2.2　传播的小尺度衰落

小尺度衰落是指无线信号在短时间或短距离传播后的信号衰落。由于距离短，大尺度路径损耗可以忽略不计。小尺度衰落通常是由同一传输信号经过多径传播后以微小的时间差到达接收机，相互干涉引起的信号衰落。

信号发生小尺度衰落的主要因素包括多径传播、发射机和接收机的相对运动、信道环境物体的运动和信号的传输带宽等。多径传播会造成信号幅度、相位和传输时间的变化，信号到达接收机后形成在时间、空间上相互区别的多个无线电波，它们的幅度和相位的随机性导致小尺度衰落和信号失真。基站和终端的相对运动，以及无线信道中物体的运动都会产生多普勒频移，造成信号小尺度衰落。本节将着重介绍多径信道参数及小尺度衰落类型。

1. 多径信道参数

（1）时间色散

宽带多径传播的时间色散特性通常采用平均附加时延 τ、均方根时延扩展 σ_τ 和最大时延误差（X，dB）来定量描述，它们可以通过接收信号功率延迟分布获得。

平均附加时延（τ）是功率延迟分布的一阶矩，定义为

$$\bar{\tau}=\frac{\sum_k a_k^2\tau_k}{\sum_k a_k^2}=\frac{\sum_k P(\tau_k)\tau_k}{\sum_k P(\tau_k)} \tag{2-22}$$

其中，a_k 表示时延为 τ_k 时的信号幅度，$P(\tau_k)$ 表示时延为 τ_k 时的功率。

时延扩展 σ_τ 是功率延迟分布的二阶矩，定义为

$$\sigma_\tau = \sqrt{\overline{\tau^2} - (\overline{\tau})^2} \tag{2-23}$$

其中，

$$\overline{\tau^2} = \frac{\sum_k a_k^2 \tau_k^2}{\sum_k a_k^2} = \frac{\sum_k P(\tau_k)\tau_k^2}{\sum_k P(\tau_k)} \tag{2-24}$$

最大时延误差（X，dB）是指多径能量从初值衰落到低于最大能量 X dB 处的时延，如图 2-4 所示[4]，最大时延误差（10 dB）是 5 μs。

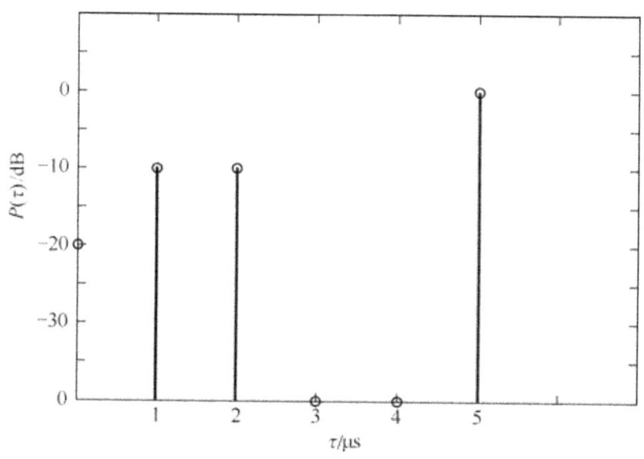

图 2-4　多径能量分布

平均附加时延、时延扩展、最大时延误差都依赖于功率延迟分布。通常在某个区域内的通信系统，多径信道参数的统计特性来源于本区域的测量值，同时参数取值与噪声门限有关。这里，噪声门限用于区分接收信号的多径分量与热噪声，如果门限太低，噪声会被当做多径信号进行处理，导致 τ 和 τ^2 升高。

在频域内，一般采用相干带宽来描述信道特性，它与均方根时延成反比。相干带宽 B_c 是从均方根时延扩展得出的一个确定关系值，是建立在平坦信道上的频率统计测量值。换句话说，相关带宽是指在特定的频率范围内，两个频率分量有很强的幅度相关性，但当两个频率分量间隔大于相关带宽 B_c 时，其各自受到的信道影响呈现明显差异。

如果相干带宽定义为频率相关函数大于 0.9 的带宽，则相干带宽近似于

$$B_c \approx \frac{1}{50\sigma_t} \tag{2-25}$$

频谱相关函数大于 0.5 时，相干带宽近似为

$$B_c \approx \frac{1}{5\sigma_t} \tag{2-26}$$

（2）多普勒扩展

时延扩展和相干带宽是用于描述本地时间色散特性的两个参数，并没有提供描述信道时变特性的信息，这些时变特性是由移动台和基站间的相对运动、信号传输路径中的物体移动引起的，一般由多普勒扩展和相干时间描述[6]。

假设移动台以恒定的速率 v 从 X 点向 Y 点移动，X 与 Y 之间的距离记为 d。移动台在移动过程中接收来自远端信号源 S 发出的信号，如图 2-5 所示。

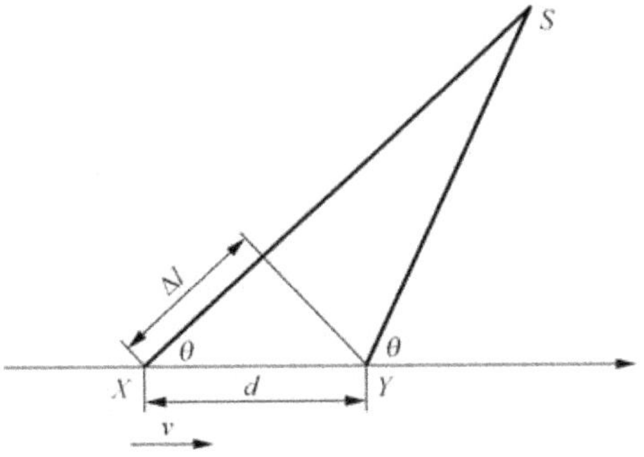

图 2-5　多普勒效应示意

无线电波从源 S 出发，在 X 点与 Y 点分别被移动台接收时，信号传播路径的距离差约为

$$\Delta l = d\cos\theta = v\Delta t\cos\theta \tag{2-27}$$

其中，θ 表示信号传输方向和移动方向之间的夹角。

由于路径差造成的接收信号相位偏移为

$$\Delta\varphi = \frac{2\pi\Delta l}{\lambda} = \frac{2\pi v\Delta t}{\lambda}\cos\theta \tag{2-28}$$

由此可得频率偏移值，即多普勒频移[7]为

$$f_d = \frac{1}{2\pi}\frac{\Delta\varphi}{\Delta t} = \frac{v}{\lambda}\cos\theta \tag{2-29}$$

多普勒扩展 $B_{\rm D}$ 是多普勒扩展带宽的测量值，多普勒扩展被定义为一个频谱范围，它依赖于 f_d。如果信号频率为 f_c，多普勒谱在 $f_c - f_d$ 至 $f_c + f_d$ 范围内存在信号分量。

相干时间 T_c 是多普勒扩展在时域的表示，用于在时域描述信道频率色散的时变特性，与多普勒频移成反比[3]。

$$T_c \approx \frac{1}{B_{\rm D}} \tag{2-30}$$

相干时间是信道冲激响应维持不变的时间间隔的统计平均值，也就是一段时间内，两个到达的信号有很强的幅度相关性。如果基带信号带宽的倒数

大于信道相干时间，那么传输中基带信号可能会发生改变，导致接收机信号失真。

2. 小尺度衰落类型

信号在无线信道传播过程中，影响信号衰落的因素包括发送信号的特性和信道特性。信号的带宽、符号间隔，以及信道的均方根时延、多普勒扩展共同决定了信号将经历的衰落。多径的时延扩展引起时间色散以及频率选择性衰落，多普勒扩展引起频率色散以及时间选择性衰落，如图 2-6 所示。

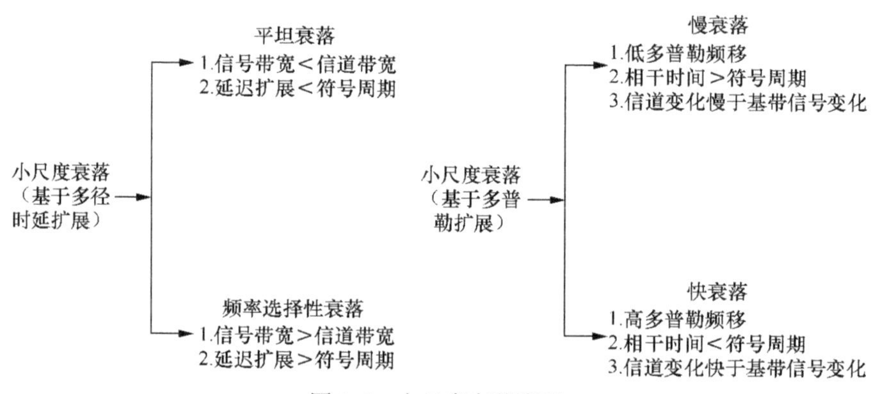

图 2-6 小尺度衰落类型

（1）多径时延扩展引起的衰落效应

① 平坦衰落。

平坦衰落条件：$B_s << B_c$，$T_s >> \sigma_\tau$。其中，B_s 是信号带宽，B_c 是信道相干带宽，T_s 是信号带宽的倒数，σ_τ 是时延扩展。

如果移动无线信道的带宽大于发送信号的带宽且在带宽范围内有恒定增益及线性相位偏移，则接收信号会经历平坦衰落过程。平坦衰落使发射信号的频谱特性在接收端保持不变，但是接收信号的幅度由于信号多径的变化而随时间变化。

如图 2-7 所示，接收信号的频谱特性不会发生变化，但是增益随时间变化。平坦信道又称为窄带信道，这是由于信号带宽比平坦衰落信道的带宽窄得多。如果 T_s 远大于信道的时延扩展，那么信道冲激响应 $h_b(t,\tau)$ 可以近似认为没有附加时延。

② 频率选择性衰落。

频率选择性衰落条件：$B_s > B_c$，$T_s < \sigma_\tau$。通常 $T_s < 10\sigma_\tau$ 时，也认为该信道是频率选择性的。

信道具有恒定增益和线性相位的带宽范围小于发送信号的带宽，则导致接收信号产生频率选择性衰落，如图 2-8 所示。从时域角度看，它是由于信道的时间色散引起的，表现为接收端接收到的信号经历了衰减和时延的多径。当多径时延接近或者超过发送信号的周期时，就会产生频率选择性衰落。随着时间变化，信道增益和相位发生变换，最终导致信号失真。从频域角度看，不同频率获得不同的增益，信道就会产生频率选择性衰落。

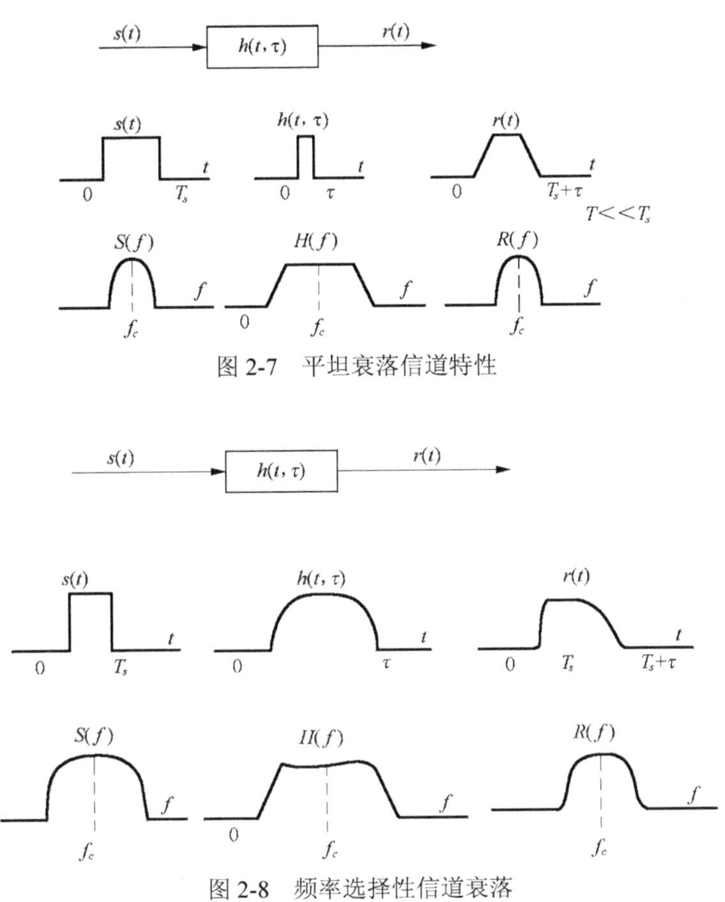

图 2-7 平坦衰落信道特性

图 2-8 频率选择性信道衰落

（2）多普勒扩展引起的衰落效应

根据发送信号与信道变化快慢程度的比较，信道可以分为快衰落信道和慢衰落信道。

① 快衰落。

当信号发送周期比信道的相干时间短时，信道冲激响应在相应的符号周期内变化较快。多普勒扩展引起频率色散导致信号失真，在时域内表现为时间选择性衰落，在频域内表现为发送信号的带宽会扩展。

信号经历快衰落的条件是：$T_s > T_c$ 且 $B_s < B_d$。快衰落与由运动引起的信道变

化率有关，一般发生在数据率非常低的情况下。

② 慢衰落。

信道冲激响应变化率远远小于基带信号变化率时，即在一个或者若干个符号间隔内，信道均为静态信道。此时由多普勒扩展引起的衰落被称为慢衰落。在频域内，多普勒扩展远远小于基带信号带宽。

信号经历慢衰落条件：$T_s \ll T_c$ 且 $B_s \gg B_d$。信号经历的是慢衰落还是快衰落，是由基带信号发送速率和收发机相对移速度（包括信道中物体移动速度）共同决定的。

图 2-9 给出了不同多径参数与信号经历的衰落类型之间的关系，也给出了平坦衰落、频率选择性衰落、快衰落和慢衰落的相关参数条件。

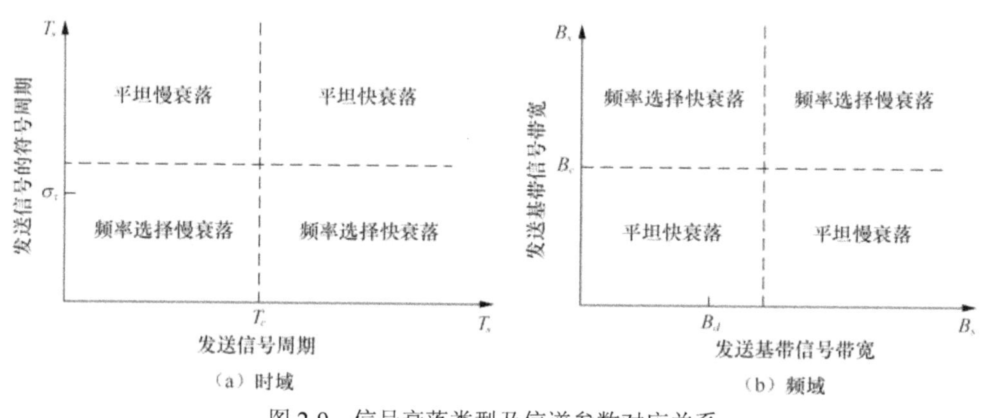

图 2-9　信号衰落类型及信道参数对应关系

2.3　无线传播模型

传播模型是任何无线系统规划的参考基础，当然也是无线定位算法设计的关键。例如，在采用信号强度信息做三角定位时，就需要准确的信道衰落模型做支撑。因此，传播模型的准确与否关系到无线定位性能的优劣。

无线传播模型需要根据不同的地貌轮廓特征，如平原、丘陵、山谷等，或者是各种人造环境，如开阔地、郊区、市区等，做出适当的调整。这些环境因素涉及传播模型中的很多变量，它们都起着重要的作用。一个良好的移动无线传播模型是很难形成的，为了完善模型通常需要利用统计方法，测量大量数据，对模型进行校正。下面主要介绍几种无线传播模型。

2.3.1　经验路径损耗模型

传播环境对无线传播模型的建立起关键作用，某一特定地区的传播环境的主要有以下影响因素。

① 自然地形（高地、丘陵、平原和水域等）；

② 人工建筑的数量、高度、分布和材料特性；

③ 该地区的植被特征；

④ 天气状况；

⑤ 自然和人为的电磁噪声状况。

另外，无线传播模型还受到系统工作频率和移动台运动状况的影响。在相同地区，工作频率不同，接收信号衰落状况各异。静止的移动台与高速运动的移动台，其传播环境也大不相同。常用的模型见表 2-1。

表 2-1　几种常见的无线传播模型

模型名称	适用范围
Okumura-Hata	适用于 900 MHz 宏蜂窝预测
COST 231-Hata	适用于 1 800 MHz 宏蜂窝预测
COST 231 Walfish-Ikegami	适用于 900 MHz 和 1 800 MHz 微蜂窝预测

1. Okumura-Hata 模型

Okumura-Hata 模型以在日本测得的平均测量数据为基础构建，其适用频段范围为 150～1 920 MHz，市区路径损耗中值的近似解析式[8]为

$$L_p(\text{dB}) = 69.55 + 26.16\lg f - 13.82\lg h_b + (44.9 - 65.5\lg h_b)\lg d - A_{h_m} \quad (2\text{-}31)$$

其中，L_p 表示从基站到移动台的路径损耗（dB），f 表示载波频率（MHz），h_b 表示基站天线高度（m），h_m 表示移动台天线高度（m），d 表示基站到移动台之间的距离（km），A_{h_m} 表示移动台天线高度因子。

A_{h_m} 的取值与所在区域环境因素有关。对于大城市，有

$$A_{h_m}(\text{dB}) = \begin{cases} 8.29[\lg(1.54h_m)]^2 - 1.1, & f \leqslant 200\ \text{MHz} \\ 3.2[\lg(11.75h_m)]^2 - 4.97, & 400 \leqslant f \leqslant 1\,500\ \text{MHz} \end{cases} \quad (2\text{-}32)$$

对于中小城市，有

$$A_{h_m}(\text{dB}) = (1.1\lg f - 0.7)h_m - (1.56\lg f - 0.8) \quad (2\text{-}33)$$

对于郊区，传播模型可以修正为

$$L_{\text{ps}} = L_p(\text{urban}) - 2\lg^2(f/28) - 5.4 \quad (2\text{-}34)$$

在开阔地，传播模型可以修正为

$$L_{po} = L_p(\text{urban}) - 4.78\lg^2 f + 18.33\lg f - 40.94 \tag{2-35}$$

2. COST 231-Hata 模型

欧洲研究委员会（陆地移动无线电发展）COST 231 传播模型小组根据 Okumura-Hata 模型的基础，增加了一些修正项，使它的频率覆盖范围从 1 500 MHz 扩展到 2 000 MHz，该修正后的模型称为 COST 231-Hata 模型，见表 2-2。COST 231-Hata 模型与 Okumura-Hata 模型一样，也是以 Okumura 等的测试结果作为依据，通过对较高频段的 Okumura 传播曲线进行分析，得到的适用于 1 500～2 000 MHz 的传播模型。

表 2-2　COST 231-Hata 模型

参　　数	数　　值
适合频段	1 500～2 000 MHz
基站的天线高度 H_b	30～200 m
移动台的天线高度 H_m	1～10 m
覆盖距离	1～20 km

针对不同的地形区域，COST 231-Hata 模型分别给出了链路预算表达式[9]。

对于大城市区域，有

$$\begin{aligned} L_u(\text{dB}) = {} & 46.3 + 33.9\lg f - 13.82\lg H_b - a(H_m) \\ & +(44.9 - 6.55\lg H_b \lg d + C_m) \end{aligned} \tag{2-36}$$

其中，$C_m = 3\text{ dB}$。

$$a(H_m) = (1.1\lg f - 0.7)H_m - (1.56\lg f - 0.8) \tag{2-37}$$

对于中等城市和郊区中心，$C_m = 0\text{ dB}$。

在农村准开阔地，传播模型修正为

$$L_{rqo}(\text{dB}) = L_u - 4.78\lg^2 f + 18.33\lg f - 35.94 \tag{2-38}$$

在农村开阔地，传播模型修正为

$$L_{ro}(\text{dB}) = L_u - 4.78\lg^2 f + 18.33\lg f - 40.94 \tag{2-39}$$

3. COST 231 Walfish Ikegami 模型

COST 231 Walfish Ikegami 模型[10]（见表 2-3）和 Okumura-Hata 模型一样，是由在日本测得的平均数据构成的，Okumura-Hata 模型适用于宏小区的预测，COST 231 Walfish Ikegami 模型适用于 900 MHz、1 800 MHz 等频段工作的蜂窝网微小区预测。

表 2-3 COST 231 Walfish Ikegami 模型参数

参 数	数 值
适合频段 f	800～2 000 MHz
基站的天线高度 H_b	4～50 m
移动台的天线高度 H_m	1～3 m
覆盖距离 d	0.02～5 km

移动台和基站之间不存在视距时的传播路径损耗[11]为

$$L_b = L_o + L_{rts} + L_{msd} \tag{2-40}$$

当 $L_{rts} + L_{msd} = 0$ 时，$L_b = L_o$，其中，L_o 是自由空间的传播路径损耗，即

$$L_o = 32.4 + 20\lg d + 20\lg f \tag{2-41}$$

L_{rts} 是从屋顶到街道的绕射和散射损耗。

$$L_{rts} = -16.9 - 10\lg w + 10\lg f + 10\lg(H_b - H_m) + L_{cri} \tag{2-42}$$

其中，

$$L_{cri} = \begin{cases} -10 + 0.354\varphi, & 0^\circ \leqslant \varphi < 35^\circ \\ 2.5 + 0.075(\varphi - 35), & 35^\circ \leqslant \varphi < 55^\circ \\ 4 + 0.114(\varphi - 55), & 55^\circ \leqslant \varphi < 90^\circ \end{cases}$$

其中，φ表示信号相对街道的入射角。

L_{msd} 是多屏绕射损耗。

$$L_{msd} = L_{bsh} + K_a + K_d \lg d + K_f \lg f - 9\lg b \tag{2-43a}$$

其中，K_a 表示当基站高度小于建筑物高度时路径损耗的增量，K_d 和 K_f 分别表示多屏绕射损耗与距离和频率相关的因子。

$$L_{bsh} = \begin{cases} -18\lg(1 + H_b - H_{roof}), & h_b = h_{roof} \\ 0, & h_b = h_{roof} \end{cases} \tag{2-43b}$$

$$K_a = \begin{cases} 54, & h_b > h_{roof} \\ 54 - 0.8(h_b - h_{roof}), & d = 0.5，且 h_b = h_{roof} \\ 4 - 0.8(h_b - h_{roof})(d/0.5), & d < 0.5，且 h_b = h_{roof} \end{cases} \tag{2-43c}$$

$$K_d = \begin{cases} 18, \ h_b = h_{\text{roof}} \\ 18 - 15(h_b - h_{\text{roof}}) / h_{\text{roof}}, \ h_b > h_{\text{roof}} \end{cases} \tag{2-43d}$$

对于中等规模城市和植被覆盖密度适中的郊区中心，有

$$K_f = -4 + 0.7(f / 925 - 1) \tag{2-44}$$

对于大城市的中心，有

$$K_f = -4 + 1.5(f / 925 - 1) \tag{2-45}$$

移动台和基站之间存在视距时的传播路径损耗为

$$L_b(\text{dB}) = 42.6 + 26\lg d + 20\lg f, \ d > 0.02 \text{ km} \tag{2-46}$$

4. ITU 室内传播模型

室内无线电系统的传播预测与室外微蜂窝、宏蜂窝系统有所差异。在室内情况下，建筑物的形状和所用材料限定了无线电的传播，同时建筑物的各个边界对于无线电传播的反射和散射等都有影响。对于多层建筑物，除了在同一层频率复用外，层与层之间也有频率复用，这样就使频率的干扰更加复杂。除了蜂窝网络之外，室内还有毫米波使用的场合，电磁环境因此变得更加复杂，可能会对传播特性产生较大的影响。

室内无线信道引起传播损耗的主要因素包括：① 来自房间内的物体（包括墙和地板）的反射和物体附近的衍射；② 穿过墙、地板和其他障碍物的传输损耗；③ 高频情况下能量的通道效应，特别是走廊中这个效应更明显；④ 房间中人和物体的运动。

下面介绍 ITU 给出的室内环境无线传输损耗的通用模型，此模型不需要有关路径或位置的信息。该模型考虑了穿过多层楼板的损耗，以便支持楼层之间诸如频率重复使用等场景。下面给出的距离功率损耗系数隐含穿过墙损耗、越过和穿过障碍物的损耗，以及建筑物一层内可能遇到的其他损耗。

基本模型的计算如式（2-47）[12]所示。

$$L_{\text{total}}(\text{dB}) = 20\lg f + N\lg d + Lf(n) - 28 \tag{2-47}$$

其中，N 为距离功率损耗系数，f 为频率（MHz），d 为基站和便携终端之间的距离（$d>1$ m），Lf 为楼层穿透损耗因子（dB），n（$n \geqslant 1$）为基站和终端之间的楼板数。

表 2-4 和表 2-5 给出了一些典型参数取值，它们是基于多次测量的统计结果得到的。其中，对居民楼没有列出不同频带上的功率损耗系数，可以使用办公室情况下给出的数值。

表 2-4　功率损耗系数 N

频率	居民楼	办公室	商业楼
900 MHz	—	33	20
1.2～1.3 GHz	—	32	22
1.8～2 GHz	28	30	22
4 GHz	—	28	22
5.2 GHz	—	31	—
60 GHz	—	22	17
70 GHz	—	22	—

表 2-5　穿透 n 层楼板时的楼板穿透损耗因子 L_f(dB)($n \geqslant 1$)

频率	居民楼	办公室	商业楼
900 MHz	—	9（1 层） 19（2 层） 24（3 层）	—
1.8～2 GHz	$4n$	15+4（n–1）	6+3（n–1）
5.2 GHz	—	16（1 层）	—

ITU 建议书[12]同时给出了室内信号传输关于 900～2 000 MHz 的一般性结论。

① 具有视距分量的路径是以自由空间损耗为主的，而且距离功率损耗系数约为 20。

② 大型开放式房间的距离功率损耗系数约为 20。这可能是由于在房间的大部分区域内都有强的视距传输分量。实例包括位于大型零售商场、运动场、开放式安排的工厂和办公楼中的房间。

③ 走廊的路径损耗比自由空间损耗小，典型的距离功率系数约为 18。具有长的直线形过道的杂货铺的路径损耗也呈现走廊路径损耗特征。

④ 在障碍物周围和穿过墙的传播将会引入相当大的损耗，在典型的环境下，可能会使功率距离系数增加到 40 左右。实例包括封闭式办公楼的各个房间之间的传输路径。

⑤ 对于长的无阻挡路径，可能出现第一菲涅耳区[13]的转折点。在这转折点的距离上，距离功率损耗系数可能会从 20 左右变化到 40 左右。

⑥ 办公室环境中，路径损耗系数随频率增加而降低并不总能观察到，或并不容易解释清楚（见表 2-5）。一方面，随着频率的增加，通过障碍物（例如墙、家具）的损耗增加了，而绕射信号对接收功率的影响比较小；另一方面，在更高的频率处，第一菲涅耳区被阻挡得比较少，因而损耗比较低。实际的路径损耗是上述多种因素造成的综合影响结果。

2.3.2 统计多径信道模型

1. 瑞利和莱斯（Ricean）分布

（1）瑞利衰落分布

在移动无线信道中，描述平坦衰落信号或独立多径分量接收信号时变特性通常采用瑞利分布。瑞利[14]模型假设信号通过无线信道之后，其信号幅度是随机的，并且其包络服从瑞利分布。两个正交噪声信号之和的包络也服从瑞利分布。瑞利分布的概率密度函数（Probability Distribution Function，PDF）为

$$p(r)=\begin{cases}\dfrac{r}{\sigma^2}\exp\left(-\dfrac{r^2}{2\sigma^2}\right), & 0\leqslant r<\infty \\ 0, & r<0\end{cases} \tag{2-48}$$

其中，σ 是包络检波之前接收的电压信号的均方根值，σ^2 是包络检波之前接收信号包络的时间平均功率。不超过某特定值 R 的接收信号的包络有相应的累积分布函数（Cumulative Distribution Function，CDF），即

$$P(R)=P_r(r\leqslant R)=\int_0^R p(r)\mathrm{d}r=1-\exp(-\frac{R^2}{2\sigma^2}) \tag{2-49}$$

瑞利分布的平均值 r_{mean} 为

$$r_{\text{mean}}=\mathrm{E}[r]=\int_0^\infty rp(r)\mathrm{d}r=\sigma\sqrt{\frac{\pi}{2}}=1.253\,3\sigma \tag{2-50}$$

瑞利分布的方差为 σ_r^2，它表示信号包络的交流功率。

$$\begin{aligned}\sigma_r^2&=\mathrm{E}[r^2]-\mathrm{E}^2[r]=\int_0^\infty r^2p(r)\mathrm{d}r-\frac{\sigma^2\pi}{2}\\&=\sigma^2(2-\frac{\pi}{2})=0.429\,2\sigma^2\end{aligned} \tag{2-51}$$

r 的中值可由下式解出。

$$\frac{1}{2}=\int_0^{r_{\text{median}}}p(r)\mathrm{d}r \tag{2-52}$$

得到

$$r_{\text{median}}=1.177\sigma \tag{2-53}$$

因此，瑞利衰落信号的平均值与中值仅相差 0.55 dB。注意，中值常用于实际中，因为衰落数据的测量一般在实地进行，此时不能假设服从某一特定分布。采用中值而非平均值，容易比较不同衰落的分布。图 2-10 给出了瑞利概率密度函数曲线。

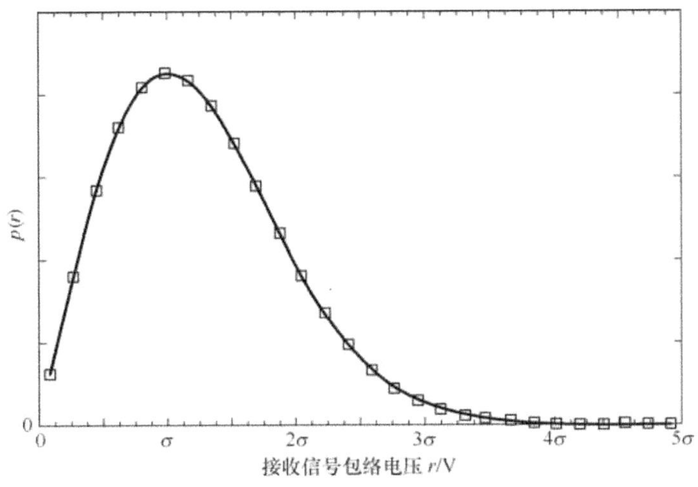

图 2-10　瑞利衰落概率密度函数

瑞利衰落模型适用于描述建筑物密集的城镇中心地带的无线信道。密集的建筑和其他物体使无线设备的发射机和接收机之间没有直射路径，而且使无线信号被衰减、反射、折射和衍射。在曼哈顿的实验证明，当地的无线信道环境确实接近于瑞利衰落。通过电离层和对流层反射的无线电信道也可以用瑞利衰落来描述，因为大气中存在的各种粒子能够将无线信号大量散射。

（2）莱斯衰落分布

如果收到的信号中除了反射、折射和散射等信号外，还有从发射机直接到达接收机的信号，那么总信号的包络将服从莱斯分布，故称为莱斯衰落[15]。莱斯衰落中，多径信号从不同的角度随机到达接收机，叠加在直射径的主信号上。反映在包络检测器的输出端，就是会在随机多径上附加一个直流分量。

莱斯分布的概率密度函数[4]为

$$p(r)=\begin{cases}\dfrac{r}{\sigma^2}\mathrm{e}^{-\frac{(r^2+A^2)}{2\sigma^2}}I_0\left(\dfrac{Ar}{\sigma^2}\right), & A\geqslant 0,\ r\geqslant 0\\ 0, & r<0\end{cases} \tag{2-54}$$

参数 A 指主信号幅度的峰值，$I_0(\cdot)$ 是 0 阶第一类修正贝塞尔函数。贝塞尔分布常用参数 K 来描述，K 为主信号的功率与多径分量方差之比，参数 K 称为莱斯因子，它决定了莱斯分布。K 的表示式为 $K=A^2/(2\sigma^2)$，或用 dB 表示为

$$K(\mathrm{dB})=10\lg\frac{A^2}{\sigma^2} \tag{2-55}$$

正如从热噪声中检测出正弦波一样，主要的信号到达时附有许多弱多径信号，从而形成莱斯分布。当主信号减弱时，混合信号近似于一个具有瑞利的噪声信号。

因此，当主要分量减弱后，莱斯分布就转变为瑞利分布。当 $A \to 0$， $K \to -8\,\text{dB}$，且主信号幅度减小时，莱斯分布转变为瑞利分布，如图 2-11 所示。

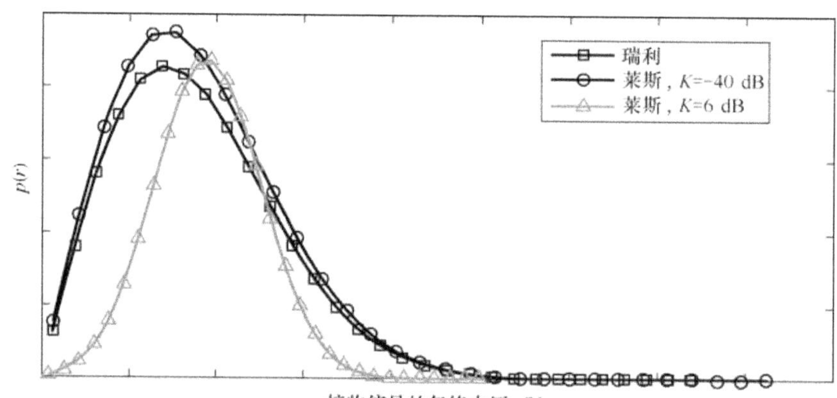

图 2-11 莱斯分布的概率分布密度函数

2. 平坦衰落的 Clarke 模型

Clarke[16]信道模型是一种用于描述平坦小尺度衰落（瑞利衰落）的数学信道模型，相对于瑞利分布、莱斯分布等称之为信道的物理模型，数学模型更易利用计算机进行仿真。Clarke 建立了一种统计模型，其移动台接收信号的场强统计特性基于散射，正好与市区环境中无直视通路的特点相吻合，因此广泛应用于市区环境的仿真中。模型假设有一台具有垂直极化天线的固定发射机，入射到移动台天线的电磁场由 N 个平面波组成，这些平面波具有任意载频相位、入射方向角以及相等的平均幅度。相等的平均幅度的基础在于不存在视距通路，到达接收机的散射分量经小尺度距离传播后，经历了相似的衰减[3]。

图 2-12 给出了一辆以速度 v 沿 x 方向运动的汽车所接收到的入射平面波。根据运动方向，选择在 x-y 方向进行入射角度测量。假设由于接收机的运动，每个波都经历了多普勒频移并同一时间到达接收机。也就是说，假设任何平面波（平坦衰落条件下）都没有附加时延。对第 n 个以角度 α_n 到达 x 轴的入射波，多普勒频移为[15]

$$f_n = \frac{v}{\lambda}\cos\alpha_n \tag{2-56}$$

其中，λ 为入射波的波长。

到达移动台的垂直极化平面波存在 E 和 H 场强分量，分别表示为[4]

$$E_z = E_0 \sum_{n=1}^{N} C_n \cos(2\pi f_c t + \theta_n) \tag{2-57}$$

$$H_x = -\frac{E_0}{\eta} \sum_{n=1}^{N} C_n \sin\alpha_n \cos(2\pi f_c t + \theta_n) \tag{2-58}$$

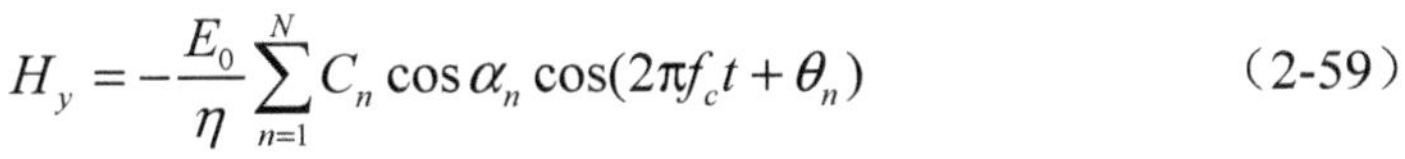

$$H_y = -\frac{E_0}{\eta}\sum_{n=1}^{N} C_n \cos\alpha_n \cos(2\pi f_c t + \theta_n) \tag{2-59}$$

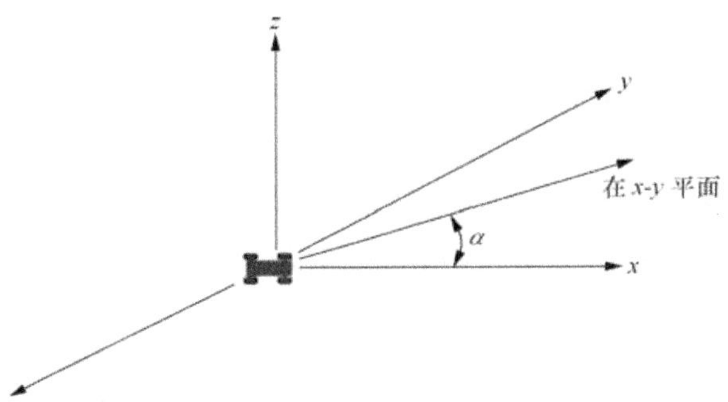

图 2-12　以任意角度到达的平面波示意

其中，E_0 是本地平均 E 场（假设为恒定值）的实数幅度，C_n 是表示不同电波幅度的实数随机变量，η 是自由空间的固有阻抗（$377\,\Omega$），f_c 是载波频率。第 n 个到达分量的随机相位 θ_n 为

$$\theta_n = 2\pi f_n t + \varphi_n \tag{2-60}$$

对 E 和 H 场的幅度进行归一化后，可得 C_n 的平均值，并由式（2-61）实现归一化。

$$\sum_{x=1}^{N} \overline{C_n^2} = 1 \tag{2-61}$$

由于多普勒频移与载波相比很小，因而 3 种场分量可建模为窄带随机过程。若 N 足够大，3 个分量 E_z、H_z、H_y 可以近似看作高斯随机变量。假设相位角在 $(0, 2\pi]$ 间隔内有均匀的概率密度函数，则 E 场可用同相与正交分量表示为

$$E_z = T_c(t)\cos 2\pi f_c t - T_s(t)\sin 2\pi f_c t \tag{2-62a}$$

其中，

$$T_c(t) = E_0 \sum_{n=1}^{N} C_n \cos(2\pi f_n t + \varphi_n) \tag{2-62b}$$

$$T_s(t) = E_0 \sum_{n=1}^{N} C_n \sin(2\pi f_n t + \varphi_n) \tag{2-62c}$$

高斯随机过程在任意时刻 t 均可独立表示为 T_c 和 T_s。T_c 和 T_s 是非相关零均值的高斯随机变量，其方差为

$$\overline{T_c^2} = \overline{T_s^2} = \overline{|E_z|^2} = E_0^2 / 2 \tag{2-63}$$

其中，上横线表示整体平均。

接收信号的 E 场包络为

$$|E_z(t)| = \sqrt{T_c^{\,2}(t) + T_s^{\,2}(t)} = r(t) \tag{2-64}$$

由于T_c和T_s均为高斯随机变量，由 Jacabean 变换可知，随机接收信号的包络r服从瑞利分布。

$$p(r) = \begin{cases} \dfrac{r}{\sigma^2}\exp\left(-\dfrac{r^2}{2\sigma^2}\right), & 0 \leqslant r \leqslant \infty \\ 0, & r < 0 \end{cases} \tag{2-65}$$

其中，$\sigma^2 = \dfrac{E_0^{\,2}}{2}$。

Clarke 模型仿真得到的瑞利衰落包络如图 2-13 所示。

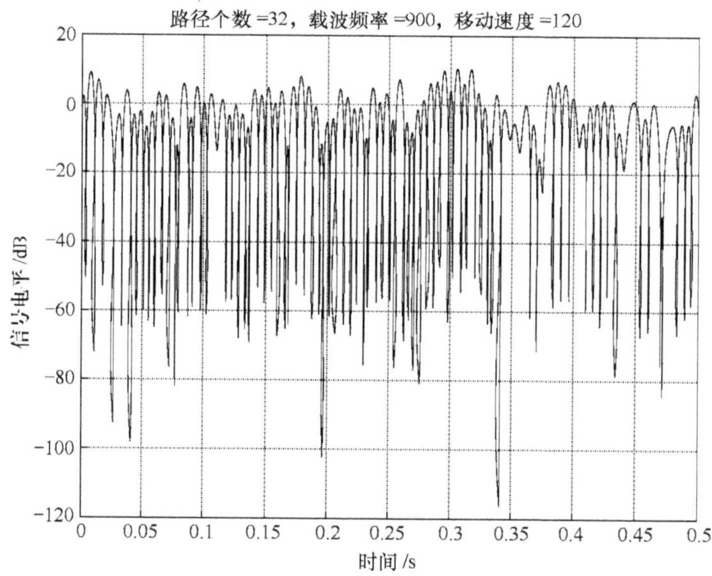

图 2-13　Clarke 模型仿真得到的瑞利衰落包络

2.4　本章小结

无线传播环境是影响定位系统性能的重要因素之一。本章首先介绍信号在无线信道中传输的基本方式，从路径损耗、阴影衰落和多径传播等几个方面分析信号的无线传播特性。按照信号传播随距离的变化关系可分为大尺度衰落和小尺度衰落。然后给出了比较重要的几个经验路径损耗模型和建模常用的统计多径信道模型。无线系统设计必须遵循无线电的基本特性，无线定位系统建立在无线信号传输特性的基础之上。

参考文献

[1] 华为移动通信工程部. 无线传播原理[EB/OL]. http://wenku.baidu.com/view/2715aad6b9f3f90f76c61b1d.html?from=search.

[2] YONG S C, JAEKWON K, YANG W Y, et al. MIMO-OFDM wireless communications with MATLAB[M]. John Wiley & Sons (Asia) Pte Ltd, 2 Clementi Loop.

[3] GOLDSMITH A. Wireless communications[M]. 杨鸿文, 李卫东, 郭文彬, 译. 北京: 人民邮电出版社, 2007.

[4] RAPPAPOR T S. 无线通信原理与应用[M]. 周文安, 付秀花, 王志辉, 译. 第 2 版, 北京: 电子工业出版社, 2009.

[5] SHAW J A. Radiometry and the Friis transmission equation[J]. American journal of physics, 2013, 81(1): 33-37.

[6] 吴伟陵, 牛凯. 移动通信原理[M]. 北京: 电子工业出版社, 2005.

[7] BELLO P A, NELIN B D. The influence of fading spectrum on the bit error probabilities ofincoherent and differentially coherent matched filter receivers [J]. IEEE trans. commun. syst., 1962,10(2): 160-168.

[8] OKUMURA T, OHMORI E, FUKUDA K. Field strength and its variability in VHF and UHF land mobile service[J]. Review electrical communication laboratory, 1968, 16(9-10): 825-873.

[9] JEONG M, LEE B. Comparison between path-loss prediction models for wireless telecommunication system design[C]// Antennas and Propagation Society International Symposium, 2001: 186-189.

[10] 李铁华. GSM-R 无线信道模型分析[D]. 成都: 西南交通大学, 2007.

[11] RANVIER S. Path loss models[D]. Helsinki: Helsinki University of Technology, 2004.

[12] 用于规划频率范围在900 MHz到100 GHz内的室内无线电通信系统和无线局域网的传播数据和预测方法[S]. ITU-R P.1238-6.

[13] Wikipedia. Fresnel zone. [EB/OL]. https://en.wikipedia.org/wiki/Fresnel_zone.

[14] SKLAR B. Rayleigh fading channels in mobile digital communication systems[J]. IEEE communications magazine, 1997, 35(9): 136-146.

[15] 周炯槃, 续大我, 吴伟陵, 等. 通信原理[M]. 北京: 北京邮电大学出版社, 2008.

[16] IQBAL R, ABHAYAPALA T D, LAMAHEWA T A. Generalized clarke model for mobile-radio reception[J]. IET communications, 2009, 3(4): 644-654.

第 3 章 无线定位基本原理及算法

无线定位是指在无线移动通信网络中，通过对接收到的无线电波的特征参数进行测量，利用测量得到的无线信号数据，采用特定的算法对移动终端所处的地理位置进行估计，提供准确的终端位置信息和服务[1]。

无线定位的基本原理是通过测量获取相关定位参数信息，利用相应的算法处理定位参数，估计出目标源的位置。定位参数信息主要包括 3 类：时间类、角度类和场强类。时间类包括到达时间或到达时间差；角度类包括到达角；场强类包括信号强度、地磁强度等[2,3]。

定位算法按照定位建模及其求解方法，可以分为几何建模和概率分析两类，如图 3-1 所示。基于几何建模的方法，一般是根据测量的到达时间/时间差折算为距离/距离差、或者到达角等参数，构建联立几何方程，通过求解方程组得到估计位置。基于统计概率学理论，无线定位技术也常采用射频图像或位置指纹匹配的方法，如典型的局域网 Wi-Fi 指纹定位。

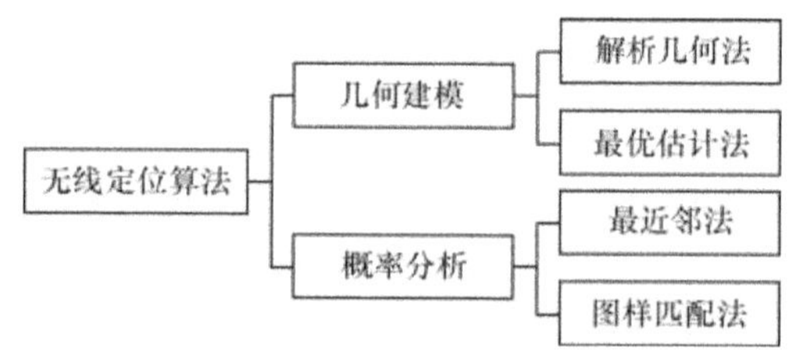

图 3-1　无线定位算法分类

从几何建模角度，基于距离数据的基本几何解释是相交的球形（三维）或圆（二维），而距离差的相应几何解释是相交的双曲面（三维）或双曲线（二维）。另外，当硬件测量误差、多径误差等因素造成数据质量变差时，这些几何算法不易直接得到准确的解析解，可以考虑将上述非线性问题转化为最优估计问题求解。3.2 节会针对这两类算法进行详细阐述。

从概率分析角度，基于射频图样或地理指纹的定位是通过概率和数理统计的方法，在先验的数据样本库中查找匹配或归类，得到合理有效的估计位置。上述两种分析方法，都需要先测量得到与位置相关的信息，提供给定位系统进行计算，估计得到定位目标的位置。在实际定位系统中，通常会采用混合定位技术，考虑联合多种定位技术以提高定位的精度和可靠性。

3.1　无线定位测量

无线定位信号测量，主要包括时间测量、角度测量和场强测量等。具体测量参数主要包括以下几种：信号到达时间（TOA）、信号到达时间差（TDOA）、信号到达角（AOA）、接收信号强度、地磁强度等。图 3-2 对常见无线定位测量参数做了简单的分类。

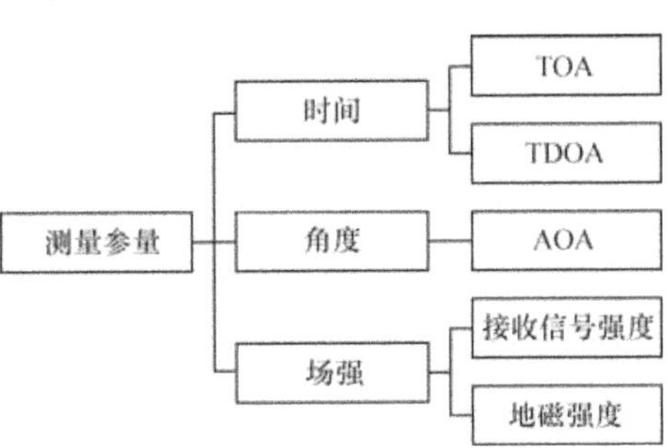

图 3-2　无线定位测量参数的分类

本节将从信号测量维度出发，介绍常用的定位方法，包括基于 TOA 的定位、基于 TDOA 的定位、基于 AOA 的定位、基于信号强度或地磁强度的定位等。表 3-1 从定位精度和实现要求等方面，对上述各类定位方法进行简单的归类比较。其中，除基于信号强度的定位方法外，其他的定位方法都需要额外的网络硬件：一般 TOA 和 TDOA 都需要纳秒级的硬件时钟同步，AOA 需要方向性天线，会在一定程度上增加成本开销。

表 3-1　无线定位方法的简单比较

测量	定位精度	额外硬件辅助	实现复杂度
TOA	高	需要	中
TDOA	高	需要	中
AOA	中	需要	高
场强（传播模型）	低	不需要	低
场强（指纹匹配）	高	不需要	高

3.1.1　时间测量

常见的时间测量方法分为两种，即 TOA 和 TDOA 测量。

（1）TOA 测量

无线定位系统中，最简单获取距离的方法，是测量从一个移动设备到固定测量点（如基站、雷达等）的信号到达时间，即 TOA。TOA 定位通过测量信号的传播到达时间来测量距离。它需要测量节点位置已知，通过获取策略节点和目标移动终端的信号发送和接收时间，推测待测节点的位置，如图 3-3 所示。

TOA 常用的测量方法有两种。一种方法是测量往返时间（Round-Trip Time，

RTT）。一般来说，可以采用基于相位偏移检测获得TOA，通常相位偏移的获取方法会用到相关运算。这里不需要时钟严格同步，但要求较高精度的频率同步，系统必须提供频率同步校正的方法。

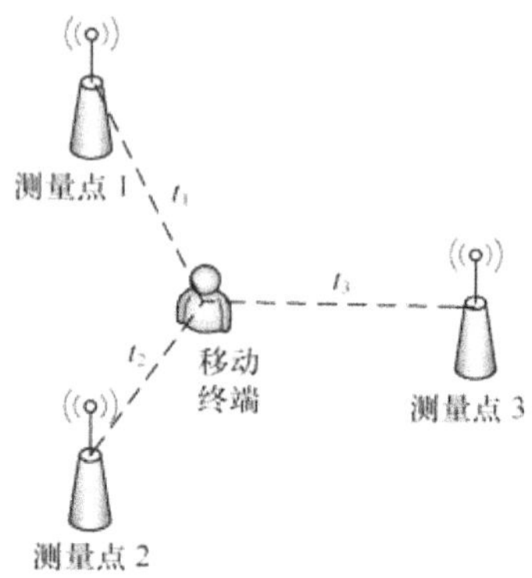

图 3-3　TOA 测量定位

另一种方法是基于直接时间检测来获取 TOA，包括单程时间检测、往返时间检测等。这种方法常用于实际移动通信系统中的时间测量，它需要系统收发端高精度时间同步。一般，采用校准硬件相关参量的方式，实现测量点和终端设备时钟严格同步，或通过硬件设计来接收参考时钟信号和移动设备的信号消除接收时延。对于声波等低速信号而言，时钟精度要求相对较低，但对于射频等信号而言，1 μs 的时钟同步误差将产生约 300 m 的测距误差，因此需要非常高的时钟及同步精度。

在室外定位中，使用 TOA 技术比较典型的定位系统是 GPS。在室内定位中，节点间的距离较小，采用信号到达时间测距难度较大。由于节点接收机和发射机的同步精度有限，因此使用 TOA 技术做室内定位的难度很高。

（2）TDOA 测量

信号到达时间差 TDOA 定位原理与 TOA 类似，也是利用测量信号从发送端到多个信号接收端的到达时间来得到待测目标的位置。不同的是 TDOA 测量的是信号发送端到多个信号接收端的到达时间之差。

测量 TDOA 一般也分两种。一种是利用测量 RTT 等方法直接测量 TOA 并相减得到 TDOA，这种方法较简单，但同样存在精度受制于收发机间时间同步的问题。另一种是利用测量接收信号的相关性，选择最大相关峰或者上升沿作为参考点作差的方法得到 TDOA，该方法在实现上一般不要求收发机间严格时间同步，且精度更高，在某种程度上能克服多径干扰等影响。另一种方法较第一种方法，系统实现复杂度更高，对于测量和计算的要求更高，当然 TDOA 测量精度一般也更高。

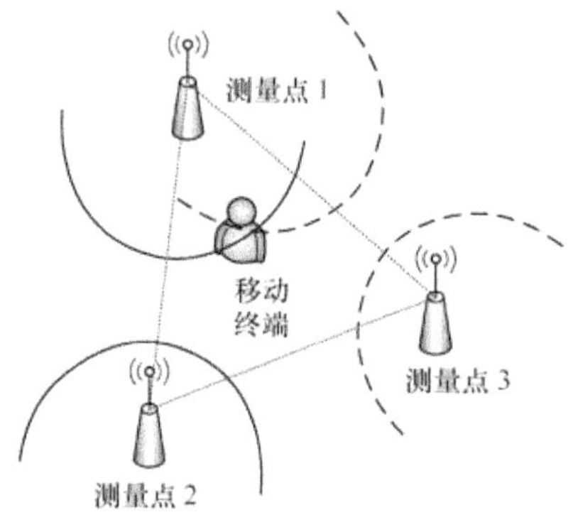

图 3-4　基于 TDOA 的定位

TDOA 定位，计算两个测量点信号到达未知节点的时间差，将其转换成到两个测量点的距离之差。根据几何原理可知，由平面上的一动点到两定点的距离为常数的轨迹是一条双曲线，如果距离的正负已知，那么该轨迹就为双曲线的一支。两条双曲线的交点即为用户的二维定位结果，如图 3-4 所示。

在无线通信系统中，根据信号的上下行传

输，基于 TDOA 测量的定位技术可分为两种。

一是可观察到达时间差（Observed Time Difference of Arrival，OTDOA）定位技术。

移动终端对基站下行定位信号进行测量，获得信号到达两个基站的时间差，每两个基站得到一个测量值，形成一个双曲线定位区。在二维定位中，3 个基站可得到两个双曲线定位区，求解出它们的交点可得到移动终端的确切位置。由于所测量为时间差而非绝对时间，不必满足发射机与接收机之间的高精度时间同步要求。

二是上行到达时间差（Uplink Time Difference of Arrival，UTDOA）定位技术。

UTDOA 的基本原理和 OTDOA 类似，只是采用上行信号定位：移动终端发射上行测量信号，网络侧基站或者定位测量单元（Location Measurement Unit，LMU）测量得到时间差，获取多个双曲线，估算终端位置。

利用绝对时间或者相对到达时间差等信息，借助几何运算的方法对终端进行位置估计，定位精度较高，有广泛的应用。特别是基于 LMU 的 UTDOA 测量的定位，一般不要求移动台和基站之间严格同步，在一定误差情况下性能仍然较好，使它在蜂窝通信系统的定位中更受关注。

3.1.2　角度测量

角度测量是基于 AOA 的测量。到达角度法定位的基本原理是利用测量点具有方向性的天线（Directional Antenna）或天线阵列（Antenna Array），得到移动节点发送信号的方向，从而根据信号的到达方向来进行定位，如图 3-5 所示。

AOA 方法要求发射机和接收机之间保持视距，因为在非视距情况下，多径效应会使信号从一个完全不同的角度到达接收端，造成读写器误判或混淆，从而使 AOA 测量产生较大的误差。另外，配备有 AOA 参数估计的节点硬件尺寸、功耗及成本相对较大，接收机天线的角度分辨率也受到硬件设备的极限限制。

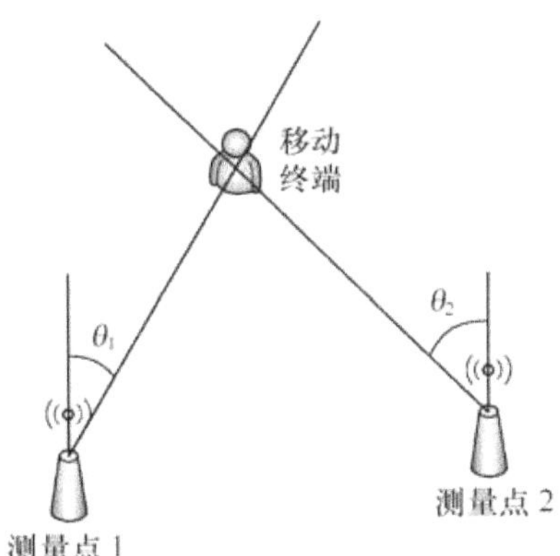

图 3-5　基于 AOA 的定位

实际系统中，AOA 常与 TOA 或 TDOA 信息联合使用成为混合定位法。采用混合定位可以实现更高的定位精度，也可以降低对单一测量参数的依赖。

3.1.3　场强测量

场强测量主要包括信号强度、地磁强度或者其他射频信号的强度特征值等。通常场强测量的定位方法可分为以下两种。

一种是利用强度测量得到距离的方法，即信号传播模型法。场强法的基本原理是利用信道传播模型描述路径损耗，进而基于信号强度来获取收发节点之间的传输距离。当测量点数量大于等于 3 时，就可以通过它们之间的几何关系联立方程组，计算出待定位节点的位置。该方法无需复杂的时钟同步和数据交换，不需要对收发双方添加额外的硬件设备，简单易行。但信号强度受信号传播环境、天线倾角、无线系统的功率动态调整等因素影响较严重，信号传播模型经验公式的准确程度有所降低，定位精度一般较低。因此，在定位精度要求不高时，可采用该方法来实现移动终端定位。

另一种是利用场强作为指纹特征值，如 Wi-Fi 信号强度、地磁强度等。通常分为两个步骤实现定位：离线训练实现指纹采集，在线定位实现指纹匹配，映射查找完成定位，后续在 3.3.2 节会有详细介绍。这种方法一般可以实现较准确定位，但对于场强测量及指纹数据库的要求较高，需要大量的指纹采集测量，且对场强的测量精度、稳定性有很高要求，同时要求数据库快速的更新和高效的管理维护。

3.2 几何建模法

几何建模法是指基于测量参数构建定位问题的几何模型，形成联立方程组，求解得到目标位置坐标的方法。按照几何模型求解方法的不同，可以将定位算法分为解析几何法和最优估计法。本节将对这两种方法进行详细阐述。

3.2.1 解析几何法

解析几何法，即通过测量 TOA、TDOA、AOA 等参量建立测量点和目标源坐标的几何关系，联立圆或双曲线的方程组，通过解析计算求得几何交点坐标，即获取了估计目标位置。根据所用参数的不同，无线定位的解析几何法可分为圆周定位、双曲线定位和方位角定位，也即常说的三边定位法、三边距离差定位法、三角定位法。

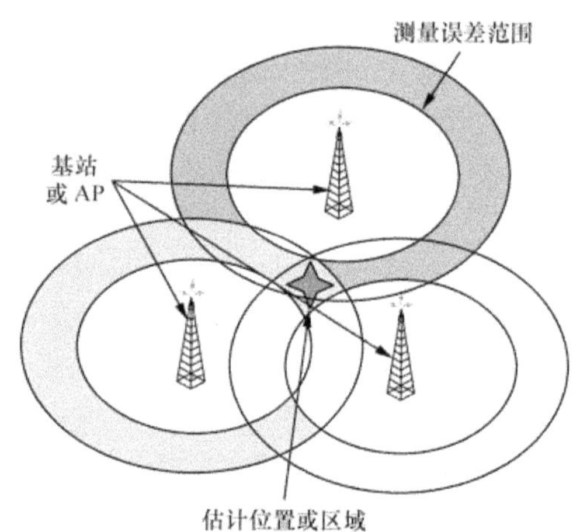

图 3-6 三边定位法

（1）三边定位法

三边定位法如图 3-6 所示，假设在移动终端或物体的待定位估计区域，有至少 3 个基站或无线访问接入点（Access Point，AP）（下面统称“测量点”）可以与之通信。每个测量点通过测量移动终端的信号 TOA 或者信号强度，可以得到带有测量误差的测量距离。移动终端即位于测量点为圆心、测量距离为半径的圆环上。而在 3 个及以上的测量点进行上述计算，目标源的二维/三维位置坐标可由多个圆/球的交点或重叠区域确定。

以三维定位为例，已知 3 个测量点的位置为(x_i, y_i, z_i)，$1 \leqslant i \leqslant 3$，未知的目标位置表示为$(x, y, z)$，距离测量方程表示为

$$\hat{d}_i = d_i + \varepsilon_i, \quad i = 1,2,3 \tag{3-1}$$

其中，ε_i是距离测量误差，且

$$d_i = \sqrt{(x - x_i)^2 + (y - y_i)^2 + (z - z_i)^2} \tag{3-2}$$

因为存在 3 个未知的位置参数，先用 3 个距离测量值来确定位置，假设这 3 个距离测量值为$\hat{d}_1$、$\hat{d}_2$、$\hat{d}_3$。记$\lambda_{i,j} = x_i^2 + y_i^2 + z_i^2 - (x_j^2 + y_j^2 + z_j^2)$，$x_{i,j} = x_i - x_j$，$y_{i,j} = y_i - y_j$，$z_{i,j} = z_i - z_j$，$f_{i,j} = \frac{1}{2}\left\{\left(\hat{d}_j^{\,2} - \hat{d}_i^{\,2}\right) + \lambda_{i,j}\right\}$。另定义

$$\eta_1 = \frac{x_{2,1}z_{3,1} - x_{3,1}z_{2,1}}{x_{3,1}y_{2,1} - x_{2,1}y_{3,1}} \tag{3-3}$$

$$\eta_2 = \frac{x_{3,1}f_{1,2} - x_{2,1}f_{1,3}}{x_{3,1}y_{2,1} - x_{2,1}y_{3,1}} \tag{3-4}$$

$$\eta_3 = \frac{y_{3,1}z_{2,1} - y_{2,1}z_{3,1}}{x_{3,1}y_{2,1} - x_{2,1}y_{3,1}} \tag{3-5}$$

$$\eta_4 = \frac{y_{2,1}f_{1,3} - y_{3,1}f_{1,2}}{x_{3,1}y_{2,1} - x_{2,1}y_{3,1}} \tag{3-6}$$

根据数学求解，可以得到位置的 z 轴坐标估计为

$$\hat{z} = \frac{h_2}{h_1} \pm \sqrt{\left(\frac{h_2}{h_1}\right)^2 - \frac{h_3}{h_1}} \tag{3-7}$$

其中，$h_1 = \eta_1^2 + \eta_3^2 + 1$，$h_2 = \eta_1(y_1 - \eta_2) + \eta_3(x_1 - \eta_4) + z_1$，$h_3 = (x_1 - \eta_4)^2 + (y_1 - \eta_2)^2 + z_1 - \hat{d}^2$。

则可以得到 x 轴和 y 轴的坐标估计为

$$\hat{x} = \eta_3\hat{z} + \eta_4 \tag{3-8}$$

$$\hat{y} = \eta_1\hat{z} + \eta_2 \tag{3-9}$$

上述三边定位法得到的两组解析解，可通过第 4 个测量点的测量来确定唯一解。而实际系统中，由于 TOA 测量的存在不准确性，测量误差导致球面不止相交于唯一点。在测量误差无法准确预测或估计的情况下，往往解析几何法求解只能得到一个粗略估计的定位区域。

（2）三边距离差定位法

以二维定位为例，三边距离差定位法，也即 TDOA 算法（如图 3-7 所示），通过检测信号到达两个测量点的时间差，作出以测量点为焦点、距离差为长轴的双曲线，双曲线的交点就是信号的位置。

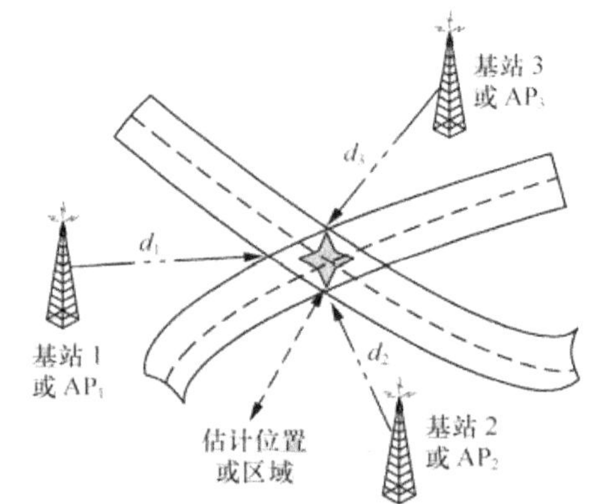

图 3-7　三边距离差定位法

下面介绍三维空间目标位置的数学推导过程。设测量点 i 和移动终端即目标之间的距离为

$$c\left(t_i - t_0\right) = \sqrt{\left(x - x_i\right)^2 + \left(y - y_i\right)^2 + \left(z - z_i\right)^2}\text{，}\quad i = 1,2,3,4 \qquad (3\text{-}10)$$

其中，$\left(x, y, z\right)$ 和 $\left(x_i, y_i, z_i\right)$ 分别是移动终端和测量点的坐标值，c 是传播速度。$t_i - t_0$ 表示目标源到测量点 i 的信号传播测量时间，t_i 是信号到达时间，t_0 是移动终端的测量发起时间。这意味着所有测量点的时钟都是同步的，而移动终端的时钟并不一定与它们保持严格同步。假设 $\hat{t}_i$ 是到达时间 t_i 的估计值，则将式（3-10）两边取平方，得

$$(x - x_i)^2 + (y - y_i)^2 + (z - z_i)^2 \approx c^2(\hat{t}_i - t_0)^2\text{，}\quad i = 1,2,3,4 \qquad (3\text{-}11)$$

其中忽略了到达时间的估计误差，然后式（3-11）中 i=2, 3, 4 项减去 i=1 项，则

$$ct_0 \approx \frac{1}{2}c(\hat{t}_1 + \hat{t}_i) + \frac{1}{2c(\hat{t}_1 - \hat{t}_i)}(\beta_{i,1} - 2x_{i,1}x - 2y_{i,1}y - 2z_{i,1}z)\text{，}\quad i = 2,3,4 \qquad (3\text{-}12)$$

其中，$x_{i,1} = x_i - x_1$，$y_{i,1} = y_i - y_1$，$z_{i,1} = z_i - z_1$，$\beta_{i,1} = x_i^2 + y_i^2 + z_i^2 - (x_1^2 + y_1^2 + z_1^2)$。

定义节点 i 和 j 之间的到达时间差估计值为

$$\delta t_{i,j} = \hat{t}_i - \hat{t}_j \qquad (3\text{-}13)$$

进一步消除式（3-11）中的 t_0 项，可以得出

$$a_1 x + b_1 y + c_1 z \approx g_1 \qquad (3\text{-}14)$$

$$a_2 x + b_2 y + c_2 z \approx g_2 \qquad (3\text{-}15)$$

其中，$a_1=\delta t_{1,2}x_{3,1}-\delta t_{1,3}x_{2,1}$，$b_1=\delta t_{1,2}y_{3,1}-\delta t_{1,3}y_{2,1}$，$c_1=\delta t_{1,2}z_{3,1}-\delta t_{1,3}z_{2,1}$，$a_2=\delta t_{1,2}x_{4,1}-\delta t_{1,4}x_{2,1}$，$b_2=\delta t_{1,2}y_{4,1}-\delta t_{1,4}y_{2,1}$，$c_2=\delta t_{1,2}z_{4,1}-\delta t_{1,4}z_{2,1}$，$g_1=\frac{1}{2}(c^2\delta t_{1,2}\delta t_{1,3}\delta t_{3,2}+\delta t_{1,2}\beta_{3,1}-\delta t_{1,3}\beta_{2,1})$，$g_2=\frac{1}{2}(c^2\delta t_{1,2}\delta t_{1,4}\delta t_{4,2}+\delta t_{1,2}\beta_{4,1}-\delta t_{1,4}\beta_{2,1})$。

联立得到

$$x\approx\eta_1 z+\eta_2 \tag{3-16}$$

$$y\approx\xi_1 z+\xi_2 \tag{3-17}$$

其中，$\eta_1=\frac{b_1c_2-b_2c_1}{a_1b_2-a_2b_1}$，$\eta_2=\frac{b_2g_1-b_1g_2}{a_1b_2-a_2b_1}$，$\xi_1=\frac{a_2c_1-a_1c_2}{a_1b_2-a_2b_1}$，$\xi_2=\frac{a_1g_2-a_2g_1}{a_1b_2-a_2b_1}$。

然后，将式（3-16）和式（3-17）代入式（3-12）（$i=2$），则

$$c(t_1-t_0)\approx\rho_1 z+\rho_2 \tag{3-18}$$

其中，$\rho_1=\frac{1}{c\Delta t_{1,2}}(x_{2,1}\eta_1+y_{2,1}\xi_1+z_{2,1})$，$\rho_2=\frac{c\Delta t_{1,2}}{2}+\frac{1}{2c\Delta t_{1,2}}[2(x_{2,1}\eta_2+y_{2,1}\xi_2)-\beta_{2,1}]$。

将式（3-16）、式（3-17）和式（3-18）替换代入式（3-10）（$i=1$），并对结果取平方，则

$$h_1z^2+h_2z+h_3\approx 0 \tag{3-19}$$

其中，$h_1=\eta_1^2+\xi_1^2-\rho_1^2+1$，$h_2=2[\eta_1(\eta_2-x_1)+\xi_1(\xi_2-y_1)-z_1-\rho_1\rho_2]$，$h_3=(\eta_2-x_1)^2+(\xi_2-y_1)^2+z_1^2-\rho_2^2$。

这个二次方程式（3-19）的两个解为

$$\hat{z}=-\frac{h_2}{2h_1}\pm\sqrt{(\frac{h_2}{2h_1})^2-\frac{h_3}{2h_1}} \tag{3-20}$$

然后将这两个估计的 z 值分别代入式（3-16）和式（3-17），分别形成坐标 x 和 y 的估计值。同三边定位法类似，为确定估计位置的唯一解，需要增加一个额外的测量点，通过比较残差可以消除两个解的不确定性问题。

（3）三角定位法

基于角测量的定位常用算法是三角定位法。三角定位法的原理是利用两个及以上的测量点在不同位置探测目标方位，然后运用三角几何原理确定目标的位置和距离，如图 3-8 所示。三角定位比较常用的是 GPS

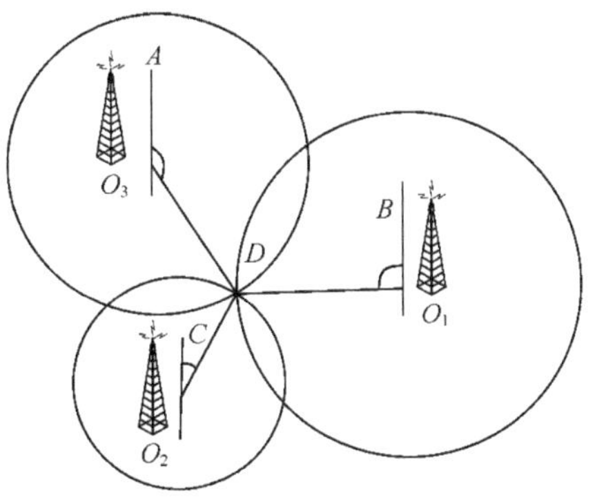

图 3-8　三角定位法

定位技术和 UWB 技术。

在无线通信系统中，三角定位方法常采用 AOA 定位的方法：基站通过阵列天线测出移动台来波信号的入射角，构成从基站到移动台的径向连线，两根连线的交点即为待定位移动台的位置。这种方法不会产生二义性，但它需要在每个小区基站上放置 4～12 组的天线阵同时工作，从而确定移动台发送信号相对于基站的角度。当有多个基站都发现了该信号源时，那么它们分别从基站引出射线，这些射线的交点就是移动台的位置。

三角定位算法需要提前知道测量点或基站的位置。它对天线的要求也很严格，需要智能天线阵列实现方位角的准确测量。而且 AOA 估计会受到由多径等环境因素所引起的无线信号波阵面扭曲的影响，移动终端距离基站较远时，基站定位角度的微小偏差会导致定位距离的较大误差。它的定位精度也随着距离的增加而下降。因此，对于环境变化较快的场合，不适合使用这种定位方法。

3.2.2 最优估计法

通常，将多个 TOA/TDOA 的测量值构成一组关于目标位置的圆周曲线/双曲线方程组，求解该方程组就可得到目标的估计位置。由于定位方程组是非线性的，且测量往往存在误差，其中随机误差将导致定位精度变差。另一种解决方法是将定位问题由非线性方程求解转换成非线性优化的最优估计问题，也称作最优估计法[4]。

不同于解析几何法，最优估计法主要考虑了测量误差和系统偏差等的影响，并从统计估计的角度（如最大似然估计等方法）出发，对定位问题进行建模并求解[5]。这里对上述最优估计问题建模分析。一方面，需要考虑测量误差（Noise），一般假设为高斯噪声；另一方面，考虑其他因素带来测量偏差，一般的无线定位系统中的测量偏差主要是由于非视距（Non Line Of Sight，NLOS）传输造成的 NLOS 偏差（Bias Error，BE）。通常在理论推导中认为偏差是准静态的或已知的。它对定位算法本身的推导并没有什么太大影响[6]。

无论测量得到传播到达时间、信号强度或到达角，最优估计法具体的定位算法实现一般都可以分为基于非迭代和迭代的优化估计算法[7,8]。在某些环境下，采用非迭代位置估计方法无法得到满意的结果，而且一些非迭代算法可能存在相当大的计算复杂度问题。为了更加精确的位置估计，通常需要采用迭代算法，其基本思想是通过获取包括位置坐标在内的未知参数初始值，根据特定公式反复迭代更新估计值，直至得到满足要求的收敛位置，即最终估计位置。

典型的非迭代算法包括线性最小二乘法、球形插值法、拟线性最小二乘法等；而典型的迭代算法包括：泰勒级数最小二乘法、迭代优化法和最大似然法。此外，迭代优化法一般会结合使用滤波、数据平滑等方案。

下面将分别介绍无线定位中典型的几种最优估计算法。

（1）线性最小二乘法

基于到达时间差或到达角的定位方法，通过求解一组精确确定的测量方程，直接计算出未知的位置。如果定位系统的方程是超定的，即独立方程的数目大于未知参数的个数，则可以采用最小二乘法来充分利用冗余的测量数据，获得更好的位置估计结果。

假设网络具有 N 个已知位置的测量点，表示为 (x_i, y_i, z_i)，$i=1,2,\cdots,N$。未知位置的目标坐标设为 (x, y, z)。基于每个测量点对目标的测量，可以得到 N 个距离测量方程。

$$\hat{d}_i = d_i + v_i,\quad i=1,2,\cdots,N \tag{3-21}$$

其中，$d_i = \sqrt{(x-x_i)^2 + (y-y_i)^2 + (z-z_i)^2}$，$v_i$ 是测量误差。

通过引入一个新的变量，可以实现距离测量方程的线性化。具体地，式（3-21）平方可得到

$$\left(\hat{d}_i - v_i\right)^2 - \left(x_i^2 + y_i^2 + z_i^2\right) = 2x_i x + 2y_i y + 2z_i z + \left(x^2 + y^2 + z^2\right) \tag{3-22}$$

定义 $R = \sqrt{x^2 + y^2 + z^2}$，$R_i = \sqrt{x_i^2 + y_i^2 + z_i^2}$，上式变为

$$\hat{d}_i^2 - R_i^2 + v_i^2 - 2\hat{d}_i v_i = R^2 - \left(2x_i x + 2y_i y + 2z_i z\right) \tag{3-23}$$

表示成矩阵或向量的形式得到

$$\boldsymbol{h} = \boldsymbol{G\theta} + \boldsymbol{v} \tag{3-24}$$

其中，

$$\begin{cases} \boldsymbol{\theta} = \begin{bmatrix} x & y & z & R^2 \end{bmatrix}^{\mathrm{T}} \\ \boldsymbol{v} = \begin{bmatrix} v_1^2 - 2\hat{d}_1 v_1 & v_2^2 - 2\hat{d}_2 v_2 & \cdots & v_N^2 - 2\hat{d}_N v_N \end{bmatrix}^{\mathrm{T}} \\ \boldsymbol{h} = \begin{bmatrix} \hat{d}_1^2 - R^2 \\ \hat{d}_2^2 - R^2 \\ \vdots \\ \hat{d}_N^2 - R^2 \end{bmatrix} \\ \boldsymbol{G} = \begin{bmatrix} -2x_1 & -2y_1 & -2z_1 & 1 \\ -2x_2 & -2y_2 & 2z_2 & 1 \\ \vdots & \vdots & \vdots & \vdots \\ 2x_N & 2y_N & 2z_N & 1 \end{bmatrix} \end{cases} \tag{3-25}$$

容易得到最小二乘解，可以表示为

$$\hat{\boldsymbol{\theta}} = \left(\boldsymbol{G}^{\mathrm{T}}\boldsymbol{W}\boldsymbol{G}\right)^{-1}\boldsymbol{G}^{\mathrm{T}}\boldsymbol{W}\boldsymbol{h} \tag{3-26}$$

其中，$\boldsymbol{W} = \mathrm{Cov}^{-1}(\boldsymbol{v})$ 是加权矩阵，表示测量误差 $\boldsymbol{v}$ 的协方差矩阵的逆矩阵。在误差向量 $\boldsymbol{v}$ 统计特性未知的情况下，$\boldsymbol{W}$ 可以认为是对角矩阵，由每个测量点的接收信噪比确定对角线上的各元素。

最简单的情况是将加权矩阵 $\boldsymbol{W}$ 设置为单位矩阵，退化为非加权最小二乘法。显然，由于线性化导致的信息丢失、噪声被平方放大且多引入了一个位置变量，上述的最小二乘解并不是最优的。该方法给出的定位结果，常作为粗略估计为更精确的迭代定位算法提供初始位置估计值。

（2）泰勒级数最小二乘法

在非迭代的线性最小二乘法的基础上，通过近似假设和初始位置估计，可以演进为迭代的非线性最小二乘法。泰勒级数最小二乘法，即是一种最典型的迭代最小二乘算法。其基本原理是，利用泰勒级数展开对非线性目标函数做线性近似，且仅保留低于二阶的数据项，进而采用最小二乘近似迭代更新估计值，直至收敛得到最终估计位置。

假设测量距离表示为

$$\boldsymbol{r} = \boldsymbol{h}(\boldsymbol{x}) + \boldsymbol{b} + \boldsymbol{v} \tag{3-27}$$

其中，$h_i(x) = \|\boldsymbol{x} - \boldsymbol{x}_i\|$ 表示观测点 $\boldsymbol{x}_i$ 到目标点 $\boldsymbol{x}$ 的真实距离，$\boldsymbol{b}$ 表示测量偏差（Measurement Bias），$\boldsymbol{v} \sim CN(0, R)$ 表示测量噪声项。

定义最优估计问题的目标函数为式（3-28）的二次代价函数，代价函数最小化即为优化目标。

$$\min J(\boldsymbol{x}) = \left(\boldsymbol{r} - \boldsymbol{h}(\boldsymbol{x}) - \boldsymbol{b}\right)^{\mathrm{T}} R^{-1} \left(\boldsymbol{r} - \boldsymbol{h}(\boldsymbol{x}) - \boldsymbol{b}\right) \tag{3-28}$$

对非线性函数 $\boldsymbol{h}(\boldsymbol{x})$ 线性化近似假设，泰勒展开忽略高次项，得到

$$\boldsymbol{h}(\boldsymbol{x}) \approx \boldsymbol{h}(\boldsymbol{x}_0) + \boldsymbol{H}_0(\boldsymbol{x} - \boldsymbol{x}_0) \tag{3-29}$$

对于初始位置 $\boldsymbol{x}_0$，应该尽量选择靠近定位目标的位置。其中，$\boldsymbol{H}_0$ 表示 $\boldsymbol{h}(\boldsymbol{x})$ 在 $\boldsymbol{x}_0$ 点的雅可比行列式。

$$\boldsymbol{H}_0 = \left.\begin{pmatrix} \dfrac{\partial h_1}{\partial x_1} & \cdots & \dfrac{\partial h_1}{\partial x_n} \\ \vdots & \ddots & \vdots \\ \dfrac{\partial h_m}{\partial x_1} & \cdots & \dfrac{\partial h_m}{\partial x_n} \end{pmatrix}\right|_{\boldsymbol{x}=\boldsymbol{x}_0} \tag{3-30}$$

进一步，

$$\boldsymbol{H}_0 = \begin{pmatrix} {(x_1 - x)}/{r_1} - {(x_2 - x)}/{r_2} & \cdots & {(x_1 - x)}/{r_1} - {(x_n - x)}/{r_n} \\ \vdots & \ddots & \vdots \\ {(x_1 - x)}/{r_1} - {(x_n - x)}/{r_n} & \cdots & {(x_1 - x)}/{r_1} - {(x_n - x)}/{r_n} \end{pmatrix}\Bigg|_{x=x_0} \tag{3-31}$$

令 $\boldsymbol{y} = \boldsymbol{r} - \left(\boldsymbol{h}(\boldsymbol{x_0}) - \boldsymbol{H}_0\boldsymbol{x_0}\right)$，由 $\dfrac{\partial J(\boldsymbol{x})}{\partial \boldsymbol{x}} = 0$ 易得到优化后的 $\boldsymbol{x}_0$，即

$$\hat{\boldsymbol{x}} = \left(\boldsymbol{H}_0^{\mathrm{T}}\boldsymbol{R}^{-1}\boldsymbol{H}_0\right)^{-1}\boldsymbol{H}_0^{\mathrm{T}}\boldsymbol{R}^{-1}\boldsymbol{y} - \left(\boldsymbol{H}_0^{\mathrm{T}}\boldsymbol{R}^{-1}\boldsymbol{H}_0\right)^{-1}\boldsymbol{H}_0^{\mathrm{T}}\boldsymbol{R}^{-1}\boldsymbol{b} \tag{3-32}$$

通常认为测量误差是线性的，对于 NLOS 传播造成的偏差 $\boldsymbol{b}$，通常可认为初始位置估计中包含了 NLOS 偏差。这里，先不考虑偏差 $\boldsymbol{b}$，简化后的无偏差估计（Bias-Free Estimate）得到的定位估计位置为

$$\tilde{\boldsymbol{x}} = \left(\boldsymbol{H}_0^{\mathrm{T}}\boldsymbol{R}^{-1}\boldsymbol{H}_0\right)^{-1}\boldsymbol{H}_0^{\mathrm{T}}\boldsymbol{R}^{-1}\boldsymbol{y} \tag{3-33}$$

下面进一步考虑非视距造成的偏差 $\boldsymbol{b}$ 影响，分析推导存在偏差情况下的最优估计位置。假设

$$\hat{\boldsymbol{x}} = \tilde{\boldsymbol{x}} + \boldsymbol{V}\boldsymbol{b} \tag{3-34}$$

其中，$\boldsymbol{V}$ 是相关矩阵，$\boldsymbol{V} = \left(\boldsymbol{H}_0^{\mathrm{T}}\boldsymbol{R}^{-1}\boldsymbol{H}_0\right)^{-1}\boldsymbol{H}_0^{\mathrm{T}}\boldsymbol{R}^{-1}$。

$$\begin{aligned} z &= \boldsymbol{y} - \boldsymbol{H}_0\tilde{\boldsymbol{x}} = \left(\boldsymbol{H}_0\boldsymbol{x} + \boldsymbol{b} + \boldsymbol{v}\right) - \boldsymbol{H}_0\left(\tilde{\boldsymbol{x}} - \boldsymbol{V}\boldsymbol{b}\right) \\ &= \left(\boldsymbol{I} + \boldsymbol{H}_0\boldsymbol{V}\right)\boldsymbol{b} + \boldsymbol{H}_0\left(\boldsymbol{x} - \tilde{\boldsymbol{x}}\right) + \boldsymbol{v} \\ &= \boldsymbol{S}\boldsymbol{b} + \boldsymbol{w} \end{aligned} \tag{3-35}$$

其中，$\boldsymbol{S} = \boldsymbol{I} + \boldsymbol{H}_0\boldsymbol{V}$，$\boldsymbol{w} = \boldsymbol{H}_0\left(\boldsymbol{x} - \tilde{\boldsymbol{x}}\right) + \boldsymbol{v}$ 是测量误差，满足

$$\boldsymbol{Q}_W = \mathrm{E}\left(\boldsymbol{w}\cdot\boldsymbol{w}^{\mathrm{T}}\right) = \boldsymbol{H}_0\boldsymbol{P}_x\boldsymbol{H}_0^{\mathrm{T}} + \boldsymbol{R} \tag{3-36}$$

$$\boldsymbol{P}_x = \mathrm{E}\left[\left(\boldsymbol{x} - \hat{\boldsymbol{x}}\right)\cdot\left(\boldsymbol{x} - \hat{\boldsymbol{x}}\right)^{\mathrm{T}}\right] = \left(\boldsymbol{H}_0\boldsymbol{R}^{-1}\boldsymbol{H}_0^{\mathrm{T}}\right)^{-1} \tag{3-37}$$

容易得到 $\boldsymbol{S}\cdot\boldsymbol{H}_0 = \boldsymbol{0}$。根据西尔维斯特（Sylvester）不等式定理，$\boldsymbol{S}$ 非满秩。所以为了估计 b_i，需要增加约束条件，假设偏置 b_i 是有界的，$b_i \in \left(l_i, u_i\right)$。得到测量偏差优化的目标函数为

$$\min J(\boldsymbol{b}) = (z - \boldsymbol{S}\cdot\boldsymbol{b})^{\mathrm{T}}\boldsymbol{Q}_w^{-1}(z - \boldsymbol{S}\cdot\boldsymbol{b}) \tag{3-38}$$

$$\text{约束条件 } s_i = g_i\left(b_i\right) > 0 \tag{3-39}$$

其中，$g_i\left(b_i\right) = \left(u_i - b_i\right)\left(b_i - l_i\right)$，$b_i \in \left(l_i, u_i\right)$。

进一步，由式（3-39）和式（3-40），得到拉格朗日等式（Lagrange Equation）。

$$\min L\left(\boldsymbol{b},\boldsymbol{\lambda},\boldsymbol{s}\right)=\left(z-\boldsymbol{S}\cdot\boldsymbol{b}\right)^{\mathrm{T}}\boldsymbol{Q}_w^{-1}(z-\boldsymbol{S}\cdot\boldsymbol{b})-\mu\sum_{i=1}^{n}\ln s_i-\boldsymbol{\lambda}^{\mathrm{T}}\left(g_i\left(b_i\right)-s_i\right) \quad (3\text{-}40)$$

其中，μ 和 $\boldsymbol{\lambda}$ 为拉格朗日系数。利用拉格朗日法，可以最终求解得到考虑非视距偏差情况下的最优估计位置。

泰勒级数最小二乘法的优势在于复杂度低，计算简单易实现。但其收敛性能在一定程度上依赖初始点，通常需要一个接近真值的初始位置估计。在某些情况下，特别是初始值远离目标真实位置时，泰勒级数最小二乘法可能不收敛或者收敛到一个远离预期的位置点。为了避免产生带有不正常误差的估计，有必要检查位置估计的可靠性。同时，可以联合多种定位算法，借助提供的可靠初始点，提高算法的可靠性和定位精度。

（3）最大似然法

在某些情况下，测量误差的分布可以基于现场测量数据，或基于在定位区域的实验结果建立数据库先验模型。例如，到达时间测量误差通常建模为均值为零、标准偏差同视距条件下的真实距离成比例的高斯随机变量，根据误差分布的知识，可以运用最大似然估计来求解位置估计问题，以便对任何给定的信噪比获得最优的位置估计。

这里重点关注如何利用到达时间差和距离的测量结果。假定距离测量结果相互独立，给定目标位置矢量为

$$\boldsymbol{p}=[x\ y\ z]^{\mathrm{T}} \quad (3\text{-}41)$$

而且测量误差是高斯随机变量，均值为零。基于到达时间差的距离差分测量矢量为

$$\hat{\boldsymbol{r}}_d=[\hat{d}_{2,1}\ \hat{d}_{3,1}\cdots\hat{d}_{N,1}]^{\mathrm{T}} \quad (3\text{-}42)$$

条件概率分布函数为

$$p(\hat{\boldsymbol{r}}_d\mid\boldsymbol{p})=(2\pi)^{-(N-1)/2}[\det(\boldsymbol{Q}_d)]^{-1/2}\exp[-\frac{1}{2}(\hat{\boldsymbol{r}}_d-\boldsymbol{r}_d)^{\mathrm{T}}\boldsymbol{Q}_d^{-1}(\hat{\boldsymbol{r}}_d-\boldsymbol{r}_d)] \quad (3\text{-}43)$$

其中，$\boldsymbol{r}_d$ 是真实距离差分矢量，定义为

$$\boldsymbol{r}_d=[d_{2,1}\ d_{3,1}\cdots d_{N,1}]^{\mathrm{T}} \quad (3\text{-}44)$$

$\boldsymbol{Q}_d$ 是测量矢量 $\hat{\boldsymbol{r}}_d$ 的协方差矩阵，在忽略无关常量后，相应的对数似然函数为

$$\Lambda(p)=-\frac{1}{2}(\hat{\boldsymbol{r}}_d-\boldsymbol{r}_d)^{\mathrm{T}}\boldsymbol{Q}_d^{-1}(\hat{\boldsymbol{r}}_d-\boldsymbol{r}_d) \quad (3\text{-}45)$$

通过对以上对数似然函数取极大化，得到未知位置的最大似然估计，即

$$\hat{\boldsymbol{p}} = \arg\max_{p} \Lambda(\boldsymbol{p}) \tag{3-46}$$

这是一个非线性函数，一般没有闭合形式解，且只能获得数值解。

在存在非线性的观测方程时，最大似然估计通常取对数似然函数的最大化。而最大化和最小化的非线性迭代过程时间复杂度很高，所以通常采用一个简单的迭代算法来获得近似最大似然法的位置精度。文献[5]提出的 Chan 算法，计算复杂度较低且易于实现，且在不知道误差协方差矩阵的情况下仍可以采用，但会有一定程度的性能下降。基于 Chan 算法的近似最大似然法推导过程如下。

将式（3-45）的对数似然函数对 $\boldsymbol{p}$ 求导，令结果为零，得到

$$\boldsymbol{M} \cdot \boldsymbol{D} = 0 \tag{3-47}$$

其中，$\boldsymbol{M} = [\frac{\partial \boldsymbol{r}_d(\boldsymbol{p})}{\partial \boldsymbol{p}}]^{\mathrm{T}} \boldsymbol{Q}_d^{-1}$，$\boldsymbol{D} = [d_{2,1} - \hat{d}_{2,1} \ \ d_{3,1} - \hat{d}_{3,1} \ \ \cdots \ \ d_{N,1} - \hat{d}_{N,1}]^{\mathrm{T}}$。

根据 $d_{i,1} - \hat{d}_{i,1} = \dfrac{d_i^2 - (d_1 + \hat{d}_{i,1})^2}{d_i + d_1 + \hat{d}_{i,1}}$，式（3-47）可以写为

$$\boldsymbol{\Phi\beta} = 0 \tag{3-48}$$

其中，$\boldsymbol{\Phi} = \boldsymbol{M\Omega}$，$\boldsymbol{\Omega} = \mathrm{diag}\left\{\frac{1}{d_2 + d_1 + \hat{d}_{2,1}} \ \ \frac{1}{d_3 + d_1 + \hat{d}_{3,1}} \ \ \cdots \ \ \frac{1}{d_N + d_1 + \hat{d}_{N,1}}\right\}$，$\boldsymbol{\beta} = \left[d_2^2 - \left(d_1 + \hat{d}_{2,1}\right)^2 \ \ d_3^2 - \left(d_1 + \hat{d}_{3,1}\right)^2 \ \ \cdots \ \ d_N^2 - \left(d_1 + \hat{d}_{N,1}\right)^2\right]^{\mathrm{T}}$。

$\boldsymbol{\beta}$ 的元素可以扩展为

$$\begin{aligned} d_i^2 - \left(d_1 + \hat{d}_{i,1}\right) &= 2\left(x_1 - x_i\right)x + 2\left(y_1 - y_i\right)y + 2\left(z_1 - z_i\right)z \\ &\quad + R_i^2 - R_1^2 - 2d_1\hat{d}_{i,1} - \hat{d}_{i,1}{}^2 \end{aligned} \tag{3-49}$$

然后将其代入式（3-47），得

$$2\boldsymbol{\Phi D p} = \boldsymbol{\Phi}\left(\boldsymbol{v}_1 + 2d_1\hat{\boldsymbol{r}}_d\right) \tag{3-50}$$

其中，$\boldsymbol{D} = \begin{bmatrix} x_1 - x_2 & y_1 - y_2 & z_1 - z_2 \\ \vdots & \vdots & \vdots \\ x_1 - x_N & y_1 - y_N & z_1 - z_N \end{bmatrix}$，$\boldsymbol{v}_1 = \left[\hat{d}_{2,1}^2 + R_1^2 - R_2^2 \ \ \cdots \ \ \hat{d}_{N,1}^2 + R_1^2 - R_N^2\right]^{\mathrm{T}}$，$r_{m,1}(i) = d_m\left(\boldsymbol{\theta}\right) - d_1\left(\boldsymbol{\theta}\right) + b_m - b_1 + n_m(i) - n_1(i)$。

令 $\boldsymbol{\Phi}$ 为单位矩阵，式（3-50）可以简化为

$$2\boldsymbol{D p} = \boldsymbol{v}_1 + 2d_1\hat{\boldsymbol{r}}_d \tag{3-51}$$

容易得到位置矢量的估计为

$$\hat{\boldsymbol{p}}=\frac{1}{2}(\boldsymbol{D}^{\mathrm{T}}\boldsymbol{Q}_d^{-1}\boldsymbol{D})^{-1}\boldsymbol{Q}_d^{-1}\boldsymbol{D}(\boldsymbol{v}_1+2d_1\hat{\boldsymbol{r}}_d) \tag{3-52}$$

其中，$d_1=\sqrt{(x-x_1)^2+(y-y_1)^2+(z-z_1)^2}$，未知位置坐标（$x,y,z$）是$d_1$的线性函数，可能存在两个根，一般可选择满足更大$\Lambda(\boldsymbol{p})$的根。进一步可根据式（3-52）来确定$\hat{\boldsymbol{p}}$；然后根据式（3-50）可以用重新计算$\hat{\boldsymbol{p}}$。

$$\hat{\boldsymbol{p}}=\frac{1}{2}(\boldsymbol{\Phi}\boldsymbol{D})^{-1}\boldsymbol{\Phi}(\boldsymbol{v}_1+2d_1\hat{\boldsymbol{r}}_d) \tag{3-53}$$

重复同样过程，选择一个较优的方程根。用新的$\hat{\boldsymbol{p}}$值重复带入k次式（3-53）计算，更新$\boldsymbol{\Phi}$和d_1，得到$\hat{\boldsymbol{p}}$和$\Lambda(\hat{\boldsymbol{p}})$的$k$个值。这里，相比选择最后的更新结果作为最终位置估计，可选择具有最大$\Lambda(\hat{\boldsymbol{p}})$的位置估计作为最可能的估计位置。

3.3 概率分析法

基于非距离测量的定位方法，主要包括两大类：一是服从近邻原则的邻近法，其基本原理是根据终端接收到的最近测量点信令信息等，判断出其所最邻近的测量点和测量点覆盖的区域，从而粗略地估计出定位位置；这些测量点可以是蜂窝网络中的基站、Wi-Fi 网络中的无线热点、蓝牙、ZigBee 等传感器节点等。二是服从统计估计的概率法，其基本原理是根据统计数据库或训练样本库中指纹数据出现的概率，匹配估计出定位位置，一般指纹图样包括 Wi-Fi 指纹、射频图样、地磁等。下面具体地介绍基于非距离测量的定位方法的基本原理。

3.3.1 最近邻法

最邻近法基本原理是通过获取定位点最近邻的设备节点（测量点）及其标识号、位置信息、覆盖范围等，判断得出其位置信息。常见的最邻近算法包括：k近邻（*k*-Nearest-Neighbor，*k*NN）法、k加权近邻（W*k*NN）法等。*k*NN 是数据挖掘分类技术中最简单的方法之一，其算法的核心思想是如果一个样本在特征空间中k个最相邻的样本中的大多数属于某一个类别，则该样本也属于这个类别，并具有这个类别上样本的特性。该方法在确定分类决策上只依据最邻近的一个或者几个样本的类别来决定待分样本所属的类别。

*k*NN 算法在类别决策时，只与极少量的相邻样本有关。由于 *k*NN 算法主要靠周围有限的邻近的样本，而不是靠判别类域的方法来确定所属类别的，因此，对于类域的交叉或重叠较多的待分样本集来说，*k*NN 方法较其他方法更为适合。

下面将介绍最典型的最近邻法在实际蜂窝网络中应用——小区标识(Cell ID,

CID）定位技术，我们以它为例对最邻近法做详细介绍。

在蜂窝网路中，每个小区都有自己特定的小区标识号，当进入某一小区时，移动终端要在当前小区进行注册，系统的数据中就会有相应的小区 ID 标识。该小区 ID 也是距离移动终端最近的基站标识。

具体地，定位平台向核心网发送信令，查询手机所在小区 ID，无线网络上报终端所处的小区号（根据服务的基站来估计），位置业务平台根据存储在基站数据库中的基站经纬度数据，将定位结果返回给服务提供商，得出用户大致位置。小区号将在如下场景获得：小区路由寻呼、定位区域更新、小区更新、URA 更新、路由去更新。

目前获取移动终端所处 CID 的方式通常有两种[9-11]，一种是采用 MAP-Any-Time-Interrogate（ATI）信令从 HLR 获取；另一种是采用 3GPP 制定的 TS 03.71 规范中定义的 Lh 接口和 Lg 接口来获取移动用户的 CID 信息。

CID 的优点主要有两点：① 无需在无线接入网侧增加设备，对网络结构改动小，成本低；② 移动台搜索时间短、易于实现、可信度高，能够用于定位系统粗略估计移动台位置，但其缺点也比较明显，定位精度较低，取决于基站或扇区大小，在市区一般可以达到 300～500 m，郊区误差甚至可达几千米。

在实际网络中，采用增强小区 ID 定位（Enhanced Cell ID，E-CID）方法，包括获取 RTT 或者说是时间提前量（Time Advanced，TA）、AOA 等信息，进一步提高定位精度。

3.3.2　图样匹配法

图样匹配法，或叫指纹匹配法，基本原理是根据测量指纹特征值，与统计数据库或训练样本库指纹数据查找匹配，依最大概率来估计出其对应的位置。通常指纹或图样特征值包括信号强度指纹、射频图样、地磁等。一般包括两个步骤：先采集定位信息作为图样形成数据库，即离线训练采集定位指纹到指纹数据库；然后依据定位信息与数据库中图样的匹配概率分析，映射得到定位位置，即在线定位阶段，通过指纹匹配分析出定位节点的位置。

图样匹配法一般需要系统具有特征测量、匹配运算和位置输出等功能，如图 3-9 所示。

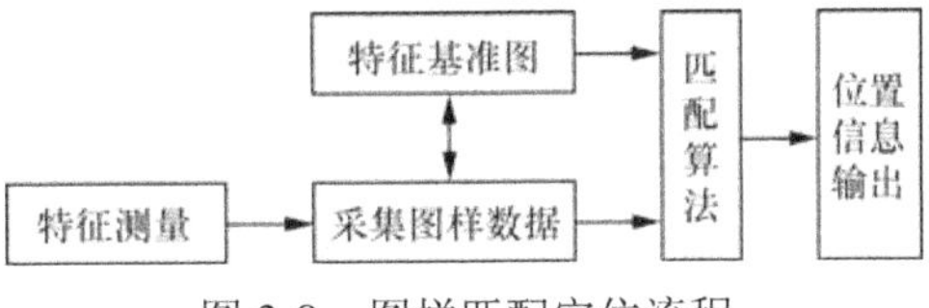

图 3-9　图样匹配定位流程

最典型的基于图样匹配的定位方法有 Wi-Fi 指纹定位和地磁匹配定位。下面将以 Wi-Fi 指纹定位为例讲述图样匹配的基本原理，它可以延伸类推到其他系统，如 LTE 信号、蓝牙信号、地磁信号等。

基于 Wi-Fi 的定位方法主要包括信号传播模型法和指纹匹配法，二者都是基于信号强度测量。信号传播模型法原理比较简单，不再赘述。这里所要详细阐述的指纹匹配法，关键在于指纹快速采集处理和指纹精确定位算法。移动设备想要知道自己的位置所在时，就会收集周围所有 Wi-Fi 网络的信号强度和唯一 ID 识别码，通过网络下载或服务器读取的方式与该区域引用数据集进行匹配；通过信号强度形成 Wi-Fi 指纹与参考数据对比，来估计移动物体可能的位置。

Wi-Fi 指纹定位具体流程如下。

第一阶段，数据库建立。在所需的定位区域，选取 M 个采样点，这些采样点的坐标位置已知。每个采样点利用已有的 Wi-Fi 基础设施检测周围 n 个测量点的信号强度，获得信号强度序列并保存在数据库中，即每个采样点采集到的 n 个接收信号强度 RSSI 作为一个指纹。

第二阶段，位置估计。用户向位置服务器提交一个位置查询，同时发送检测到测量点的 RSSI，该组 RSSI 便可提供一个实测指纹；位置服务器将用户返回的实测指纹与数据库中的指纹进行匹配，寻找相似度最大的指纹所对应的位置信息作为用户最终的位置估计信息。

图样测量的精度及匹配算法是决定匹配精度的核心因素。目前匹配算法主要有两类：相关度技术和递推滤波技术。相关度技术的特点是原理简单，对初始误差要求低，无误差累积，具有较高的匹配精度和捕获概率，是一种较灵活的匹配方式。相关度技术的传统算法主要分两类：一类强调它们之间的相似程度，如互相关算法和相关系数；另一类强调它们之间的差异程度，如平均绝对差算法、最小均方差算法。递推滤波技术的特点是，需要目标在较长的一段时间内连续递推滤波定位，对初始误差要求较高，滤波的各种统计误差模型不易获取，且滤波的发散也不易控制，目前应用较多的主要为粒子滤波技术和卡尔曼滤波技术。而针对不同的图样特征系统，须根据自身的特点选择合理的匹配方式，对于无规律运动的物体适宜采用相关度匹配方法，对于运动规律较明显的目标可采用递推滤波的方法实现定位。

图样匹配法的优势在于，直接匹配位置可以利用的观测量比较多，精度较高。缺点在于需要网络侧具有信号特征与地图信息相互映射的数据库，前期基于大量路测数据来构建数据库增加了成本，而且服务区内环境变化（如下雨或人流走动）、建筑物变动等都会使射频图样匹配的性能大打折扣。

3.4 定位性能评估指标

为了评估算法的性能，通常将定位精度作为定位系统的主要性能指标[12, 13]。定位精度的评估方法包括：均方根误差（Root Mean Square Error，RMSE）、累积分布函数（Cumulative Distribution Function，CDF）、克拉美罗下限（Cramer-Rao Lower Bounds，CRLB）、圆/球误差概率（Circular Error Probability，CEP）、几何精度因子（Geometric Dilution Of Precision，GDOP）、相对定位误差（Relative Position Error，RPE）等。此外，响应时间与定位服务质量相关，如果响应时间过长，用户会感到烦躁、焦虑；而响应时间过短，对定位系统的计算性能要求太高，会增加设备成本及系统开销。因此响应时间指标须在一个合理的范围内。

下面着重介绍定位精度的几种评估方法及其相关参数。

（1）均方误差及均方根误差

$$MSE = \mathrm{E}\left[(x-\hat{x})^2 + (y-\hat{y})^2\right] \tag{3-54}$$

$$RMSE = \sqrt{\mathrm{E}\left[(x-\hat{x})^2 + (y-\hat{y})^2\right]} \tag{3-55}$$

其中，(x, y)是待定物体的真实位置坐标，$(\hat{x}, \hat{y})$是待定物体的估计位置坐标。为了评价无偏估计方差的准确性，通常会在平稳高斯信号估计中，利用 MSE 或 RMSE 与 CRLB 比较，CRLB 为无偏估计方差提供一个下界。

（2）累积分布函数

累积分布函数在实际工程应用中，常作为评价指标。累积分布函数可理解为在满足某个精度门限的定位次数占总定位次数的比例。例如，*CDF*(100)＝67%，表示定位误差在 100 m 内的准确度不低于 67%。

（3）圆/球误差概率

圆/球误差概率，也叫径向偏差概率。通常在军事上用来描述对目标攻击的准确程度，表示在某个平面内，以靶心为圆心，弹着点落在距靶心半径多大距离以内的概率。在二维定位系统中，圆/误差概率是以目标点为中心，包含已知概率比例（例如 75%）估计点的圆的半径。若定位估计是无偏差的，圆/球误差概率即为待定目标相对真实位置的不确定性的度量，如图 3-10 所示。

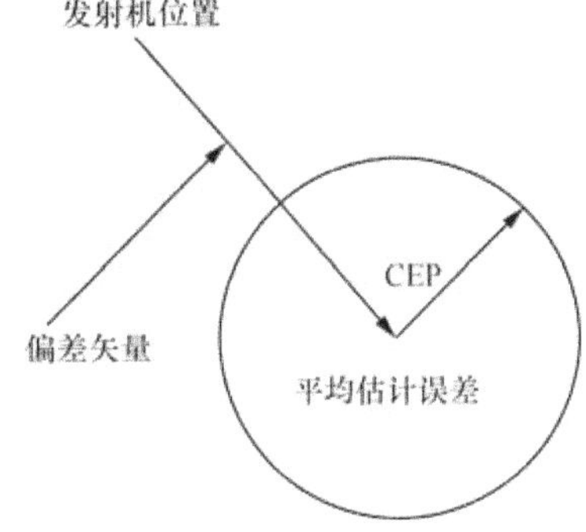

图 3-10　圆/球误差概率

如果定位存在误差，估计值的最大偏差为 *X*，那么移动台估计位置应该在 *X*+*CEP* 的范围内，由于这个函数比较复杂，常用其近似表达式进行表示，其表达式为

$$CEP = 0.75\sqrt{\sigma_x^2 + \sigma_y^2} \tag{3-56}$$

其中，σ_x^2是定位结果在 x 轴上的方差，σ_y^2 同理。

（4）几何精度因子

如果采用距离测量的定位方法，那么多个基站和移动台之间的相对距离将很大程度上决定定位的准确度，这种几何位置对准确度的影响就叫做几何精度因子定义为定位误差和测量误差的比值。对于无偏估计，几何精度因子表达式为

$$GDOP = \sqrt{\mathrm{tr}\left[\left(\boldsymbol{A}^{\mathrm{T}}\boldsymbol{A}\right)^{-1}\right]} \tag{3-57}$$

其中，$\boldsymbol{A}$ 为根据信号特征值测量结果建立的系数矩阵，tr(·)为矩阵的主对角元素之和。

在直角坐标系中，几何精度因子可以表示为

$$GDOP = \frac{\sqrt{{\sigma_x}^2 + {\sigma_y}^2}}{\sigma_s} \tag{3-58}$$

其中，σ_s 是测量误差标准差，GDOP 和 CEP 存在着近似的对应关系，表达式为

$$CEP = 0.75GDOP \tag{3-59}$$

GDOP 因子与观测站的几何配置密切相关，且 GDOP 因子常作为定位系统布设的一个重要的参考指标。现有关于 GDOP 的分析和研究中，通常假设观察站位置已知，计算空间的 GDOP 分布情况。考虑多径、非视距传播、墙壁穿透等造成的定位误差、观测站布局等因素对定位性能的影响，对于评估位置估计方法的性能是十分必要的。GDOP 可以作为新建基站选址的参考，也可以作为定位过程中选择定位基站的指标，选择 GDOP 最小的基站参与定位。

（5）相对定位误差

相对定位误差是相对于前面介绍的那些绝对定位误差而言的。相对定位误差是定位精度和定位范围内最大圆（球）半径的比值，它的表达式为

$$PRF = \frac{\sigma}{R} \tag{3-60}$$

其中，σ 为定位精度，R 为定位范围内最大圆（球）的半径。

例如，假设两个移动台的位置绝对误差相同，但基站 A 的覆盖半径明显大于基站 B 的覆盖半径，那么可以很明显地看出，基站 A 定位的相对误差较小，相对定位精度较高。

综上，定位误差除了与测距值、阴影或穿透损耗参数等的误差密不可分，同时还与目标和观测站之间的相对几何位置有关。定位误差与目标相对于测量点的几何关系是密切相关的，不同几何布局的测量点对同一空间位置上的目标，其定位误差是不同的。因此，研究定位误差与测量点几何布局之间的关系，对于优化系统性能，有效地使用定位系统对目标进行精确定位是十分必要的。

3.5 本章小结

本章主要介绍了无线定位技术的基本原理与算法，从定位测量、定位算法以及定位性能评估等 3 个方面展开讨论。定位测量方法主要分为 3 类，即时间（TOA、TDOA 等）、角度（AOA）和场强（信号强度、地磁强度）测量。常见的定位算法包括几何建模法和概率分析法两种。几何建模法主要包括三边定位方法、三边距离差定位方法、三角定位方法等。定位方程组的求解过程中通常会使用最优估计法，其常用算法有线性最小二乘法、泰勒级数最小二乘法、最大似然法等。概率分析法主要介绍了最近邻和图样/指纹匹配两种方法，对算法原理、流程及优缺点做了详细阐述。最后给出了定位性能评估方法，介绍了几种评估定位精度的指标。

参考文献

[1] 张宴龙. 室内定位关键技术研究[D]. 合肥：中国科学技术大学, 2014.

[2] 余科根. 地面无线定位技术[M]. 北京：电子工业出版社, 2012.

[3] 竹博. 蜂窝网目标的定位跟踪技术研究[D]. 郑州：解放军信息工程大学, 2013.

[4] CHAN Y T, HO K C. Simple and efficient estimator for hyperbolic location[J]. IEEE transactions on signal processing, 1994, 42(8):1905-1915.

[5] CHAN Y T, HANG H C, CHING P C. Exact and approximate maximum likelihood localization algorithms[J]. IEEE transactions on vehicular technology, 2006, 55(1): 10-16.

[6] KIM W, LEE J G, JEE G I. The interior-point method for an optimal treatment of bias in trilateration location [J]. Vehicular technology, IEEE transactions on, 2006, 55(4): 1291-1301.

[7] QIAO T, REDFIELD S, ABBASI A, et al. Robust coarse position estimation for TDOA localization [J]. Wireless communications letters, IEEE, 2013, 2(6): 623-626.

[8] QIAO T, ZHANG Y, LIU H. Nonlinear expectation maximization estimator for TDOA localization [J]. Wireless communications letters, IEEE, 2014, 3(6): 637-640.

[9] 3GPP TS 03.71 V8.9.0 (2004-06). Location services (LCS); functional description; Stage 2[S]. Release 1999.

[10] 3GPP TS 23.271. Functional stage 2 description of location services (LCS)[S]. Release 8.

[11] 3GPP TS 22.071. Location services (LCS); Service description, Stage 1[S]. Release 8.

[12] 刘文博. LTE 室内定位技术及优化方法研究[D]. 广州：华南理工大学, 2013.

[13] SHARP I, YU K, GUO Y J. GDOP Analysis for positioning system design[J]. IEEE transactions on vehicular technology, 2009, 58(7): 3371-3382.

第 4 章 卫星定位

1957 年 10 月 4 日，前苏联发射了全球第一颗人造地球卫星，将人类历史带入了无线电导航的新时代；1958 年 1 月 31 日，美国成功发射“探险者 1 号”人造卫星。此后，法国、日本、中国等国家相继发送各自的人造卫星进入太空，卫星导航技术进入蓬勃发展的阶段。随着 GPS 的建成，无线电导航迎来了一场新的技术革命，覆盖了航空航天导航、海陆导航、测绘测量和大众消费等各种应用领域，对国民经济的发展起到重要的作用。发展至今，除了 GPS 之外，典型的全球卫星导航系统还包括欧盟的 Galileo、俄罗斯的 GLONASS 和中国的北斗系统。

本章将重点介绍全球四大卫星导航系统的典型系统架构、信号组成、定位原理和应用场景，方便读者更全面地了解全球定位导航系统的发展历程及工作原理。

4.1 卫星导航定位系统

全球卫星导航系统正在向着多频、多系统方向发展。目前主要由美国的 GPS、俄罗斯的 GLONASS、中国的北斗卫星导航系统和欧盟的 Galileo 四大全球定位系统组成，它们正广泛应用于测绘、导航、通信、国民经济建设和军事等诸多领域。GNSS 系统主要由 3 个部分组成：卫星星座部分，也称空间部分；地面监控系统，也称控制部分；卫星信号接收机，也称用户部分。

4.1.1 GPS

GPS 是美国国防部研发的全球导航定位系统，其发展可以分为以下 5 个阶段：原理验证阶段、工程研制阶段、正式工作阶段、改进阶段和现代化阶段。原理验证阶段的主要目的是为了验证 GPS 接收机可以得到较高的定位精度，以地面信号发射器模拟卫星系统，向用户设备发射模拟卫星信号，通过多次测量得到的实验结果；工程研制阶段的主要目的是为了检测 GPS 的性能，为正式工作阶段做准备；正式工作阶段于 1989 年 2 月 14 日开始，第一颗 GPS 工作卫星发射升空，之后接连发射了 24 颗导航卫星，GPS 星座基本建成；改进阶段是美国国防部为了提高定位精度，研制改进型卫星 Block Ⅱ R，并且解除了对 GPS 民用的限制；现代化阶段为了弥补当前卫星系统的不足，保持 GPS 在导航系统中的霸主地位，美国从 1999 年开始了卫星导航系统的现代化进程；在以前信号的基础上，增加新的军用和民用信号，相继发射了 Block Ⅱ R-M 和 Block Ⅱ F 卫星，并开始研发新一代 Block Ⅲ卫星。

GPS 是典型的 GNSS，它包括 3 个部分：空间部分、地面控制部分、用户部分。

（1）空间部分

GPS 系统的空间部分由 24 颗卫星组成，其中有 21 颗是工作卫星，3 颗是备用卫星。24 颗卫星组成 6 个轨道，每个轨道上分布 4 颗卫星，每个轨道平面与赤道平面的夹角为 55°，轨道之间的升交点赤经相差 60°，这里升交点赤经为卫星轨道的升交点[注1]与春分点[注2]之间的角距。每一个轨道平面内卫星之间的升交点角距相差 90°，每一轨道的卫星要比西边相邻卫星轨道平面上的卫星超前 30°。GPS 卫星星座图如图 4-1 所示。GPS 导航卫星运行在地球中轨道，一共包括 6 个轨道，且每个轨道包含 4 颗卫星，卫星轨道的轨迹是接近正圆的椭圆，轨道平均高度为 20 200 km，运行周期是 11 h 58 min。

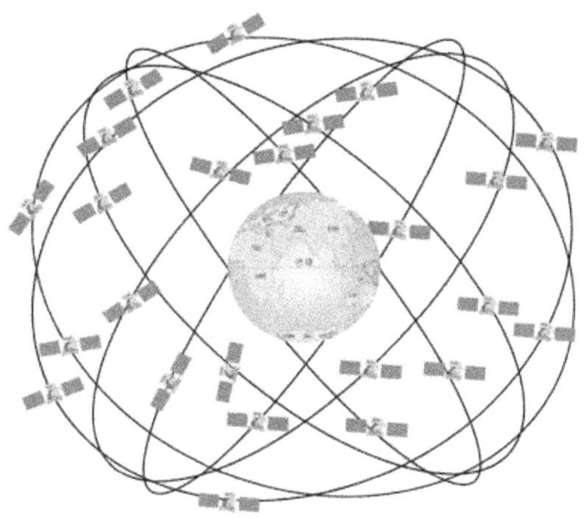

图 4-1　GPS 卫星系统星座

注1：升交点，天体沿轨道从南向北运动时与参考平面的交点。常用的参考平面有赤道面、黄道面等。

注2：春分点，太阳沿着黄道运行中，自南向北穿越赤道时的交点。

GPS 在空间系统的分布使在地球任意地点任意时刻都可以观测到 4 颗以上的卫星，实现精确的定位。此外，3 颗备用卫星的存在增大了系统的容错性，如果某一轨道上的卫星发生故障，则可以启用备用卫星代替故障卫星，确保系统性能不会大幅度下降。

作为 GPS 中的重要组成部分，GPS 卫星的主要功能有：向地面控制部分发射信号，以便地面控制部分计算卫星星历等信息；接收来自地面控制部分发送的信息，执行其中的控制指令，并做相关的数据处理；向用户接收机发送导航信息，用于接收机定位[1]。

（2）地面控制部分

GPS 卫星地面控制部分由 3 部分组成：1 个主控站、3 个注入站和 5 个监测站。主控站设立在美国 Colorado Springs 的联合空间执行中心，3 个注入站分别位于大西洋的 Ascension、印度洋的 Diego Garcia 和太平洋的 Kwajalein，5 个监测站中有 4 个分布于上述 4 个地点，还有 1 个位于夏威夷。

主控站以大型电子计算机为主体，主要的工作包括：① 管理和协调监控站和注入站的工作，诊断空中部分卫星和地面各个站的工作状况是否正常；② 接收监测站测量得到的数据（气象参数、卫星时钟等）推算各个卫星星历、卫星钟差和大气层改正参数，并将这些参数发送给注入站，再由注入站发送给卫星；③ 主控站中的原子钟为整个系统的时间基准，监测站和卫星之间的原子钟往往与主控站时间不同步，钟差信息由主控站传送给注入站，再发送到卫星；④ 调整运行时偏离轨道的卫星；⑤ 若空中系统有卫星损坏，则启动备用卫星。

注入站的主要功能是接收主控站发送过来的导航电文和其他控制指令等转发到各个相应的卫星，并且确保转发信息的正确性。

监测站，顾名思义，就是负责检测导航卫星的工作，检测各个卫星是否健康，并测量其上空可见的导航卫星其伪距等信息，将测量的数据发送给主控站。

（3）用户部分

GPS 是无源系统，能够支持无数个用户，用户需要 GPS 接收设备接收卫星发送的信号进行计算，得到其所在的位置信息。用户设备主要由接收机硬件、数据处理软件和终端设备构成。GPS 接收设备有很多品种和类型，按载波频率可以分为单频接收机和双频接收机；按用途可以分为导航型接收机和测地型接收机；按工作原理可以分为码相关性接收机、平方型接收机、混合型接收机和干涉型接收机[2, 3]。

4.1.2 北斗导航定位系统

北斗导航定位系统是我国拥有独立知识产权的卫星定位系统，该系统的建设目标是：建成独立自主、开放兼容、技术先进、稳定可靠、覆盖全球的北斗卫星导航系统，促进卫星导航产业链发展，形成完善的国家卫星导航应用产业支撑、推广和保障体系，推动卫星导航在国民经济社会各行业的广泛应用。

根据我国的战略方针，北斗卫星导航系统按照三步走的总体规划分步实施：第一步是建立区域有源系统，1994 年启动北斗卫星导航试验系统建设，即实施北斗一代导航系统的建设，2000 年形成区域有源服务能力；第二步是建立区域无源系统，于 2000 年启动北斗卫星导航系统建设，在 2012 年形成区域无源服务的能力；第三步是建立全球无源定位系统，于 2020 年形成能够提供无源定位的全球卫星导航定位系统。

1. 北斗一代

2003 年我国成功发射了第 3 颗备用北斗导航试验卫星，标志着北斗一代导航系统正式建成，该系统能够全天候 24 h 为区域性用户提供导航定位信息。北斗一代又称为北斗卫星导航试验系统，该系统也是由空间部分、地面系统部分和用户部分构成。

（1）空间部分

北斗一代的空间卫星星座部分是由 3 颗静止卫星组成，其中 2 颗是工作卫星，分别位于东经 80° 和 140°；1 颗是备用卫星，位于东经 110.5°，卫星所在的轨道高度为 36 000 km。空间卫星位于地球同步轨道，主要功能是为地面用户设备和地面中心站提供中继服务，每颗卫星主要由覆盖区域波束天线和变频转发器组成。北斗一代的空间星座如图 4-2 所示。

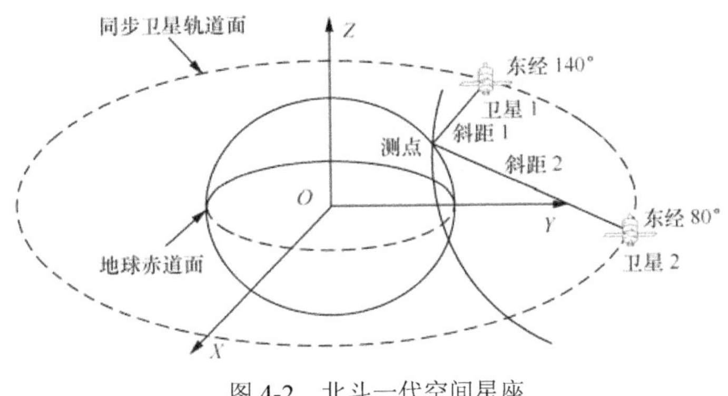

图 4-2　北斗一代空间星座

（2）地面系统部分

地面系统部分也称地面中心站，由主控站、测轨站、气压测高站、校准站等组成。地面中心站的主要功能包括：① 不断产生和发送测距信号，该信号由卫星转发到用户，询问用户是否需要相关服务（询问信号由地面中心站到卫星再到用户为一个出站链路）；② 若用户需要定位或通信等服务，会向卫星发送相关的响应信号，地面中心站通过卫星会接收到该响应信号，与用户之间完成数据的交换（响应信号由用户到卫星再发送到地面中心站为一条入站链路）；③ 地面中心站利用接收到的数据信息计算得出最后的定位信息或将其他通信内容通过卫星转发给用户；④ 根据需要可以临时控制部分用户设备的工作或者暂停对部分用户的服务；⑤ 控制标校机的有关工作参数；⑥ 监控卫星和地面应用系统的情况。

（3）用户部分

北斗一代用户设备包括信号收发天线、混频放大设备、输入输出设备等。北斗一代使用有源定位方式，用户设备接收到地面中心站通过卫星发送过来的询问信号之后，提取其中的信息并根据自身需求向卫星发送响应信号。

北斗一代系统能够实现区域有源定位，具有以下优点：北斗一代系统只需要两颗卫星即可实现定位，大大节省成本；用户终端设备可以与卫星交互信息，故具有通信和传递短报文信息的功能；用户终端和地面控制中心都能得到用户定位信息，故在紧急情况下方便开展救援等工作。但是，北斗一代也有很多的不足之处：用户定位信息的计算需要用户的高程值[注1]信息，定位精度依赖于高程值的准确性；定位精度低，精确度最多为 20 m，GPS 可达到 10 m 以内；用户终端需要向卫星发送响应信号，容易被发现，不适合军用；不利于在高速移动环境下使用，限制了应用范围。

2. 北斗二代

2007 年 4 月，我国发射了第五颗北斗卫星，标志着北斗二代导航系统正式进入建设阶段。北斗二代采用无源定位模式，系统的基本组成与 GPS 类似，都是由空间部分、地面控制部分和用户部分构成。建成的北斗二代卫星导航系统能够提供两种服务方式，即开放服务和授权服务，用来满足不同用户需求。开放服务和授权服务都可以提供定位、授时和测速等服务，只是授权服务具有更高精度，更安全可靠。此外，授权服务还能提供通信服务和系统完好性信息，这一用途保留了北斗一代的优势。

（1）空间部分

北斗二代卫星导航系统的空间部分计划由 5 颗地球同步卫星、3 颗斜同步卫星和 27 颗中轨道卫星组成。其中，5 颗地球同步卫星分别位于东经 58.75°、80°、110.5°、140°和 160°，它们的用途是为用户提供短消息和报文等服务；3 颗斜同步卫星的用途是为了增加在亚太地区的定位精度；27 颗中轨道卫星位于 3 个轨道平面，轨道平面的倾角为 55°，轨道高度为 21 500 km，轨道面之间的间隔是 120°。北斗二代的空间星座如图 4-3 所示。

注 1：高程值，这里指大地高程值，即某一点相对于地面的高度值。

图 4-3　北斗二代星座

截至 2012 年，我国完成了三步走战略中的第二步，区域性无源定位系统正式建成，该系统包括 16 颗卫星，其中能够提供服务的卫星为 14 颗。14 颗工作卫星由 5 颗静止轨道卫星（同步卫星）、5 颗斜同步卫星和 4 颗中地球轨道卫星组成。2015 年和 2016 年相继发射 7 颗北斗导航卫星，北斗系统正在朝着第三步迈进，预计在 2020 年左右建成覆盖全球的北斗卫星导航系统[4]。

（2）地面控制部分

北斗二代卫星导航系统的地面控制系统由 3 部分组成：1 个主控站、2 个注入站和 30 个监测站。

主控站的主要功能是运行管理与控制。与 GPS 主控站类似，北斗二代导航卫星系统主控站负责接收监测站点的数据并进行相应的处理，将星历数据等信息编撰成导航电文传送给注入站。注入站的主要功能是将主控站发送过来的导航电文等信息发送给卫星。监测站的主要功能是接收卫星信号，检测卫星的工作状态并将信息发送到主控站。

（3）用户部分

用户部分就是导航系统中的终端设备，终端设备的主要作用是接收卫星信号，将接收到的信息按照相应的定位算法计算出自身所在的位置、速度和时间等信息。终端设备可以分为专用接收机和通用接收机，专用接收机只能用于一种导航系统，通用接收机能够适用于多种导航定位系统。

北斗二代系统相对于北斗一代有多方面的改进：采用无源定位的形式，用户设备不需要向卫星发送响应信号，只需接收信号并自行计算定位信息，隐蔽性高；北斗一代系统需要地面控制中心计算定位信息，所容纳的用户数是有限的，而北斗二代系统中用户自己进行信息处理，容量不受限制；空间可观测到的卫星数据至少是 4 个，不需要利用用户高程值进行计算；除了无源定位以外，北斗二代保留了北斗一代的通信功能[4, 5]。

4.1.3 GLONASS

GLONASS 是由前苏联国防部于 1976 年开始研究的满足导航、授时、生态监控等功能的全球导航定位系统。第一颗 GLONASS 卫星于 1984 年发射升空，后前苏联解体，俄罗斯接替 GLONASS 的研究工作。1995 年年底，GLONASS 的全部卫星发射升空，于 1996 年投入运行使用。

GLONASS 与 GPS 类似，使用无源定位，由 3 个部分组成：空间部分、地面控制部分和用户部分。

GLONASS 的卫星星座如图 4-4 所示。GLONASS 的空间部分由 21 颗工作卫星和 3 颗备用卫星组成，它们均匀分布在 3 个轨道平面上，每个轨道平面有 8 颗卫星，每个轨道的升交点赤经相差 120°，轨道的高度为 19 000 km，运行周期为 11 h 15 min。

图 4-4　GLONASS 卫星星座

GLONASS 的地面系统是由系统控制中心（System Control Center）和指令跟踪站（Command Tracking Station）组成，其中系统控制中心位于俄罗斯首都莫斯科，指令跟踪站位于俄罗斯全境内。指令跟踪站中包含高精度时钟和激光测距装置，主要作用是跟踪观测 GLONASS 卫星，采集和检测测距数据；系统控制中心的主要作用是收集和处理指令跟踪站采集的数据。最终指令跟踪站将卫星状态、轨道参数和其他导航信息上传给卫星[6]。用户部分是指能接收卫星信号并进行测量的 GLONASS 接收机，接收机能够接收 GLONASS 卫星信号并对其进行处理，计算位置、时间、速度等信息。由于 GLONASS 采用频分多址（Frequency Division Multiple

Access，FDMA），这一点与其他导航系统采用的码分多址（Code Division Multiple Access，CDMA 不同，所以接收机的设计上比较复杂，接收机的开发难度变大，故生产 GLONASS 的厂家相对 GPS 较少，因此影响了 GLONASS 的广泛应用[7,8]。

4.1.4　Galileo

Galileo 系统是欧盟和欧洲航天局以及安全局共同负责的民用卫星导航服务系统，该系统能提供全球卫星导航服务。随着系统的发展，国际上包括中国在内的多个国家陆续加入到该计划当中。

Galileo 系统也是由 3 个部分构成：空间部分、用户部分和地面控制部分。Galileo 系统的空间卫星星座如图 4-5 所示。完全部署的 Galileo 系统由 30 颗卫星组成，其中有 27 颗在轨工作卫星和 3 颗活动备用卫星。30 颗卫星分布在 3 个星座轨道上，每个轨道分布 10 颗中高度轨道卫星（Medium Earth Orbit），其中包括 9 颗在轨运行卫星和 1 颗备用卫星。轨道的高度是 23 616 km，轨道的倾角是 56°，卫星的运行周期是 14 h。

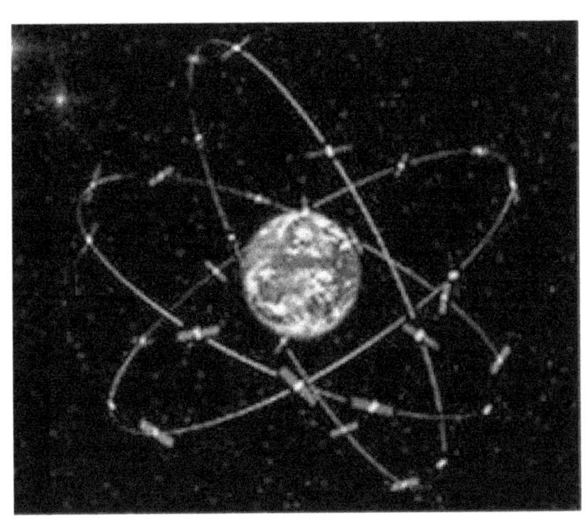

图 4-5　Galileo 系统空间卫星星座

Galileo 系统的地面部分主要作用是将用户部分和空间部分连接起来，完成导航控制和星座管理等功能，为用户提供 Galileo 系统全方位的服务。地面部分主要由以下几部分构成：系统控制中心、传感器检测站（Sensor Station）、上行站（Uplink Station）、遥测跟踪指令站（Telemetry Tracking Command Station）及其他设施。其中系统控制中心有 2 个站，都位于欧洲，主要功能是完成对卫星的控制以及对导航任务的管理；传感器监测站遍布全球，共计 29 个站，主要功能是检测和接收卫星信号，监管系统提供的服务，以及完成被动测距和时间同步等；上行站也遍布全球，一共有 10 个，主要功能是实时分发完备性数据；遥测跟踪指令站共 5 个，遍布全球，其主要功能是完成 Galileo 卫星星座控制；其他设施用来支持地面通信和星座管理等功能，为 Galileo 系统改进和性能优化提供更好的支持。

Galileo 系统的用户部分由导航定位终端组成，导航定位终端的主要功能包括导航定位和通信功能，可适用于汽车、船舶、飞机、手机等。2002 年，欧盟系统主要计划用于民用，由于种种原因，系统的建设一直处于搁置状态。2005 年 12 月 28 日和 2008 年 4 月 27 日，欧盟分别发射 2 颗导航试验卫星，系统正式步入建设阶段。2015 年 3 月 27 日，系统同时发送 2 颗组网卫星，至此 Galileo 系统一共成功发射 8 颗卫星，其中 2 颗卫星退役，4 颗在轨，2 颗在轨测试[9]。由于 Galileo 系统目前还在建设中，商用设备尚未完善。从 Galileo 所能提供的服务和未来的建设目标来看，定位终端的研制可能包括 3 种：免费单频信号接收机、双频商业服务信号接收机和兼容 GPS 等其他卫星信号的接收机[7, 8]。

4.1.5 4 种定位系统比较

GPS、GLONASS、Galileo 和北斗卫星导航定位系统是目前全球范围内主要的 4 个卫星导航系统，四大系统的相关参数和特点见表 4-1。

表 4-1 4 种全球卫星导航系统主要特点对比

主要特点	GPS	北斗	GLONASS	Galileo
研制国家	美国	中国	俄罗斯	欧盟
卫星数量	24	35	24	30
轨道面数	6	3	3	3
轨道倾角	55°	55°	64.8°	56°
运行周期	11 h 58 min	12 h 50 min	11 h 15 min	14 h 22 min
多址方式	CDMA	CDMA	FDMA	CDMA
轨道高度	20 200 km	21 500 km	19 000 km	23 616 km
时间系统	GPS 时间（GPST）	北斗时间（BDT）	GLONASS 时间（GLONASST）	Galileo 系统时间（GST）
位置精度(民用)	10 m	10 m	12 m	1 m [注1]
覆盖范围	全球	全球	全球	全球
业务类型	导航定位、授时等	导航定位、授时、通信	导航定位、授时、通信、搜索救援	导航定位、授时、通信、测速等

4 种定位系统为典型的 GNSS，都能完成导航定位、授时功能，有些系统还具有其他增强型功能。四大系统当中，GPS 起步较早，在全球范围内应用最为广泛，其他 3 种定位系统都在逐步发展和完善当中[10]。

注 1：欧盟承诺伽利略系统建成后达到 1 m 的精度，实际情况有待系统建成之后观测。

4.2　卫星定位的原理及分类

由 4.1 节可知，GNSS 主要由 3 个部分构成：空间部分、地面部分和用户部分。这 3 个部分组成卫星定位的三大基本条件：卫星信号、导航电文和卫星信号接收机。卫星信号接收机接收到来自卫星发射的导航信号，利用定位原理从中计算出导航信息，获取定位和授时等服务。

4.2.1　卫星信号简介

GNSS 系统卫星信号一般由 3 个部分组成：载波信号、导航数据和扩频序列。其中，载波信号是没有经过调制的周期信号，可以是正弦波或脉冲波；导航数据指导航电文，由一系列二进制序列组成，包括星历、钟差等；扩频序列是将传输信号经过与传输信息无关的伪随机码扩频后得到的扩展序列，扩频之后信号的频谱远远超过被传输信息所必要的最小带宽。下面以 GPS 为例进行详细介绍。作为典型的 GNSS 之一，传统的 GPS 信号也是主要由 3 个部分构成，即数据码（$D[t]$，导航电文）、测距码（C/A 码和 P(Y)码）和载波（L_1 和 L_2）。

（1）C/A 码和 P(Y)码

C/A 码和 P(Y)码都是 GPS 的测距码，且都是伪随机码。C/A 用于粗测距和搜捕卫星信号等，具有一定的抗干扰性；P 码是一种精密测距码，加密之后生成 Y 码，其主要面向军用。C/A 码的产生原理如图 4-6 所示。

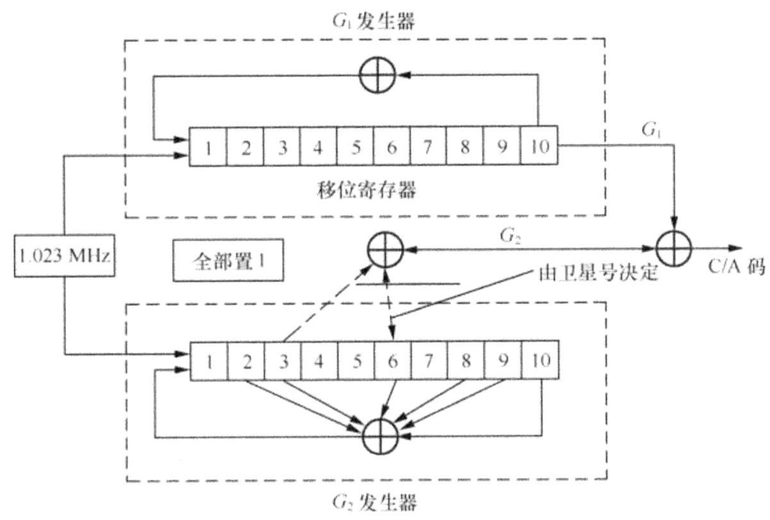

图 4-6　C/A 码生成原理

图 4-6 中包含两个 10 级反馈移位寄存器，两个移位寄存器在 f_0 的驱动下分别产生码长为 $2^{10}-1$=1 023 位、码元宽度为 0.977 52 μs、周期为 1 ms 的 m 序列 $G_1(t)$ 和

$G_2(t)$，这两个 m 序列的特征多项式为

$$\begin{cases} G_1 = 1 + x^3 + x^{10} \\ G_2 = 1 + x^2 + x^3 + x^6 + x^8 + x^9 + x^{10} \end{cases} \tag{4-1}$$

由图 4-6 中可以看出，C/A 码是一个由 G_1 和 G_2 联合生成的 Gold 序列，它由 G_1 和 G_2 的输出值得到，G_1 直接输出，G_2 的输出是选择其中两个单元的值进行模二加得到。不同卫星可以选择不同单元的值，形成不同的 C/A 码，一共可产生 1 023 种码字，足以供 24 颗卫星使用。C/A 码比较短，比较容易捕获，码元宽度较大，测距误差在 2.93 m 到 29.3 m 之间，所以只能做粗测距码。

相对于 C/A 码，P 码的码字更长。P 码加密之后就构成了 Y 码，故 P 码与 Y 码的码片速率相同，简称 P(Y)码。P(Y)码的码元宽度是 C/A 码的 1/10，故精度是 C/A 码的 10 倍，因此 P(Y)码相对于 C/A 码来说是一种高精度定位码，也称为精密码。P(Y)码的生成原理如图 4-7 所示[11]。

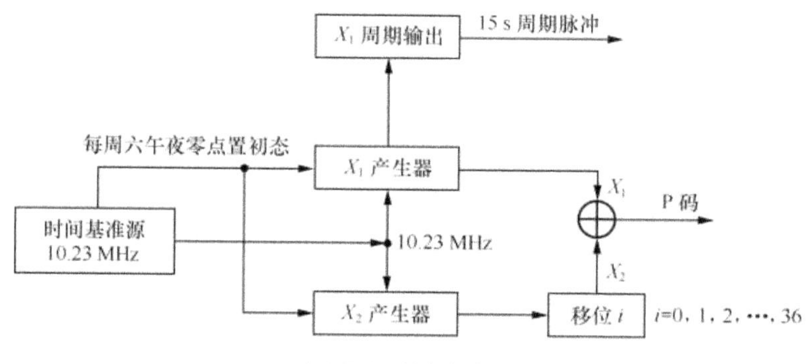

（a）P(Y) 码生成原理

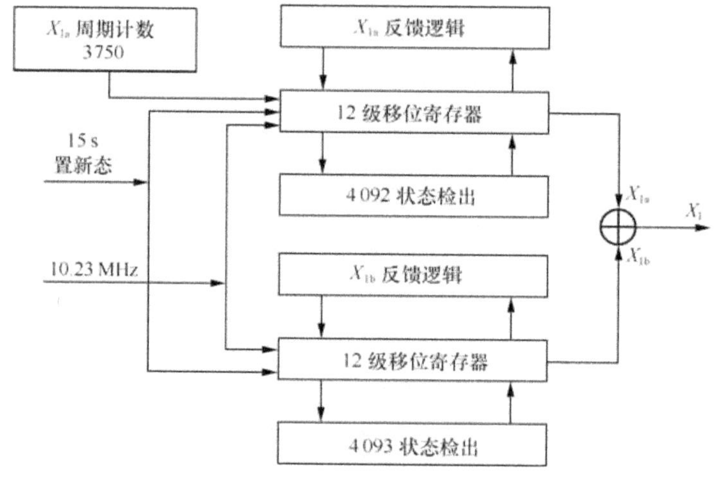

（b）X_1 码生成原理

图 4-7　P(Y)码和 X_1 码生成原理

P 码的基本原理与 C/A 码相似，由两组伪随机码计算得到，每组伪随机码由两个 12 级反馈移位寄存器的电路生成，其产生的 m 序列码字长度为 $2^{12}-1=4\,095$。将长度为 4 095 的伪随机序列截短为同一周期中的码元元素互为素数的码，例如截短之后生成长度为 4 092 的 X_{1a} 和长度为 4 093 的 X_{1b}，X_{1a} 与 X_{1b} 模二加可得到周期为 4 092×4 093 的码。由图 4-7（b）可知，生成周期为 4 092×4 093 的码本之后，对其截短可得周期为 1.5 s，码元数为 N_1=15.345×10^6 的周期脉冲 X_1。X_2 的生成方法与 X_1 相同，但是周期比 X_1 稍长，X_2 的周期为 N_2=N_1+37。$X_1(t)$ 与 $X_2(t+it_0)$ 的乘积表示 X_1 与 X_2 移位 i 的码的乘积，其中 t_0 为码元的宽度，i 的取值为 0 到 36。随着 i 的取值不同，有 37 种码，从中截取周期为一星期的码即可得到 37 种不同的 P(Y)码。37 种不同的 P(Y)码中 32 个为卫星使用，5 个为地面系统使用，卫星可以选择不同的码本发送信息，实现码分多址[11]。

（2）导航电文

导航电文又叫做数据码（$D[t]$），它是由卫星星历、钟差和电离层延迟参数等信息构成，用于用户计算卫星当前的位置和信号传输的时间。GPS 的导航电文由一定格式的二进制码组成，以帧为单位传输，每帧有 1 500 bit，传输时间是 30 s。每一帧分为 5 个子帧，每个子帧有 300 bit，传输时间为 6 s。由 25 帧构成一个主帧，传输一个完整的星历需要 1 个主帧，时长 12.5 min，GPS 接收机要实现定位功能至少需要接收一个完整的星历。导航电文的具体结构如图 4-8 所示。

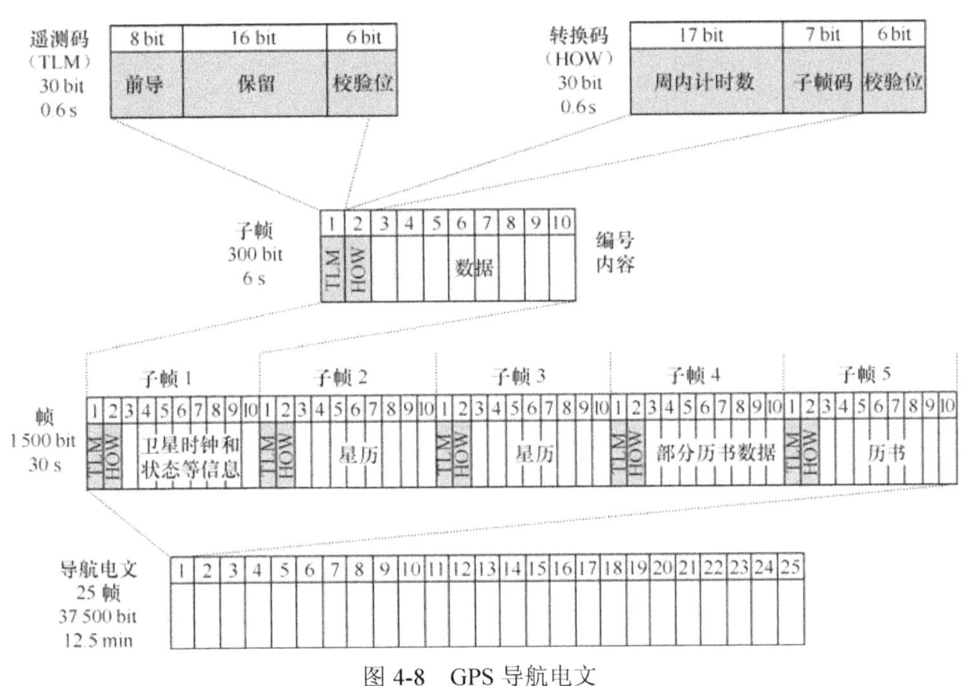

图 4-8　GPS 导航电文

由图 4-8 可知，每个子帧的第一个码是遥测码（Telemetry Word，TLW），它的作用是表明卫星的状态，告知用户是否可以选择该卫星。每个子帧的第二个码是转换码（Hand Over Word，HOW），它的作用是帮助用户从捕获的 C/A 码转换到 P 码。HOW 代表每星期日零时到下个星期六 24 时，P 码子码 X_1 的周期重复数[12]。第一个子帧的第 3～10 个码是第一数据块，包括标识码和时延差信息、星期序号、数据龄期和卫星钟差等信息。其中时延差信息是指载波 L_1、L_2 的电离层时延差，该项数据的主要作用是供单频接收机改正观测结果，减小电离层影响，提高定位精度；星期序号（Week Number，WN）表示从 1980 年 1 月 6 日子夜零点开始计算的星期序号，代表 GPS 星期数；数据龄期（AODC）是指第一数据块参考时刻与卫星钟差参数最后观测时刻的差，表征卫星时钟改正参数的可信度；卫星钟差是指以地面主控站时钟为基准，GPS 时间与 UTC 时间的差值，地面监控站测定出钟差，通过导航电文告知用户。

第二、三个子帧是第二数据块，由卫星星历构成，提供卫星运动位置信息。主要包括三大参数：开普勒参数、时间参数和轨道相关参数。其中开普勒轨道六参数为：$\sqrt{\alpha}$ 为卫星轨道椭圆长半轴的平方根；e 为卫星轨道椭圆的偏心率；i_0 为参考时刻 t_0 的轨道倾角；Ω_0 为参考时刻 t_0 的升交点赤经；ω 为近地点角距；M_0 为参考时刻 t_0 的平近点角。时间二参数为从星期日子夜零点开始度量的星历参考时刻 t_{oe} 及星历表的数据龄期 AODE。轨道摄动九参数为：Δn 为平均角速度改正数；Ω 为升交点赤经变化率；i 为卫星轨道平面倾角变化率；C_{US}、C_{UC} 为升交角距的正余弦调和改正项振幅；C_{is}、C_{ic} 为轨道正面倾角的正余弦调和改正项振幅；C_{rs}、C_{rc} 为轨道向径正余弦调和改正项振幅。利用这些参数能计算出卫星的位置[12]。

第四、五子帧是第三数据块，包括所有 GPS 卫星的数据信息，接收机根据第三数据块可以得到其他卫星的星历、钟差和工作状态等信息，从而选择工作状态正常且位置合适的卫星提供服务[13]。

4.2.2 卫星接收机结构

GNSS 接收机属于卫星系统的用户部分，主要功能是捕获到一定仰角的卫星信号，通过对信号的变频、放大等一系列处理，解算出导航电文，最终计算出用户的位置等导航信息。

1. 卫星定位接收机的分类

卫星定位接收机可以按照用途、载波频率、接收通道、工作原理、实现方式和兼容模式进行分类。

（1）按用途分类

按接收机的用途分类，可以分为导航型接收机、测量型接收机和授时型接收机。导航型接收机主要用于车辆、船舶、飞机和卫星等运动载体上，为这些载体提供实时的位置和运行速度等信息。这类的接收机一般使用C/A码进行伪距测量，单点定位精度一般比较低，为25 m左右，由于精度不高，所以价格相对便宜，使用比较广泛；测量型接收机主要用于精密测量，常见于工程应用。这类接收机主要使用载波相位原理定位，精度比较高，接收机结构相对复杂，所以价格比较昂贵；授时型接收机利用GPS卫星的时间标准为用户提供授时服务，比较常用的场景之一是为CDMA系统提供时钟同步功能。

（2）按接收机的载波频率分类

按接收机的载波频率的不同分类，可以将接收机分为单频接收机和双频接收机。单频接收机是指接收机只能接收L_1载波信号，利用观测到的信号载波相位来进行定位解算，这类接收机受电离层延迟影响比较严重，所以比较适合短距离的精密定位；双频接收机可以接收L_1和L_2载波信号，相对单频而言可以有效消除电离层延迟影响，因此比较适合长距离的精密定位。

（3）按接收机的工作原理分类

按接收机的工作原理分类，可以将接收机分为相关型接收机、平方型接收机、混合型接收机和干涉型接收机。相关型接收机利用码元之间的相关特性对信号进行解扩处理，提取导航信息，得到相位伪距，解算出位置信息；平方型接收机通过对载波信号做平方，去除调制信号，恢复出载波信号，然后通过测量接收机中生成的载波信号与解得的载波信号的相位差得到伪距，进而计算出用户的位置信息；混合型接收机结合相关型接收机和平方型接收机的优点，对码元和载波同时进行处理，解算出用户的位置信息；干涉型接收机利用干涉测量的方法测量两站之间的距离，干涉测量是指通过检测电磁波的干涉图样、频率、振幅、相位等属性，将这些属性应用于相关测量中的技术[14]。

（4）按接收机通道数分类

按接收机通道数进行分类，可以将接收机分为多通道接收机和单通道接收机。多通道接收机一般包含4个以上的接收通道，能够在同一时间接收4个以上卫星的导航信号。这类接收机具有比较好的实时性和接收性能，能够满足对实时性要求较高的应用，但是多通道接收机结构相对复杂，价格相对较贵。单通道接收机是指接收机只包含一个接收通道，在同一时间只能接收来自单个卫星的导航信号。但是这类接收机已经满足不了现阶段的应用需求，因此目前应用相对广泛的还是多通道接收机。

（5）按兼容模式分类

按兼容模式分类，可以将接收机分为单模接收机和多模接收机。单模接收机和多模接收机的区别在于接收机的兼容性，单模接收机只能接收某一种特定卫星的信号，如GPS、北斗、Galileo或GLONASS；多模接收机能够兼容两个或两个以上的全球卫星导航系统，可以利用多个卫星系统的导航信号进行计算，极大提高了导航定位精度。因此，多模接收机是今后卫星接收机发展的一个方向。

（6）按接收机实现方式分类

按实现方式分类，可以将接收机分为基于软件实现接收机和基于硬件实现接收机。基于软件实现的接收机，除了接收机天线和射频处理部分是基于硬件实现外，剩下的信号处理和定位算法都是基于软件无线电技术实现的。这类接收机的优点在于可移植性高、便于开发和测试。基于硬件实现的接收机，所有的功能都是用硬件实现，这类接收机的优点在于实时性高[3]。

2．卫星定位接收机的结构和工作原理

卫星定位接收机目前使用范围比较广的是硬件接收机，它主要由 4 个部分构成：射频处理单元、基带处理单元、定位解算单元和电源单元。射频处理单元主要由接收天线和射频前端构成；基带处理单元包括接收机通道、存储器和接收机处理器；定位解算单元包括定位处理器和用户显示接口。具体结构如图 4-9 所示。

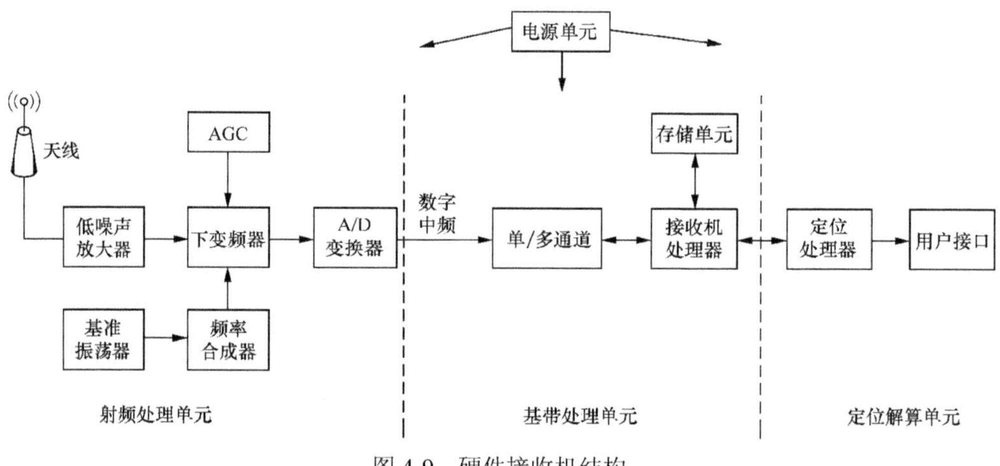

图 4-9　硬件接收机结构

由图 4-9 可以看出，天线接收到卫星信号之后，先进行放大、下变频，将射频信号变为中频信号，再经过模数转换变成数字中频信号；基带处理单元将 N 路接收通道的信号进行捕获、跟踪和解调，得到导航电文信息；最终定位解算单元根据导航电文信息使用相关的定位算法解算出用户位置、速度等信息，最后将该信息传给用户显示界面。

多通道的概念在基带处理单元中实现，通道越多，对存储器和处理器的要求越高。但是相比单通道接收机，多通道接收机有更好的实时性。

硬件接收机虽然实时性较好，但是可移植性和可修改性不高。为了使接收机的开发和测试更为灵活，如今的发展方向趋向于将基带处理单元和定位单元使用软件定义无线电（Software Defined Radio，SDR）的方案实现，如图 4-10 所示。

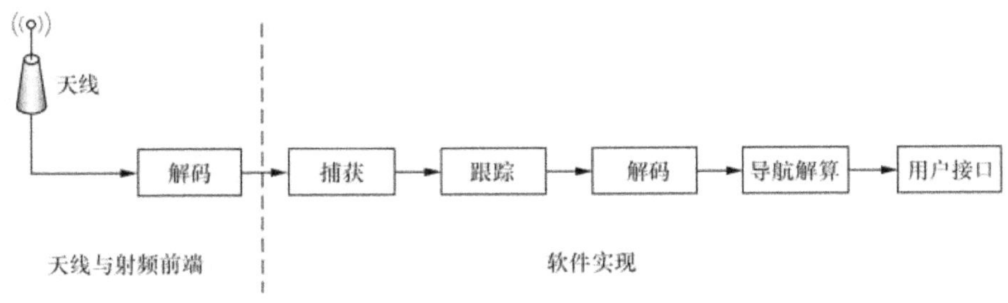

图 4-10 软件接收机结构

软件定义无线电的概念目前在通信系统中的研究越来越广泛，其优势在于软件的开发、测试相比硬件更加灵活，而且可移植性比较高，便于扩展；但是其实时性相比硬件较低，这就需要更高配的 CPU 和性能更好的软件算法[15]。

4.2.3 卫星定位原理

全球卫星定位系统主要采用伪距法进行定位，其基本思想是三球交汇原理，实现方式包括有源定位和无源定位两种。其中，北斗一号全球定位系统由于观测量比较少，故使用有源定位，也就是“双星定位”。现阶段全球导航定位系统主要采用无源定位的实现方法。

伪距是指卫星发出的测距信号到达接收机的时间与信号传播速度的乘积所得到的测量距离。之所以称之为伪距，是因为卫星信号在从卫星出发到达接收机的过程中经过大气层会引入误差，使得测量得到的距离与实际距离之间有一定的偏差。伪距定位的基本思想是用户接收机接收来自多个卫星的信号，并对信号进行解调得到导航电文，再从导航电文中获取伪距及伪距相应卫星的位置，利用空间距离交汇的方法得到用户所在位置的坐标。

（1）无源定位

无源定位是如今典型全球卫星导航系统使用的定位方法，卫星接收机在覆盖范围内至少可以得到 3 个以上的观测量。在实际的应用系统中，由于卫星接收机和卫星的时钟并不一定同步，所以将两者的钟差作为第 4 个未知量进行求解，因此需要至少 4 个卫星伪距观测值。

$$\rho_i(x_u)=\sqrt{(x-x_i)^2+(y-y_i)^2+(z-z_i)^2}+c\delta t \tag{4-2}$$

其中，ρ_i（$i=1,2,3,4$）为用户到 4 颗卫星的伪距观测量，$x_u=(x,y,z)$ 为用户

的位置，(x_i, y_i, z_i) 为卫星的位置坐标，δt 为卫星接收机的钟差，如图 4-11 所示。卫星的位置和伪距值已知，故可以联立方程组求解得到用户的位置坐标，即

$$\begin{cases} \rho_1(x_u)=\sqrt{(x-x_1)^2+(y-y_1)^2+(z-z_1)^2}+c\delta t \\ \rho_2(x_u)=\sqrt{(x-x_2)^2+(y-y_2)^2+(z-z_2)^2}+c\delta t \\ \rho_3(x_u)=\sqrt{(x-x_3)^2+(y-y_3)^2+(z-z_3)^2}+c\delta t \\ \rho_4(x_u)=\sqrt{(x-x_4)^2+(y-y_4)^2+(z-z_4)^2}+c\delta t \end{cases} \tag{4-3}$$

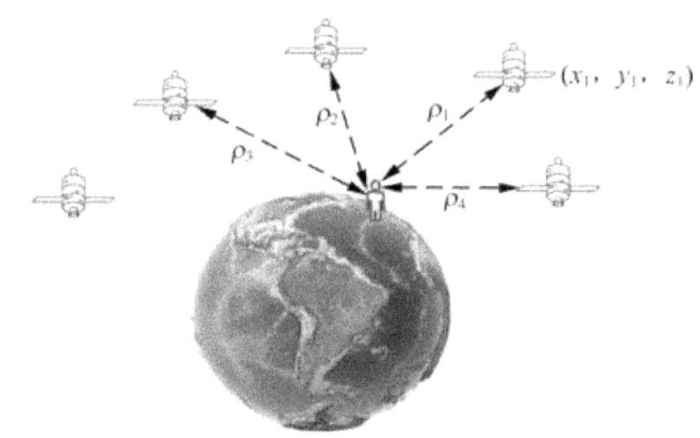

图 4-11　无源定位示意

（2）有源定位

有源定位是指用户需要发送应答信号实现定位的定位方式。北斗一号全球定位系统采用的就是有源定位，即“双星定位”。其基本原理是：以已知位置的双星为圆心，以双星伪距为半径画圆球并相交，再加上地面控制站的高程地图，可以得到第 3 个圆球，三球的交点就是用户的位置。

在北斗一代系统中，用户需要应答地面中心发送的信号，每次应答地面中心可以得到以下两个距离值。

$$\begin{cases} \rho_1=2(R_1+S_1)=c\Delta t_1 \\ \rho_2=R_1+S_1+R_2+S_2=c\Delta t_2 \end{cases} \tag{4-4}$$

其中，R_1 和 R_2 是用户到卫星的距离值；S_1 和 S_2 是地面中心站到卫星的距离；Δt_1 是发射信号从地面中心经卫星 1 转发到达用户，以及用户响应信号经卫星 1 反馈给地面中心站的总时长，Δt_2 是发射信号从地面中心经卫星 1 转发到达用户，以及用户响应信号经卫星 2 反馈给地面中心站的总时长；ρ_1 和 ρ_2 分别对应于信号经过 Δt_1 和 Δt_2 空间传播后信号传输路径长度，如图 4-12 所示。

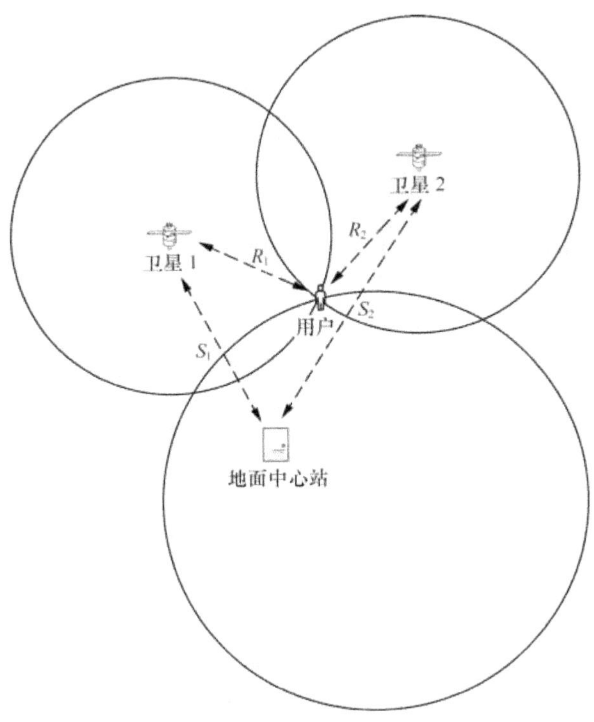

图 4-12　双星定位示意

设地面中心站的坐标为(x_0, y_0, z_0)，卫星 1 的坐标为(x_1, y_1, z_1)，卫星 2 的坐标为(x_2, y_2, z_2)，用户坐标为(x, y, z)，则有

$$\begin{cases} S_i = \sqrt{(x_i - x_0)^2 + (y_i - y_0)^2 + (z_i - z_0)^2} \\ R_i = \sqrt{(x_i - x)^2 + (y_i - y)^2 + (z_i - z)^2} \end{cases},\ i = 1,2 \qquad (4\text{-}5)$$

将式（4-5）代入式（4-4）中可得到两个方程，再加上用户的高程值信息，即

$$H = \sqrt{x^2 + y^2 + z^2} \qquad (4\text{-}6)$$

式（4-6）为第三个方程，将 3 个方程联立求解可得到用户的位置信息（x, y, z）[7, 11, 13]。

4.2.4　卫星定位分类

现代 GNSS 基本都使用无源定位方式，根据用户接收机的运动状态可以分为静态定位和动态定位；根据用户接收机计算得到的位置信息是在坐标系中的绝对位置还是相对位置，可以分为绝对定位、相对定位和差分定位。

静态定位是指用户接收机在定位解算过程中，相对坐标系的位置是固定不变或变化非常小接近静止不动的状态。静态定位广泛应用于大地测量、地震监测等领域。

动态定位是指用户接收机在一次定位解算的过程中处于动态变化的状态。动态定位与静态定位的本质区别在于在建立联合方程组时待测用户的位置能否看作常量。动态定位应用于各种运动载体中，如汽车、轮船等。

绝对定位也叫做单点定位，是指只使用一个接收机进行定位解算，进而算出用户在坐标系中的绝对位置的定位方式。这类定位方式相对比较简单，只用到一台接收设备，数据处理也相对简单，但是这类定位方式受到星历误差和自然环境误差等影响比较严重，所以定位结果相对不精确。单点定位由于其结构相对简单的优势而广泛应用于船舶定位和汽车定位等各种对精确度要求不高的领域。

相对定位是指使用多个用户接收机接收多个卫星的卫星信号进行定位解算，进而算出坐标系中的相对位置的定位方式。与相对定位相比，绝对定位可以利用相对误差消除卫星星历误差和自然环境误差等，所以得到的定位结果精度相比绝对误差较高。但是相对定位的定位方式要利用多台接收设备，结构相对复杂，且计算数据相对较大，处理也比较复杂，而且若多台接收设备中某一台发生故障，则其他与该台设备相关的定位设备的定位解算将无法工作。相对定位方法由于其定位精度高的优势广泛应用于工程测量、大地测量等领域。

差分定位介于绝对定位和相对定位两者之间，它的基本思路是取一台已知其精密坐标的接收机为基准站，其他的接收机与该接收机进行同步观测，基准站根据自身的已知位置坐标求解得到该基准站到卫星距离的修正量，并且基准站实时将该修正量发送出去，用户接收机接收到该修正量之后，对其定位结果进行修正，从而得到较为精确的计算结果。

将两种分类方法结合起来可以得到静态绝对定位、静态相对定位、动态绝对定位、动态相对定位等定位方法。

4.3 卫星定位误差来源分析

在全球卫星定位系统中，定位误差的来源多种多样，主要的误差源包括与卫星系统有关的误差、信号传播过程中带来的误差、接收设备带来的误差。下面将针对这 3 种主要误差来源进行介绍。

4.3.1 卫星系统误差

在全球卫星导航定位中，坐标系统和时间系统的选取非常重要。对于卫星的跟踪、观测都是在固定坐标系中完成，时间记录和时间差的计算都是在固定时间系统下完成的。虽然四大定位系统在定位原理和组成结构上差异都不大，但是不同的卫星系统使用的系统时间和系统坐标都不一样，当使用不同卫星系统组合定位时，无疑会给定位结果带来一定的误差。因此，了解不同卫星系统的时间系统和坐标系统，对于卫星定位误差的补偿具有重要意义。

1. 时间系统的不同

每个全球卫星导航定位系统都使用各自的时间系统，而时间系统的选取是定位导航的前提，一般时间系统包括以下几种。

（1）世界时

世界时（Universal Time，UT）是基于地球自转的一种时间标准，它是 GMT（Greenwich Mean Time，格林尼治标准时间）的现代化延续。对世界时的修正方案可以分为 3 种：UT0、UT1 和 UT2。其中，UT0 是直接由观测得到的世界时，UT1 是消除 UT0 的极移[注1]影响之后得到的世界时，UT2 是由 UT1 消除了季节性变化得到的世界时。由于 UT1 代表地球实际的旋转，所以在全球卫星导航系统定位解算过程中，主要使用的时钟是 UT1。

（2）国际原子时

1976 年国际度量衡会议通过决议：以铯-133 原子基态两个超精细能级间跃迁辐射周期的 9 192 631 770 倍所持续的时间作为 1 s，国际原子时（Temps Atomique International，TAI）就是根据上述定义的一种时间标准。TAI 是一种连续性时标，由 1958 年 1 月 1 日 0 时 0 分 0 秒开始，以日、时、分、秒计算，在这一瞬间国际原子时和世界时的时刻存在微小的差异，近乎相同，差值为 0.003 9 s。此外，TAI 可以精确到纳秒级，而世界时只能精确到毫秒级。

（3）协调世界时

协调世界时（Universal Time Coordinate，UTC）是 UT1 和 TAI 之间的一种折中时间标准，协调世界时的引入是为了防止国际原子时和世界时的差异越来越大。协调世界时以原子时秒长为基础，并且通过不规则加入闰秒来抵消地球自转变慢的影响。为了保证协调世界时与 UT1 的差距在 0.9 s 以内，会根据情况对协调世界时进行调整，因此协调世界时有时会与 TAI 相差数秒。协调世界时是均匀的但是不连续的时间标准。

（4）卫星导航系统时间

每个全球卫星导航系统都有各自的时间标准，卫星系统时间与 UT1 或 TAI 在在一定时间精度范围内是同步的。例如，GPS 的时间系统为 GPST，是一种原子时钟系统，在 1980 年 1 月 6 日零时与协调世界时，与 TAI 的时间差是 19 s。

注1：极移是地球的自转轴在地球表面横越的运动，是将地球视为在一个固定不变的参考坐标系下所做的测量，变动只有几米。

北斗时间系统为北斗时，基本单位为国际单位制秒，基于中国的协调世界时，它是协调世界时从 2006 年 1 月 1 日 0 时 0 分 0 秒起算的原子时，与协调世界时的误差在 100 ns 内。GLONASS 时间系统采用原子时，基于前苏联莫斯科的协调世界时 UTC[6]。Galileo 时间系统是连续时标，与国际原子时保持同步，同步标准误差 33 ns。

2. 坐标系统的差异

GPS 采用的坐标系是 WGS-84 坐标系-$OX_WY_WZ_w$，该坐标系以地心为原点，以国际时间局（Bureau International del'Heure，BIH）1984.0 定义的协议地级方向为 OZ_W 轴，以 BIH 1984.0 的协议子午面和 CTP 赤道的交点为 OX_W 轴，以右手坐标系建立 OY_W 轴。WGS-84 坐标系是一种协议地球坐标系，在忽略测量误差的情况下，可以认为它和地球坐标系是一样的[16]。

北斗卫星系统采用的坐标系为 CGCS2000 坐标系，是中国“2000 国家大地坐标系”的缩写，该坐标系同样属于协议地球坐标系，以 ITRF 97 参考框架为基准，参考框架历元为 2000.0。在对精度要求比较低的情况下，WGS84 和 CGCS2000 坐标系的差别并不大，不需要进行任何转换。但是，在精度要求比较高时，两个坐标系之间的误差会比较明显，需要进行坐标系的转换。

GLONASS 系统采用的坐标系是 PE-90 大地坐标系，同样是协议地球坐标系，它是以地心为原点，以 IERS 推荐的协议地球极方向为 Z 轴，以地球赤道与 BIH 定义的零子午线交点为 X 轴，以右手坐标系建立 Y 轴。在有精度要求的情况下，同样需要做坐标系转换。

Galileo 系统采用的坐标系为 ITRF-96 大地坐标系，它以地心为原点，以 IERS 推荐的协议地球原点方向为 Z 轴，以地球赤道与 BIH 定义的零子午线交点为 X 轴，以满足右手坐标系的轴为 Y 轴。在有精度要求的情况下，同样要进行坐标系转换[17]。

3. 卫星星历误差和钟差

卫星星历误差是指星历所给的卫星位置与实际位置之间存在的误差值，可以被等效为伪距误差。卫星钟差是指卫星的时钟和标准时钟的差值，钟差会造成距离误差和相位误差，要提高定位精度必须能够获取准确的星历，保证卫星时钟和标准时钟的一致性。

4.3.2 信号传播误差

（1）电离层传播延迟

电离层传播延迟是指卫星信号在经过大气层中的电离层时，受到的大气折射等干扰。电离层是指距离地面 50 km 到 1 000 km 之间的大气层区域，电离层中游离着非常多的自由电子和离子，这些自由电子和离子能够改变电磁波的传播速度和传播方向，使信号发生折射、反射和散射等现象，产生所谓的电离层折射误差。

对于 GNSS 载波频率，电离层对测距的影响最大可达 150 m，最小也有 5 m，因此电离层误差对于卫星测量是不可忽视的。电离层对信号的干扰与季节、纬度和观测仰角等都有关系。由于在不同的季节离子的捕获率和电离度都不一样，所以电离层对电磁波的影响会有所差异；纬度的不同对电离层的影响很大，不同纬度地区日照时长不同，白天黑夜时常不同。电离层的主要区域 D 区域在夜间消失，E 区域在夜间相对白天较弱。且不同纬度的太阳辐射强度不同，也会影响电离层的电离；不同的观测仰角电离层的延迟误差也不相同，仰角越低，误差越大。电离层延迟误差可以通过双频接收机测量得到，针对电离层误差有很多种修正方法，如双频改正法、IRI 模型法、Klobuchar 模型法等[18]。

（2）对流层传播延迟

对流层是指在离地表 40 km 以下的大气层区域，对流层折射延迟也是卫星定位的主要误差来源之一。对流层对电磁波的影响属于非色散折射，非色散折射的折射率与电磁波的频率或波长无关，只与电磁波的传播速度有关。对流层延迟随对流层折射率的变化而改变，对流层折射率主要受当地的温度、湿度、气压等因素的影响。要想提高全球卫星定位的精度，需要做对流层延迟误差的修正处理。由于对流层延迟与电离层延迟的原理不同，所以修正方法也不一样。针对对流层延迟的修正方案包括 Hopfield 模型、CFA 模型、萨斯塔莫宁（Saastamoinen）模型等。

（3）多径效应

多径效应是指卫星信号在传播过程中会经过多条路径到达接收端，因此接收信号是多路信号的叠加，从而造成测量误差。多径效应主要受环境因素的影响，因为多径主要是由建筑物或地面等物体对信号的折射或发射造成的。所以，当卫星信号的传播环境比较单一时，多径效应的影响就相对较小；当传播环境比较复杂，如多建筑、多车辆时，多径效应影响就相对较大。多径误差随机性比较大，所以一般难以消除，可以在安置接收机天线时选择比较简单单一的传播环境来避免多径，此外，还可以选择性能较好的天线和接收机等方法来降低多径的干扰。

4.3.3　接收机误差

（1）接收机钟差

在卫星定位系统中，接收机、卫星都有其时间标准，接收机钟差就是指接收机与卫星之间存在时间的不一致。通常在卫星定位解算位置信息时，会将接收机钟差当做未知量与用户坐标一起进行解算，从而消除接收机时间差对定位的影响。

（2）接收天线相位中心偏差

天线的相位中心为等效辐射中心。在理想情况下，天线的相位中心是唯一的，且等相面为球面，所以在接收多个方向的卫星信号时不会产生额外的因为天线造成的相位偏差。但是在实际系统中，拥有唯一相位中心的天线并不多，此时在接收不同方向的卫星信号时就会产生额外的相位偏差，从而造成测量误差。

卫星接收机的观测量以天线的相位中心为基准，而实际天线的摆放是以几何中心为基准，所以天线的相位中心和几何中心的偏差会带来测量误差。因此，接收天线相位中心偏差实际是指接收天线的相位中心与几何中心的偏差。消除接收天线相位中心偏差的方法是选择性能更好的天线，以免影响定位精度[19, 20]。

4.3.4 误差修正方法

（1）误差源对定位性能的影响分析

前 3 节分别分析了与卫星系统有关的误差、与信号传播有关的误差和与接收机有关的误差，其中卫星系统误差和接收机误差属于人为可控误差，与信号传播有关的误差属于不可控误差。表 4-2 给出了各类误差对定位精度的影响范围。

表 4-2 主要误差精度影响范围

误差来源	误差大小/m
卫星系统误差	1.5～15
信号传播误差	1.5～15
接收机误差	1.5～5

其中，各类误差来源造成的误差可以分为偶然误差和偏差。偶然误差是指随机性比较强的误差，一般指卫星信号发生部分和接收机信号接收处理部分的随机噪声以及其他具有随机特征的影响因素等。偶然误差的量级一般较小。偏差，也称系统误差，是指具有某种系统性特征的误差，主要包括卫星的轨道误差、卫星钟差、接收机钟差以及大气折射误差等。偏差的量级相对较大，最大可以达到数百米[21]。

（2）减小误差的方法

针对上述各类误差来源，减少误差的方法如下。

① 通过建立模型进行修正。针对电离层和对流层等误差，很多国际组织提出了多种标准模型，如 IRI 模型、Klobuchar 模型等。根据标准模型可以建立修正的数学模型，进而对卫星定位计算进行改正。

② 双频改正法。双频改正法包括双频伪距法和双频载波相位法，该方法可以减小电离层对卫星定位造成的误差，且实现方法比较简单，误差修正效果较好。

③ 利用 GDOP 选择合适卫星进行计算。GDOP 是衡量定位精度的重要参数，代表 GPS 测距误差造成的接收机与空间卫星间的距离矢量放大因子。实

际表征参与定位解的从接收机至空间卫星的单位矢量所勾勒的形体体积与GDOP 值成反比，所以称之为几何精度因子。GDOP 值越大，接收机至不同空间卫星的角度则越相似，代表的单位矢量形体体积越小，定位精度越差；反之，GDOP 值越小，定位精度越高。卫星接收机一般能够接收到多个卫星的卫星信号，因此，可以利用 GDOP 与定位精度的关系选择合适的卫星进行定位解算，得到较高的定位精度。

④ 提高硬件性能。对于天线和多径所造成的定位误差来说，减小其对定位误差影响的有效方法是提高硬件性能，使用性能更好的抗多径误差的仪器设备。如可使用抗多径的天线（带抑径板或抑径圈的天线、极化天线等）和抗多径的接收机（窄相关技术 Multipath Estimating Delay Lock Loop 等）[22]。

4.4　本章小结

卫星定位技术是现阶段发展较为成熟的定位技术，目前在世界范围内都已经得到了广泛应用。常见的应用有车载导航、智能终端、船舶远洋导航和进港引水等。本章首先介绍了全球四大卫星导航定位系统的系统构成及特点；然后阐述了卫星定位原理，包括卫星信号特性、接收机结构、卫星定位分类等；最后对卫星定位误差源进行了分析，并给出了误差修正的基本方法。

参考文献

[1] GPS 全球定位系统[EB/OL]. http://www.cyut.edu.tw /～jjliaw/pages/96_01_course /intro_comm/06_01_GPS_introduction.pdf.

[2] 梁久祯. 无线定位系统[M]. 北京：电子工业出版社, 2013.

[3] GPS 接收机的基本原理[EB/OL].http://netclass.csu.edu.cn/jpkc2007/csu/02gpsjpkch/jiao-an/4.4.htm.

[4] 北斗网[EB/OL]. http://www.beidou.gov.cn/.

[5] 邓中亮, 余彦培, 徐连明, 等. 室内外无线定位与导航[M]. 北京：北京邮电大学出版社, 2013.

[6] 李建文. GLONASS 卫星导航系统及 GPS/GLONASS 组合应用研究[D]. 郑州：中国人民解放军信息工程大学, 2001.

[7] 孟维晓, 韩帅, 迟永钢. 卫星定位导航原理[M]. 哈尔滨：哈尔滨工业大学出版社, 2013.

[8] 曹冲. 卫星导航常用知识问答[M]. 北京：电子工业出版社，2010.

[9] 刘伟平, 郝金明. 国外卫星导航系统精密定轨技术的研究现状及发展趋势[J]. 测绘通报, 2016.

[10] 刘庆元, 包海, 王虎, 等. GPS、GLONASS、GALLEO 三大系统间时间系统以及坐标系统的转换[J]. Science of surveying and mapping, 2008, 33 (5): 228.
[11] 刘海颖, 王惠南, 陈志明. 卫星导航原理与应用[M]. 北京: 国防科技大学, 2013.
[12] GPS 卫星信号[EB/OL]. http://m.blog.csdn.net/article/details?id=50300107.
[13] 胡友键, 罗昀, 曾云. 全球定位系统（GPS）原理与应用[M]. 北京：中国地质大学出版社, 2003.
[14] 李德仁, 周月琴. 卫星雷达干涉测量原理与应用[J]. 测绘科学, 2001.
[15] 李作虎. GPS 软件接收技术仿真实验研究[D]. 郑州: 中国人民解放军信息工程大学, 2008.
[16] 徐绍铨, 张华海, 杨志强, 等. GPS 测量原理及应用[M]. 武汉: 武汉测绘科技大学出版社, 2000.
[17] 郑祖良. 大地坐标系的建立与统一[J]. 测绘出版社, 1993.
[18] 地球的电离层[EB/OL]. http://solar-center.stanford.edu/SID/activities/chinese/ionosphere.html.
[19] 王译. 基于云计算的卫星定位误差补偿方法的研究与实现[D]. 镇江: 江苏科技大学, 2013.
[20] 乐四海, 王强, 张向征. 基于高精度定位天线相位中心偏差的分析[J]. 无线电工程, 2010, 40(5): 30-32.
[21] 王晓华, 郭敏. GPS 卫星定位误差分析[J]. 全球定位系统, 2005, 30(1): 43-47.
[22] 赵少松. 卫星定位导航的算法研究[D]. 西安: 西北工业大学, 2007.

第5章 蜂窝网定位

世界近30年中工业技术的迅猛发展，使人类的物质层面生活有了质的飞跃。在这30年中，若评选带给人类便捷性最多的发明，无线蜂窝网技术不遑多让。移动通信的详细发展历史[1]不是本书重点阐述的部分，然而发展至今日，日益成熟、完备、高速率的蜂窝网在经历了2G/3G移动通信技术变革之后，4G LTE网络在定位技术的应用上更加高效、准确，其可控性也空前增强。

5.1 蜂窝网技术概述

5.1.1 蜂窝网简介

所谓蜂窝网技术，是指一种移动通信中约定俗成的网络架构。在移动通信系统模型中，网络覆盖是个非常重要的指标。以基站（Base Station，BS）为中心，用一个向四周全向辐射的圆表征覆盖是个合理的选择。在真实基站建设中，往往是以扇区作为单位部署，这样说来，以正三角形作为扇区，组合构筑的正六边形从覆盖角度（可以无重叠地覆盖一片区域）来讲是一种合适的选择；此外，正六边形的格状网络也给技术研究、仿真设计带来极大的便利。正六边形组合在一起，形似蜂窝，因此称为蜂窝网络，如图5-1所示。

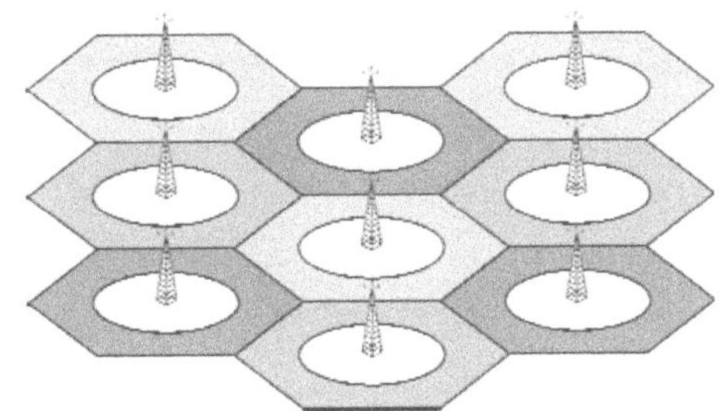

图5-1 蜂窝网络示意

蜂窝网络整体架构一般分为移动台、基站、核心网、传输网系统。移动台即通常意义上的手机等终端设备；基站是提供无线信号服务的设备，是无线网络的重要设备；核心网在 2G/3G/4G 阶段分别包含有不同的多种网元，可以提供相关业务服务；传输网以光纤骨干网为主，通过最早的 TDM 汇接网，逐步引入 IP 化转型，其作用是通过前传和回传网络连接网络中各个网元。

纵观蜂窝技术的发展，从第一代的模拟通信开始，经历了 2G GSM 网络、3G CDMA 网络、4G OFDM（Orthogonal Frequency Division Multiplexing，正交频分复用）网络 3 个大的跨越阶段。基本关键技术从 2G 基于 TDMA 的方案，逐步过渡到 GPRS 开始传输窄带分组数据分组，再到 3G 网络基于 WCDMA/TD-SCDMA/CDMA 2000 等技术标准，并在全球迅猛催生出上层的差异化应用，直到最近 8 年来演近到广泛讨论的基于正交频分复用的 LTE 网络，逐步向宽带化发展。这一历程不仅伴随着众所周知的数据爆炸，也同时深刻影响着人类的生活习惯。蜂窝网络作为对人类社会生活影响最为广泛的无线网，正在向未来不断演进的过程中。而这种趋势，决定了某一项技术不仅需要满足当前的需求，还需要根据实际生产生活需要，不断地修正改进。当然，定位技术正是沿袭着这一演进路线，不断地向前发展。同时，随着大范围的上层应用出现，定位这一需求又得到了充分的发掘和利用；这一现象也反向推动了定位技术在实现上的精益求精。

由上述描述可知，无线蜂窝网络存在多种制式并存的复杂现象。同一个运营商可能需要同时维护不同制式的 2G/3G/4G 网络，不同的运营商可能使用的关键技术不尽相同。需要指明的是，定位技术在出现初期，其实并未大范围地在全球运营商铺开使用。局限于初期的定位精度，较为粗糙的定位结果并不能带来较大的实用价值，所以较多的运营商并未部署 2G/3G 的定位系统。近期出现的、应用催生的需求以及网络能力的提升，使基于 LTE 系统的定位有更大的应用空间。这就给网络部署和运营带来了一个问题，若只在 LTE 网络中部署定位系统，而在 2G/3G 网络中无定位系统，则在某些区域可能失去定位功能。考虑到目前 LTE 网络的大范围部署，盲点的存在不是不可忍受的，并且覆盖盲点存在的可能性也在降低。在定位性能和网络部署成本之间做出折中，是每一个运营商根据其特有的价值区域所决定的。正如前述，目前由于运营商间的数据、传输、制式等各方面的固有壁垒，基本不太可能实现跨运营商/运营商间共享的定位服务。但总的来说，蜂窝网络虽然有其特有的复杂性，但对于定位技术的支持，仍然具有实际意义和应用价值。

5.1.2 蜂窝网定位

定位技术应用于蜂窝网络，一个显而易见的优势就是蜂窝网络可以“随时随地存在”，运营商的广覆盖、深覆盖要求使定位技术有了得天独厚的应用优势。不仅定位的范围得以扩充，定位的精度要求也随着通信技术的整体发展而愈发提高。定位技术在上述蜂窝网络中的应用，需要遵循并适应基本蜂窝网络的架构，毕竟定位技术是作为蜂窝网络的附加功能提供的，在 5.2 节中将会对蜂窝网络中定位系统基本架构、引入的网元进行简要介绍。

笔者认为，定位技术精度的发展，离不开两方面的因素。一方面，随着新一代手机应用的崛起，除了管理层面的要求，基于定位服务的市场越发广阔，这来自于需求层面的要求推动了定位技术的演进；另一方面，随着蜂窝网络从模拟到数字、从 2G 到 3G/4G 的发展，空口定位可利用、可控制的资源逐步拓展开来，随着无线通信空口技术的发展和成熟，定位技术在标准化进程中也逐步占有一席之地。尤其是在 3GPP LTE R10 后的标准化进程中，针对定位设计的参考信号极大地提高了定位精度。与此同时，业界并未简单满足单一方式的定位技术，在蜂窝网络系统架构下，同样可以包含多种定位方式的融合使用，以满足不同用户业务的定位精度需求。各种定位方式将在 5.3 节中作介绍。

需要特别说明的是，各种蜂窝网络定位方案并不是对立的，在某些情况下，甚至可以使用多种定位算法进行综合考量，通过后台定位算法加以整合以进一步提升定位精度或定位效率。在 5.3 节中详细介绍的各种方法，其实并不孤立，其基本原理可能有所差别，但是对于无线网络系统而言，他们所获得的结果目的是一致的，这就决定了获得的结果可以经过二次重整计算。此外，近段时间以来，由于 LTE-A 技术的持续演进，最新的基于终端直连（Device to Device，D2D）、Wi-Fi、蓝牙、液压计等非传统蜂窝网技术的定位方案，也可以融入到无线蜂窝网络定位中，成为现有蜂窝定位技术的有益补充。某些情形下，这些非蜂窝网络定位方案，同样有较好的定位精度和合适的应用场景。

蜂窝网定位具有自己的特征。首先，由运营商部署的无线网络，具有先天的覆盖优势，其定位范围不会局限于某一个区域，而是较大范围地存在着。与此同时，由于运营商广泛部署室内分布系统，所以部分室内定位的需求也可通过室外和室内站点共同协作得到解决。其次，运营商网络电信级别的保障，保证了用户数据的安全不外泄，对于涉及隐私的定位服务，这是对于应用安全层面的一道屏障。再次，通过蜂窝无线网络的定位，可以综合使用多种技术方案辅助增强，以更便利地利用其他技术弥补不足。最后，无线蜂窝网络受限于授权使用的频谱带宽，以及由于无线网本身特定的帧结构所限，定位所需要的特殊信号带宽并不大，不能像 Wi-Fi 等其他技术一样占用较大宽带，这直接导致了定位精度的不足（相较厘米级的精度而言）。然而，随着技术的进步和精度标准的提升，3GPP 目前已经可以做到对于无线蜂窝网 10 m 之内的定位精度，这对于一般的应用来说已足够。另外一个蜂窝网定位不甚便利的方面，就是在网络部署密度较低、站间距较大的地方（比如城郊地区等），单小区覆盖范围大，而且信号来源较少，这都制约了定位精度的提升。

在本章后续章节中，将陆续介绍无线网络定位的诸多方案。承接本书第 3 章的内容，每种定位方案均是在基本原理的驱动下，结合无线蜂窝网的特点所提出的解决方案。由于这个过程涉及诸多需要业界统一的标准，所以来自业界各方的声音也应当兼容并包。这进一步扩展了蜂窝网定位的技术方案，并将其都融合在无线网络定位的大框架下。总的来说，所有的定位技术方案都服务于定位这个目的，而采用何种技术方案则是基于不同的原理来选择，每种方案必然会有自身的优缺点。值得指出的是，蜂窝网络随着 2G/3G/4G 的发展，其技术标准也是不断完善的。2G GSM 系统在文献[2]中定义了 GERAN 系统的定位，具体地，OTDOA 和 GPS 定位方法在文献[3]中进行了阐述，UTDOA 方案在文献[4]中也进行了定义。3G UMTS 系统中定位相关技术在文献[5]中进行了较为系统和全面的介绍，包含 UTDOA、OTDOA、ECID、A-GPS 等方案。具体地，文献[6]定义了 3G 系统的 UTDOA 技术，文献[7]定义了 A-GPS 技术方案，文献[8]定义了相关的信令交互。但是 2G/3G 系统的定位普遍存在问题，由于在研究阶段仿真不足，因此没有像 4G 定位那样有较多参数限制，很多参数也没有具体的设定，比如测量精度等。这也是定位系统在 2G/3G 没有得到良好发展的原因之一。因此，在做定位系统设计时，根据不同的网络实现条件和网络现状，选择最有利于一种或者多种定位方案服务不同的用户业务需求，这个思路希望可以激发读者对于未来定位技术的有益思考。

5.2 蜂窝网定位的基本原理

5.2.1 蜂窝网定位原理概述

什么是定位？定位是一个系统性的过程，指通过一系列的测量和计算，判断某个终端（可以是智能手机、笔记本、导航系统仪表等一切有定位需求的设备）的具体坐标位置，并且把该坐标位置和对应的地图或道路等特征信息相结合并映射起来，将此结果反馈给提出需求的服务应用。蜂窝网定位业务（Location Service，LCS）[9, 10]一般意义上指，通过电信运营商的网络（如 GSM/UMTS/CDMA/LTE 等无线网络系统获得移动用户的位置信息，这个位置信息可以是经纬度、高度信息等）将该位置信息和电子地图或者其他服务业务相结合，为用户提供的一种增值业务[11]。定位信息的请求来源，可以是终端上的某些应用，也可以是与核心网相连的服务器。终端则需要把相应的测量结果或者计算结果以某种特定的格式上报，如特定的小区 ID 或者地理坐标，并且在上报的同时附带对该次测量和计算结果不确定度的度量，以便最终计算结果的评估[12]。

定位是一个完整的过程，如上所述，位置映射和位置信息传输只是 LCS 系统组成部分，而如何使用该位置信息才是真正直接面向用户的。一些使用位置作为附加价值的应用服务被称为基于位置的服务（Location Based Service，LBS）。这些用户位置信息可以满足一定的用户需求，一般来说，这些服务需求来自于应用层，比如 APP 的定位请求、商家的定位需求以便推送等。当用户发起定位需求时，运营商网络通过配置特定的定位方案，在终端或者网络侧获得位置信息，按照一整套定义完备的流程完成测量、计算，并返回给定位请求方，这一系统性的过程不仅需要对应的技术方案，也需要位置计算服务器、控制、传输、信令资源的保证，才能完成最终的计算并返回结果。

同时，对于网络侧而言，网络本身也可以作为定位服务的发起方，网络获取用户定位信息也有多重意义。首先，定位信息对于网络的性能评估大有裨益，如使用最小化路测（Minimized Driving Test，MDT）[13]可以完成运营商网络的自学习自优化，通过网络空口质量信息和对应的位置信息来发现和诊断网络出现的问题；其次，运营商获取的位置信息不仅可以作为网络能力开放的一项潜在内容，定位数据作为运营数据的一部分，对于分析网络瓶颈、精准营销提供必要的技术保证；最后，网络侧获取定位数据在某些场景下有利于应急救援、合法监听等公共安全领域。

5.2.2　蜂窝网定位系统架构

如前文所述，4G E-UTRAN 系统由于具有较为完备的测量和计算系统，而成为部署定位系统的主要蜂窝网络。本书着重介绍 E-UTRAN 的定位系统相关架构。LTE 作为 4G 无线空口技术，在定位系统中占有重要的地位，但是定位整体流程是多个网元节点配合完成的。后续 5.3 节对于定位技术的介绍，重点放在空口定位的原理，本节着重介绍定位系统的网元和基本流程。以期读者对该领域有个全面初步的了解。

定位的基本逻辑架构如图 5-2 所示。一般来说，定位基本过程由定位客户端（LCS Client）发起定位请求给定位服务器，定位服务器通过配置无线接入网络节点进行定位目标的测量，或者通过其他手段从定位目标处获得位置相关信息，并最终计算得出位置信息并和坐标匹配。需要指出的是，定位客户端和定位目标可以合设，即定位目标本身可以发起针对自己的定位请求，也可以是外部发起针对某个定位目标的请求；最终定位目标位置的计算可以由定位目标自身完成，也可以由定位服务器计算得出。

E-UTRAN 的定位架构[12]如图 5-3 所示，方框代表参与定位的功能实体，连接线表示实体间的通信接口以及相关协议。下面给出涉及网元的简要介绍，其中网元之间的连线代表彼此间通信使用的接口协议。

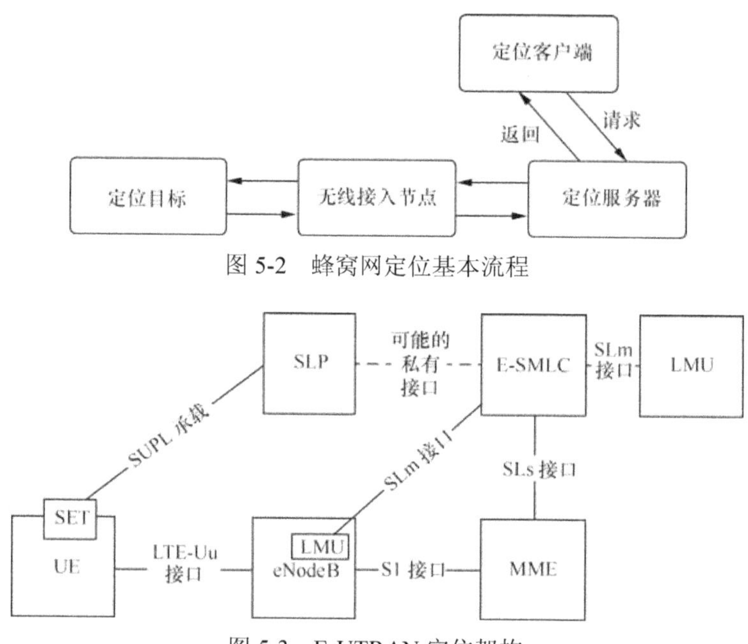

图 5-2　蜂窝网定位基本流程

图 5-3　E-UTRAN 定位架构

E-SMLC（Enhanced Serving Mobile Location Center，演进型服务移动位置中心）：通常可以被认为是控制面的定位服务器，可以是逻辑单元或者实体单元。

MME（Mobility Management Entity，移动管理实体）：EPC 核心网网元，一般可以通过 MME 完成控制面的定位请求，MME 可以接收其他实体请求，或者自己发起定位请求。

LMU（Location Measurement Unit，定位测量单元）：和 E-SMLC 交互测量信息，常用于上行定位测量，并且常和 eNodeB 合设。

SUPL（Secure User Plane Location，安全用户面定位）：定位信息通过 SUPL 协议在用户面进行交互和传输。

SLP（SUPL Location Platform，SUPL 定位平台）：是承载 SUPL 协议的实体，通常可被认为是用户面定位服务器。

SET（SUPL Enabled Terminal，SUPL 启用终端）：指用户面的定位目标（关于用户面和控制面定位会在 5.2.3 节简要介绍）。

UE 与 E-SMLC 实体间信令通过 LTE 定位协议（LTE Positioning Protocol，LPP）通信，eNodeB 与 E-SMLC 实体间信令通过 LTE 定位协议附加协议（LTE Positioning Protocol a，LPPa）通信[12]，主要工作流程描述如下。

MME 可以自己发起，或者收到另外一个实体（如来自 UE 的定位业务或者其他设备等）发起的针对某一个终端的定位请求时，MME 将向 E-SMLC 发送一个定位服务请求（Location Services Request）。E-SMLC 会对该请求进行处理，如向目的 UE 发送一些辅助数据，来帮助终端使用基于终端/终端辅助的方法进行定位，或者 E-SMLC 通过获取的数据自行计算终端位置。对于上行定位方法，E-SMLC 将会在收到定位服务请求后，配置选定的 LMU 测量获得定位相关数据。E-SMLC 将会把获得的辅助数据或者定位结果，返回给定位请求的发起方 MME，然后 MME 再将对应的结果返回发起定位请求的实体。以上是控制面的定位流程，SLP 是用户面定位的定位服务器，用户面定位主要走应用层，即所有定位相关数据分组都通过应用层直接到对应的服务器。

E-UTRAN UE 定位流程如图 5-4 所示，主要涉及 UE、eNodeB、移动性管理实体（MME）、E-SMLC 和演进分组核心网位置服务实体（EPC LCS）5 个功能实体。具体流程如下。

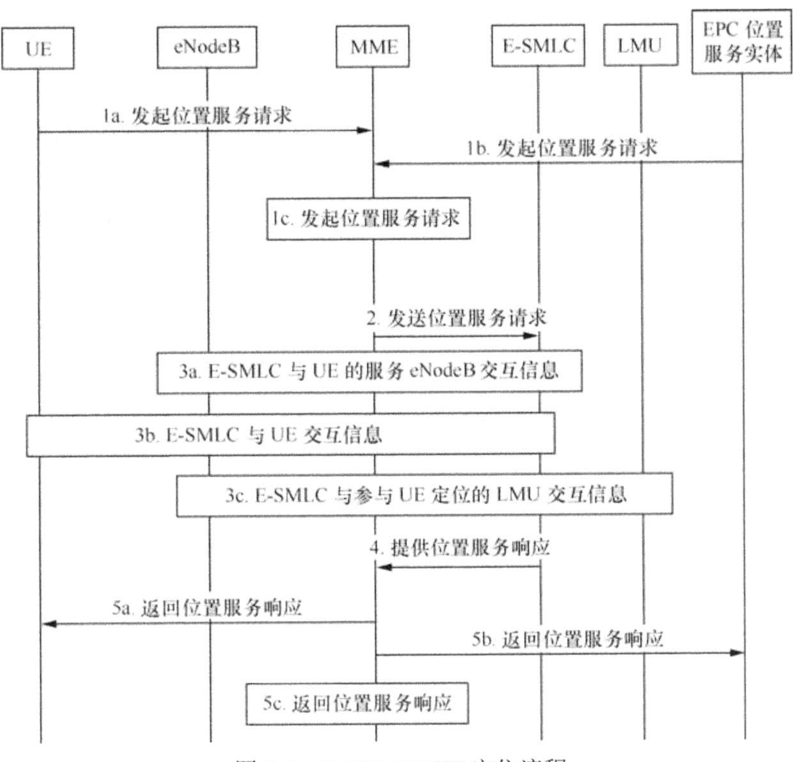

图 5-4　E-UTRAN UE 定位流程

步骤 1a：UE 通过 NAS 信令向服务 MME 请求某个位置服务（定位或提供辅助数据）。

步骤 1b：在核心网中的一些实体（如源于基于位置信息的业务请求）向服务 MME 发起对目标 UE 的定位请求。

步骤 1c：服务 MME 自行决定对目标 UE 发起位置请求服务（如获取紧急呼

叫 UE 的位置）。

步骤 2：MME 发送位置服务请求到 E-SMLC。

步骤 3a：E-SMLC 与 UE 的服务 eNodeB 通过 LPPa 交互，获得定位观测量或辅助数据。

步骤 3b：承接步骤 3a 继续执行或用步骤 3b 代替步骤 3a，对下行定位流程 E-SMLC 通过 LPP 与 UE 交互，获得位置估计或定位测量，或向 UE 发送定位辅助数据。

步骤 3c：对上行定位（如 UTDOA），除了执行步骤 3a，E-SMLC 还需要跟参与 UE 定位的多个 LMU 进行交互，获得定位观测量。

步骤 4：E-SMLC 向 MME 提供定位服务的响应，包括任何所需结果（如成功或失败的指示或 UE 的位置估计）。

步骤 5a：如果执行步骤 1a，则 MME 返回位置服务响应给 UE（如 UE 的位置估计）。

步骤 5b：如果执行步骤 1b，则 MME 返回位置服务响应到 EPC 实体。

步骤 5c：如果执行步骤 1c，则 MME 使用步骤 4 的位置服务响应辅助步骤 1c 触发的位置服务。

5.2.3 蜂窝网定位方法

按照不同层面的理解，蜂窝网定位可以有不同的分类方法。本节所述各种蜂窝网定位实现技术将会在 5.3 节重点介绍。本节首先介绍定位方法相关的服务质量（Quality of Service，QoS）评价标准，理清蜂窝网定位系统的运行逻辑；其次，将简单介绍蜂窝网定位分类方法，理清各种不同定位方法的分类逻辑和层次，有助于理解整个定位体系的运作。

无线环境较为复杂，某一个特定的定位方案不可能满足所有定位环境下的需求。同样的，从应用角度看，不同的定位应用也对定位精度有不同的要求。一般来说，可以将定位方案用 3 类参数表征其 QoS：定位响应时间、定位精度（包括经纬度和高度）、定位精度置信度。定位响应时间，即定位请求从发起到获得定位位置的时间，定位精度一般以米来度量，定位置信度表示某个定位精度在某一个置信区间内。同时，每一种定位方案在实施时，对于网络、终端都有不同的影响度，考虑到实际部署的难度和定位技术成熟度，可以在不同的区域部署不同的定位策略。所以说，定位 QoS 不仅是定位本身的性能特征，也需要考虑多方面对于系统实施的影响。图 5-5 给出了部分定位方法响应时间和定位精度的关系[11]。

对于不同的定位方案而言，其 QoS 的侧重点可能是不一样的。比如，CID 方案（5.3.2 节会给出详细描述）的精度较低，但是响应速度快，同时对终端和系统的影响较小；OTDOA 定位方案（5.3.3 节会给出详细描述）定位精度较高，在 3GPP R13 中甚至可以达到水平距离 50 m 内的精度，但是其对于系统的影响较大，且响应速度由于需要测量和计算，相比 CID 方案时延较大。蜂窝网本身也需要考量不同定位技术的定位性能、可靠性及应用部署可行性。综合以下几个角度考量，表 5-1 列出了几种常见定位方案的归纳比较[11]。

① 对网络测和终端侧改动的影响；

② 受环境和系统的影响；

③ 定位 QoS，包括无线侧的响应时间、水平和垂直方向的定位精度等。

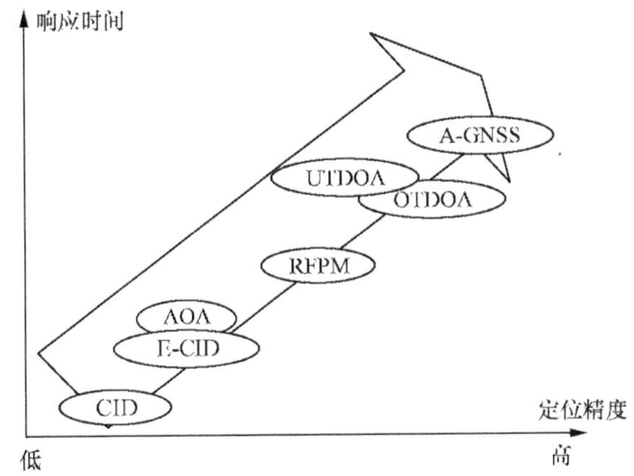

图 5-5 常见蜂窝网定位技术

表 5-1 蜂窝定位技术典型特征比较

定位方法	环境受限（不适合部署的场景）	UE 侧影响	基站侧影响	系统影响	定位 QoS		
					响应时间	水平误差	垂直误差
CID	无	无	无	小	极低	大	N/A
E-CID	多径	小	大	中	低	中	N/A
UTDOA*	郊区/农村	小	大	大	中	<100 m**	中***
OTDOA	农村	中	中	中	中	<100 m	中***
RFPM	农村	小	小	大	较低	较小	中***
A-GNSS	室内	大	小	中	中	<5 m	<20 m

注：*表示已在 3GPP Release11 中标准化；**表示只适用于较大带宽和特殊接收机处理；***表示可选支持。

从表 5-1 中可以看出，各种方案除了具有各自的 QoS 特点外，也分别具有受限场景。正如本节开头所述，场景的复杂性决定了一种定位技术不可能满足所有需求。表格中第一列清楚表明了各种方案的局限性：GNSS 相关定位方案，由于需要较为开阔的空间完成 GPS/北斗等信号收集，室内场景并不适用；UTDOA 由于受到上行功率限制，在基站站点部署稀疏的区域（如郊区、农村）也无法达到理想的定位结果等。

正因为每种定位方案都有自身的优缺点，所以对于蜂窝网定位而言，运营商在面对不同的定位需求时，需要灵活组合多种定位方案以应对日益变化的定位服务。对于早期的实现而言，在运营商网络中的定位方案选择一般是单一的，即按照预先配置的定位方案一一尝试，直到能够达到定位服务要求的 QoS，即选择在网络种部署该定位技术。但是这种配置方案效率较为低下，灵活性也不足。这就为综合使用多种定位技术提供了原动力。所谓使用多种定位技术，指可以混合使用几种定位方法，结合它们的测量结果，最后做出适合 QoS 需求的定位结果，这几种方案之间往往可以一定程度上互相弥补本身技术的缺点。关于混合定位，在 5.3.6 节还有进一步阐述。

目前根据业界讨论进展，我们尝试对各种定位方案进行大致的分类。但是也希望读者明确，定位方案并没有定式的分类方法和原则，按照不同的逻辑会有不同的归类方法。下文介绍的两种分类方案是目前 3GPP 讨论较为主流的方式。

（1）控制面定位与用户面定位

按照定位数据收集的通道，蜂窝网定位分为控制面定位和用户面定位。如 5.2.2 节所述，控制面定位指定位相关数据，通过测量报告或者网络附属存储（Network Attached Storage，NAS）层消息，传给接入网或者核心网，网络将这些定位数据当作控制数据，传给运营商的定位服务器。控制面定位会给予定位数据更好的 QoS 控制保障，运营商对这些数据是可管控的。而用户面定位，指相关定位数据通过用户面通道，当作数据传到对应定位服务器；APP 从芯片读取测量数据后，直接上报到 OTT（Over the Top）厂商自设的定位服务器/数据库，对于运营商是透明的。当然，蜂窝网络也需要部署 SPL 设备方可支持用户面定位。从这个层面上来讲，该种分类与使用何种定位具体技术无关，而与使用何种协议有关。之所以会提供两种定位方法，更多的考虑是为了提供更多的选择自由度，以利于产业界根据自身需要选择合适的方案。

（2）终端自主定位、基于终端定位与终端辅助定位

按照定位数据收集和计算的承载单元分类，可分为终端自主、基于终端、终端辅助三大类。具体说来，终端自主（Standalone）方案指的是终端 UE 直接获得定位位置，即计算也在 UE 完成；基于终端（UE-based）方案是指 UE 接收网络的辅助信息，然后自主测量，得到最终的坐标定位，与 Standalone 唯一的区别是需要网络提供辅助信息，而 Standalone 是完全不依赖于网络的；终端辅助（UE-assist）是指通过 UE 的自主测量，把相应的测量结果（如 RSTD（Reference Signal Time Difference，参考信号时间差）或者 RSRP（Reference Signal Received Power，参考信号接收功率）等参数）上报给网络，然后由网络根据收集到的信息计算出最终的位置，和 Standalone 以及 UE-based 的区别是终端无法获得最终的坐标，坐标的计算在网络侧。

相应地，一般 UE-assist 方案会是 Network-based 方案，而 UE-based 方案有可能会是 Network-assist 的。具体如何划分也需要看某种方案的具体使用方式，不能一概而论。3GPP 标准认定的 E-UTRAN 支持的定位方案有以下几种。

① 网络辅助的 GNSS（A-GNSS）定位。

② 下行定位（如 OTDOA）。

③ E-CID 方案。

④ 上行定位（如 UTDOA）。

⑤ 气压传感器定位。

⑥ WLAN 定位。

⑦ 蓝牙定位。

⑧ TBS（Terrestrial Beacon System，地面信标系统）定位。

以上各种方案，可以互相混合使用或者独立使用，3GPP 标准均支持上述定位方法的 Standalone 应用。相关定位方案可支持的分类总结[12]见表 5-2。

表 5-2　定位方法支持情况（3GPP Release 13）

定位方案	UE-based	UE-assisted, E-SMLC-based	eNodeB assisted	LMU-assisted/ E-SMLC-based	SUPL
A-GNSS 定位	是	是	否	否	是（UE-based 和 UE-assisted）
下行定位	否	是	否	否	是（UE-assisted）
E-CID 定位	否	是	是	否	是（UE-assisted）
上行定位	否	否	否	是	否
气压传感器定位	否	是	否	否	否
WLAN 定位	否	是	否	否	是
蓝牙定位	否	是	否	否	否
TBS 定位	否	是	否	否	否

需要指出的是，定位方法的分类没有定规，当符合应用需求时，自然会有不同的归类方式。本书下面章节重点讲述目前 3GPP 标准主要支持的标准，以及未来随着无线蜂窝网络系统演进，有一定应用潜力的定位方式。

5.3 蜂窝网定位技术

关于蜂窝网定位技术，正如表 5-2 所列，目前通用移动通信系统主要包括以下几种定位方式：基于网络辅助的 GNSS 定位、基于增强小区 ID 定位、观察到达时间差定位（OTDOA）、上行到达时间差定位（UTDOA）、射频图样匹配定位（RFPM，主要在 R12 已支持）等。

而 3GPP 对蜂窝网定位技术的标准化一直在不断演进，从 2008 年 11 月 RAN#42 次会议立项，3GPP Release 9 到 Release 14 定位标准化从室外场景持续演进到室内定位，集中围绕主要的几种蜂窝定位技术，在多个工作组（Working Group）中讨论了定位需求、架构设计、信令流程与结构、测量指标等。尤其是 R12 之后，由美国联邦通信委员会（Federal Communications Commission，FCC）提出关于室内定位的更高要求，并且进一步引入三维定位的需求后，3GPP 关于高精度定位，无论从技术角度还是实现角度，都提出了更多更全面的解决方案。图 5-6 对 3GPP 定位技术演进过程进行了大致梳理。

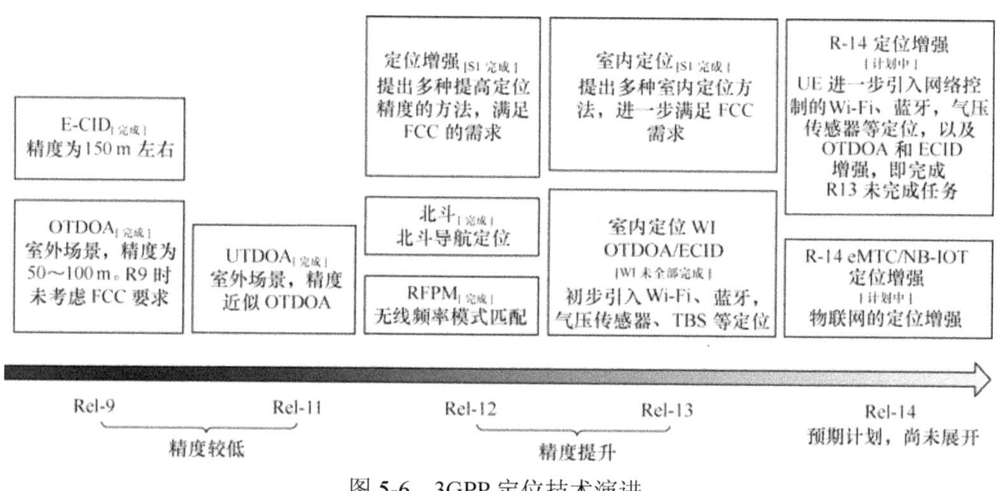

图 5-6　3GPP 定位技术演进

具体地，关于 LTE 定位的部分，3GPP 的工作如下：RAN1 主要定义物理层相关的定位参考导频（Positioning Reference Signals，PRS）等定位测量量和参数；RAN2/3 定义了整体的定位系统结构、流程操作和信令规范 LPP/LPPa 等；RAN4 定义了观测量精度指标和测量过程指标，帮助完善了信令细节，定义了相关性能指标。下面将针对具体的定位技术介绍其基本原理。

5.3.1　A-GNSS 定位技术

第 4 章中已经对卫星定位系统做了基本介绍。在蜂窝网络中，利用 A-GNSS 定位技术（如 GPS、Galileo 或北斗导航系统），可实现在地面网络的辅助下提高卫星信号接收的灵敏度和速度。同时蜂窝网络可以辅助 GPS 减少定位时延。

A-GNSS 基本原理如图 5-7 所示。

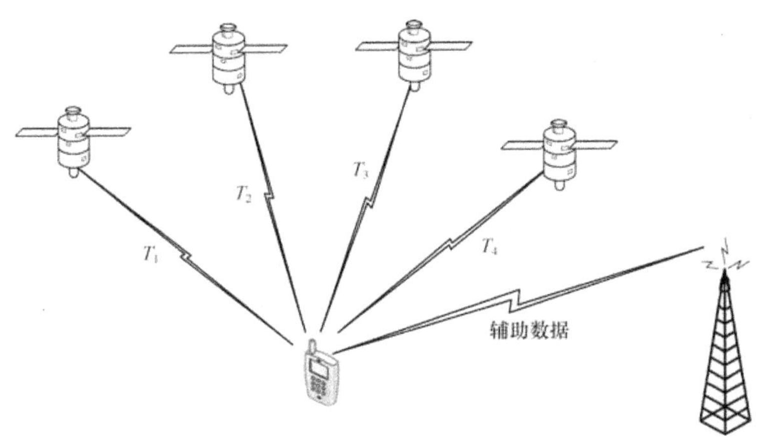

图 5-7　A-GNSS 基本原理

GNSS 接收机通常具有“首次定位时间（TTFF）”问题，会造成比较大的定位时延。为了减少 TTFF，地面蜂窝网络可给配备 GNSS 的 UE 提供一些辅助数据。辅助数据含有卫星广播信息，使接收机能在任意时刻计算轨道位置，从而减小卫星信号搜索窗的大小。UE 关于位置和时间的信息越精确，所需搜寻卫星信号的搜索窗就越小。UE 通过测量所接收到的卫星信号来确定自己的位置并将其上报给 E-SMLC。E-SMLC 在计算 UE 位置时可考虑额外的一些辅助因素，但是终端上报的 GNSS 估计信息会作为主要指标参数。

A-GNSS 技术很大程度上依赖于终端性能，UE 需要配备 GPS 模块，这将带来成本的增加和终端耗电量的增大。同时，GPS 定位技术虽在室外导航领域可以达到很高的定位精度，但是往往适用于定位位置在卫星可见或轨道所经过的位置，而在室内或建筑物高大密集的城区等地方有很大的局限性。总体来说，GNSS 辅助定位作为定位精度相对较高的一种方式，在终端支持的情况下，可在较大范围使用。

5.3.2　E-CID 定位

小区标识（CID）是以 UE 所属服务小区来确认用户位置的。无线网络中基站的 ID 在全世界是唯一的。CID 也即小区全球识别码（Cell Global Identifier，CGI），是由位置区识别码（Location Area Identity，LAI）和小区识别码（Community Identity，CI）两部分组成。LAI 由移动国家代码（Mobile Country Code，MCC）、移动网络代码（Mobile Network Code，MNC）和位置区代码（Location Area Code，LAC）组成。CID 可通过如下场景或流程获得小区寻呼、小区更新、路由区更新等。

各大运营商可以通过网络信息实时查询的方式获得 CID，从而实现各自的定位业务。如中国联通和中国移动的粗定位业务中心（General Location Service Center，GLSC）、中国电信的移动粗定位平台（Mobile Advanced Location System，MALS）。

（1）CID 定位

CID 定位基本工作原理是，定位平台向核心网发送信令，查询手机所在小区 ID，无线网络上报终端所处的小区号（从服务基站 Serving eNodeB 获得，或者需要核心网寻呼唤醒 UE），位置业务平台根据存储在基站数据库中的基站经纬度数据，将定位结果返回给服务提供商，得出用户大致位置。

CID 定位方案实现简单，适用于所有的蜂窝网络，无需在无线接入网侧增加设备，对网络结构改动小，成本低；不需要增加额外的测量信息，不需要改变网络结构，只需加入简单的定位流程处理；由于不需要 UE 进行专门的定位测量，并且空中接口的定位信令传输很少，定位响应时间较短，一般在 3 s 以内；定位精度较低，取决于基站或扇区的覆盖范围，在市区一般可以达到 300～500 m，郊区误差甚至可达几公里。

（2）E-CID 定位

3GPP 在 Release 9 中定义了 CID 方案，在后续版本中进一步给出了 E-CID 的定位方案。E-CID 方案，在具备小区 ID 信息的基础上，通过获得天线 AOA 信息、时间提前量（Timing Advance，TA）、RTT 信息进一步提高精度。对于 GSM 来说，结合 TA；对于 UMTS 而言，可以考虑结合 RTT 参量。另外还可以考虑信号接收强度，修正 CID 定位结果，提高定位准确度。

当使用定时 TA 时，图 5-8 所示为 eNodeB 和 UE 侧的接收和发送定时关系。T_1 为 UE 上行发送定时，T_2 为 eNodeB 下行发送定时，T_3 为 eNodeB 上行接收测量定时，T_4 为 eNodeB 上行实际接收定时，T_5 为 UE 下行接收测量定时，T_6 为 UE 下行实际接收定时。

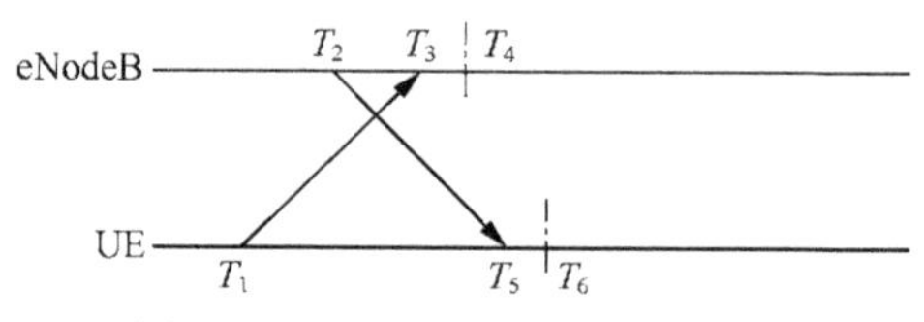

图 5-8　定时 TA 下的 RTT 估计

LTE Release 9 中定义了两种特殊测量，分别是定时提前形式 1（TADV Type 1）和定时提前形式 2（TADV Type 2）。Type1 测量量定义为 eNodeB 侧接收—发送时间差（eNodeB Rx-Tx Time Difference）与 UE 侧接收—发送时间差（UE

Rx-Tx Time Difference）的差异。Type2 测量量定义为 eNodeB 侧接收—发送时间差（eNodeB Rx-Tx Time Difference），是在 UE 所发送物理随机接入信道（Physical Random Access Channel，PRACH）的无线帧中测量得到，对 PRACH 而言，UE 的发送定时应该与其接收定时对齐，具体如下。

$$\text{eNodeB Rx-Tx Time Difference} = T_3 - T_2 \tag{5-1}$$

$$\text{UE Rx-Tx Time Difference} = T_5 - T_1 \tag{5-2}$$

$$\text{TADVType1} = (T_3 - T_2) + (T_5 - T_1) = (T_5 - T_2) + (T_3 - T_1) \tag{5-3}$$

RTT 即为定时提前形式 1 测量量（TADVType1）。eNodeB 侧可通过测量量将 RTT 指示给 E-SMLC，E-SMLC 或 UE 也可直接由 UE 侧获取定时提前信息。Type1 测量量的精度主要由 eNodeB 和 UE 的接收定时精度决定，通常为 0.3 μs 量级。Type2 测量量的精度依赖于 PRACH 检测精度，通常为 1～2 μs 量级，取决于无线信道多径特征。因此，Type1 测量量可提供更好的定时精度。

UE 与 eNodeB 的距离可表示为

$$\text{Distance} = \frac{1}{2}c\text{RTT} \tag{5-4}$$

其中，c 为光速。

RTT 用于估计 UE 与 eNodeB 的距离，而无法获得 UE 的方位角度信息。eNodeB 可以通过智能天线测量得到 UE 上行发射信号的 AOA，进一步确定用户的准确位置。

假设 UE 位于以 eNodeB 为起点的一条射线上，AOA 反映了该射线到正北方向逆时针旋转的角度。对于一个均匀间隔的天线阵列，在任意相邻阵子上接收信号其相位固定旋转 θ，根据已知的 θ 与 AOA、天线阵子间距以及载波频率的函数关系，AOA 可在基站侧估算出来。常用 AOA 估计的参考信号为探测参考信号（Sounding Reference Signal，SRS）。另外，AOA 测量要求接收机具有高精度的智能天线阵列，系统设备复杂，部署成本较高。

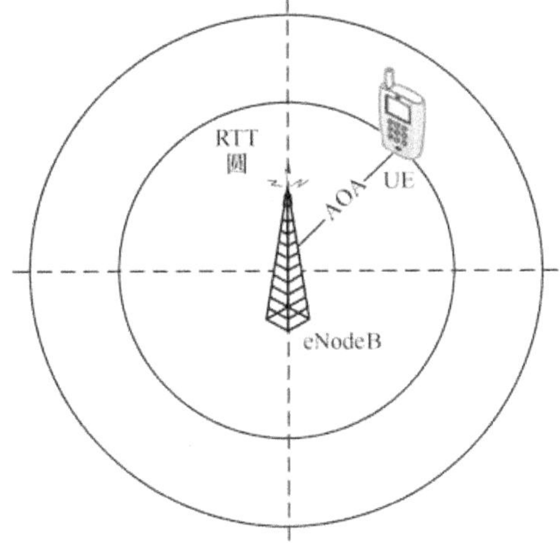

图 5-9　E-CID 定位方法（RTT +AOA）

如图 5-9 所示，在获得 RTT 和 AOA 之后，UE 的位置就能较准确地估算出来，即 UE 大致位置在以服务基站为圆心，UE 与基站距离为半径，结合 AOA 角度确定的一个较准确的位置或区域。通常，

RTT+AOA 的定位精度在视距（Line Of Sight，LOS）和非视距（Non Line Of Sight，NLOS）场景下分别大约为 50 m 和 150 m。该定位技术所需智能天线要求较高，且定位精度仍不能满足大多数业务的需求。CID 定位的基础上引入 RTT、AOA 的信息增强，虽然能够在一定程度上提升定位精度，但仍无法做到高精度定位。

（3）E-UTRAN 相关参考信号[14]

E-CID 定位过程中，主要用到小区专用参考信号（Cell-specific Reference Signal，CRS）和上行参考信号（SRS）完成相关的测量。CRS 用于下行链路的 Rx-Tx 时间差测量，CRS 序列通过物理小区标识（Physical Cell ID，PCI）生成。而 SRS 主要用于上行链路时间差测量。下面主要介绍 CRS 信号的一些基本原理。本书的描述是建立在已具备相关 LTE 基础知识上的，具体 LTE 相关物理层帧结构及其他相关技术点请参见文献[1]。

CRS 信号在天线端口中的一个或几个上发送。参考信号 CRS 序列 $r_{l,n_s}(m)$ 定义为

$$r_{l,n_s}(m)=\frac{1}{\sqrt{2}}\left(1-2c(2m)\right)+\mathrm{j}\frac{1}{\sqrt{2}}\left(1-2c(2m+1)\right) \tag{5-5}$$

其中，$m=0,1,\cdots,2N_{\mathrm{RB}}^{\max,\mathrm{DL}}-1$，$n_s$ 是一个无线帧中的时隙号，l 是时隙内 OFDM 符号的编号，$N_{\mathrm{RB}}^{\max,\mathrm{DL}}$ 是下行带宽资源块的最大数量。

伪随机序列 $c(i)$ 初始化为

$$c_{\mathrm{init}}=2^{10}\left(7\left(n_s+1\right)+l+1\right)\left(2N_{\mathrm{ID}}^{\mathrm{cell}}+1\right)+2N_{\mathrm{ID}}^{\mathrm{cell}}+1 \tag{5-6}$$

其中，$N_{\mathrm{ID}}^{\mathrm{cell}}$ 是物理层小区 ID。

参考信号的时频资源映射表达式为

$$a_{k,l}^{(p)}=r_{l,n_s}(m') \tag{5-7a}$$

其中，

$$\begin{cases} k=6m+\left(v+v_{\mathrm{shift}}\right)\bmod 6 \\ l=\begin{cases}0,N_{\mathrm{symb}}^{\mathrm{DL}}-3 & ,\ p\in\{0,1\} \\ 1,\ p\in\{2,3\}\end{cases} \\ m=0,1,\cdots,2N_{\mathrm{RB}}^{\mathrm{DL}}-1 \\ m'=m+N_{\mathrm{RB}}^{\max,\mathrm{DL}}-N_{\mathrm{RB}}^{\mathrm{DL}} \end{cases} \tag{5-7b}$$

变量 v 和 v_{shift} 定义不同参考信号所在频域资源上的位置，v 由下面规则确定。

$$v=\begin{cases}0, & p=0 \text{ 且 } l=0\\ 3, & p=0 \text{ 且 } l\neq 0\\ 3, & p=1 \text{ 且 } l=0\\ 0, & p=1 \text{ 且 } l\neq 0\\ 3(n_s \bmod 2), & p=2\\ 3+3(n_s \bmod 2), & p=3\end{cases} \tag{5-7c}$$

其中，CRS 信号的频率偏移为 $v_{\text{shift}}=N_{\text{ID}}^{\text{cell}} \bmod 6$。CRS 信号在一个和两个天线端口资源块（Resource Block，RB）上的映射规律如图 5-10 所示。

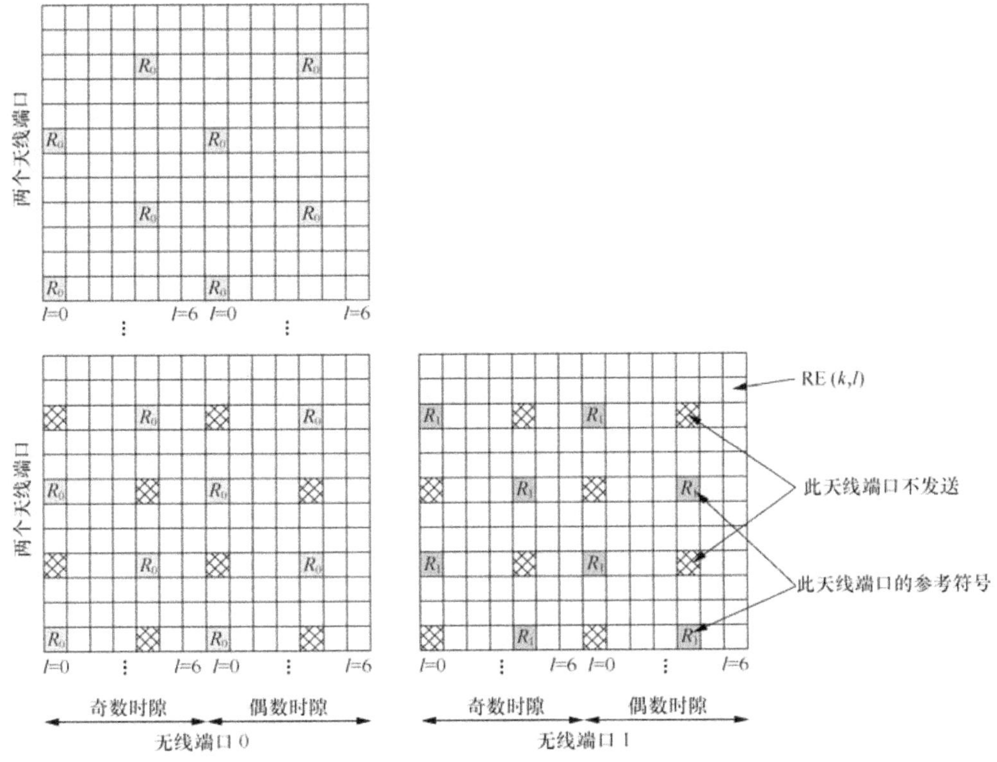

图 5-10　CRS 信号资源映射

5.3.3　OTDOA 定位

早在 WCDMA 系统中就已经开始研究可观察到达时间差（Observed Time Difference Of Arrival，OTDOA）技术，但由于 WCDMA 系统并不是一个严格同步系统，各个基站之间的时钟误差导致 OTDOA 技术部署成本增加，商用十分困难。

而演进到LTE之后，TDD技术要求严格同步，同时FDD系统也较多部署GPS，OTDOA从技术上具备了实现基础。在LTE Rel-9版本中基于UE对参考信号测量的OTDOA定位技术开始标准化。Rel-9定义了该定位方案，Rel-11和Rel-12进一步引入了增强方案，Rel-13引入对于室内定位支持的增强方案扩展为经度、纬度、高度三维信息。后续可能继续研究在同一个PCI下，不同射频单元参与的定位方案。

（1）基本原理

LTE系统中，OTDOA定位是基于UE测量服务小区和相邻小区的参考信号到达UE处的时间差，也称为参考信号时间差（Reference Signal Time Difference，RSTD）。由于测量量是时间差而非绝对时间，不必满足基站与终端之间必须时间同步的要求。

为了准确定位UE的位置，蜂窝网络需要准确知道基站发射天线的位置和每个小区参考信号的到达时间。移动终端对基站发送的特定信号进行监听并测量出信号到达两个基站的时间差，每两个基站得到一个测量值。根据第3章中提到的基于TDOA的解析几何方法（如图5-11所示），3个基站得到两个双曲线定位区，交叠区域即为移动终端的估计位置。结合一些逼近算法，可以得到更确切的UE位置。

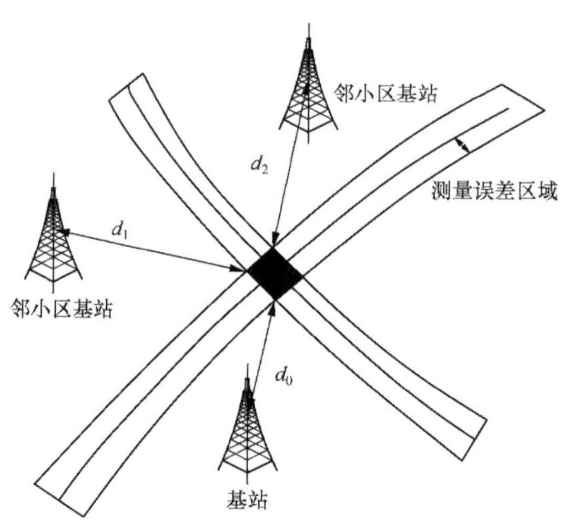

图5-11　OTDOA定位方法

（2）定位参考信号

出于蜂窝网络本身功能考虑，要满足较高频谱效率提供高速数据业务的需求，通过协作等手段降低相邻小区间下行干扰。而蜂窝系统OTDOA定位的性能，主要取决于 UE 探测测量信号的过程是否足够快、足够可靠。为实现 OTDOA 定位需要尽可能多地探测邻小区的信号，使 UE 以较高的概率检测到至少 3 个 eNodeB 信号，而基于 3GPP Rel-8 CRS 的测量很难保证 OTDOA 的性能，增加 CRS 数量或者功率显然不是明智的选择，会消耗较多资源。为了增加 UE 检测到邻区的概率，满足 OTDOA 所需 RSTD 测量量的需求，LTE Rel-9 引入了定位子帧和 PRS。

首先，定位子帧的设计，通过分配专有的定位时频资源减少干扰，同时增加参考信号能量来提高邻小区可检测概率。

用于定位的 PRS 信号仅在下行传输链路的 RB 中配置。一种情况是一个小区内普通子帧和广播（Multicast Broadcast Single Frequency Network，MBSFN）子帧都配置为定位子帧，该 MBSFN 子帧用于定位参考信号传输的 OFDM 符号必须与子帧＃0 使用相同的循环前缀。另一种情况是一个小区内只有 MBSFN 子帧配置为定位子帧，则定位参考信号的 OFDM 符号应使用扩展循环前缀。

其次，PRS 在天线端口 6 上发送，PRS 不能映射到分配给物理广播信道（Physical Broadcast Channel，PBCH）、主同步信号（Primary Synchronization Signal，PSS）、辅同步信号（Secondary Synchronization Signal，SSS）的 RE（Resource Element，资源要素）上，PRS 不会和任何天线端口的小区特定参考信号 CRS 重叠。相邻小区通过物理小区 ID（PCI）模 6 获得若干子载波频率偏移来避免 PRS 重叠。

PRS 信号的生成及映射方式如下[14]。

参考信号序列 $r_{l,n_s}(m)$ 定义为

$$r_{l,n_s}(m)=\frac{1}{\sqrt{2}}\left(1-2c(2m)\right)+\mathrm{j}\frac{1}{\sqrt{2}}\left(1-2c(2m+1)\right),\ m=0,1,\cdots,2N_{\mathrm{RB}}^{\max,\mathrm{DL}}-1 \tag{5-8}$$

其中，n_s 一个无线帧中的时隙号，l 是一个时隙中的 OFDM 符号的编号，$c(i)$ 是伪随机序列。伪随机序列初始化为

$$c_{\mathrm{init}}=2^{10}\left(7\left(n_s+1\right)+l+1\right)\left(2N_{\mathrm{ID}}^{\mathrm{cell}}+1\right)+2N_{\mathrm{ID}}^{\mathrm{cell}}+N_{\mathrm{CP}} \tag{5-9}$$

其中，$N_{\mathrm{ID}}^{\mathrm{cell}}$ 为小区 ID，对于正常循环前缀（Cyclic Prefix，CP），$N_{\mathrm{CP}}=1$，对于扩展循环前缀，$N_{\mathrm{CP}}=0$。

参考信号的时频资源映射表达式为

$$a_{k,l}^{(p)}=r_{l,n_s}(m') \tag{5-10a}$$

其中，对于正常循环前缀，有

$$\begin{cases} k = 6\left(m + N_{\mathrm{RB}}^{\mathrm{DL}} - N_{\mathrm{RB}}^{\mathrm{PRS}}\right) + \left(6 - l + v_{\mathrm{shift}}\right) \bmod 6 \\ l = \begin{cases} 3,5,6\,, & n_{\mathrm{s}} \bmod 2 = 0 \\ 1,2,3,5,6\,, & n_{\mathrm{s}} \bmod 2 = 1 \text{ 且（1或2个PBCH天线端口）} \\ 2,3,5,6\,, & n_{\mathrm{s}} \bmod 2 = 1 \text{ 且（4个PBCH天线端口）} \end{cases} \\ m = 0,1,\cdots,2N_{\mathrm{RB}}^{\mathrm{PRS}} - 1 \\ m' = m + N_{\mathrm{RB}}^{\max,\mathrm{DL}} - N_{\mathrm{RB}}^{\mathrm{PRS}} \end{cases} \tag{5-10b}$$

对于扩展循环前缀，有

$$\begin{cases} k = 6\left(m + N_{\mathrm{RB}}^{\mathrm{DL}} - N_{\mathrm{RB}}^{\mathrm{PRS}}\right) + \left(5 - l + v_{\mathrm{shift}}\right) \bmod 6 \\ l = \begin{cases} 4,5\,, & n_{\mathrm{s}} \bmod 2 = 0 \\ 1,2,4,5\,, & n_{\mathrm{s}} \bmod 2 = 1 \text{ 且（1或2个PBCH天线端口）} \\ 2,4,5\,, & n_{\mathrm{s}} \bmod 2 = 1 \text{ 且（4个PBCH天线端口）} \end{cases} \\ m = 0,1,\cdots,2N_{\mathrm{RB}}^{\mathrm{PRS}} - 1 \\ m' = m + N_{\mathrm{RB}}^{\max,\mathrm{DL}} - N_{\mathrm{RB}}^{\mathrm{PRS}} \end{cases} \tag{5-10c}$$

定位参考信号的带宽（RB 数）$N_{\mathrm{RB}}^{\mathrm{PRS}}$ 由高层配置，小区专用频率偏移由 $v_{\mathrm{shift}} = N_{\mathrm{ID}}^{\mathrm{cell}} \bmod 6$ 计算得出。

PRS 信号具有较好的自相关特性和互相关特性（正交特性）。PRS 信号在 RB 中的映射关系如图 5-12 和图 5-13 所示。可以看出，PRS 信号是基于小区 ID 模 6 设计的，较强的自相关和正交特性有利于信号相关峰值检测，也利于消除邻小区的信号干扰，从而保证 OTDOA 测量的精度。

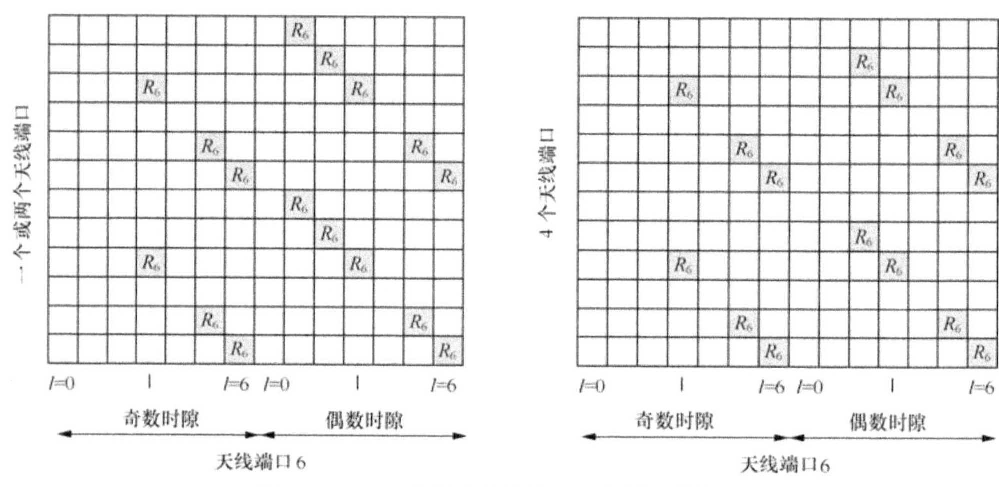

图 5-12　PRS 信号映射结构（正常循环前缀）

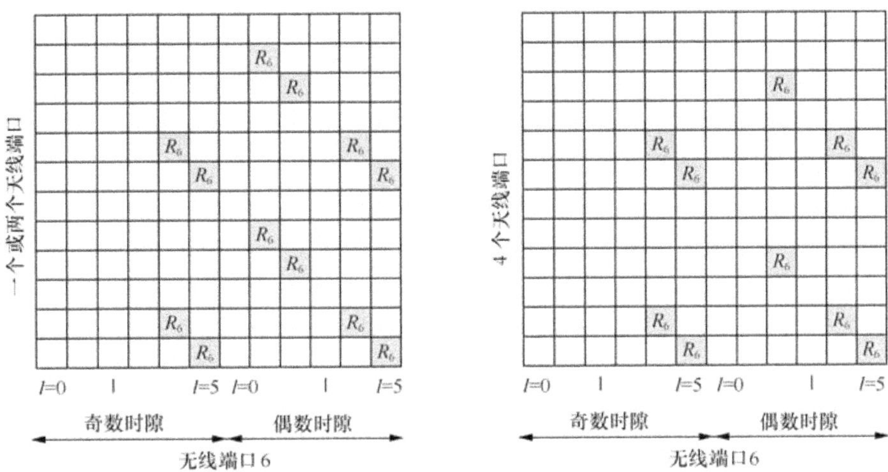

图 5-13　PRS 信号映射结构（扩展循环前缀）

PRS 信号一般周期性发送。考虑到单用户定位业务请求频率并不频繁，且在定位测量中用户最好不要移动太多距离，PRS 发送周期 T_{PRS} 配置有 160 ms、320 ms、640 ms 和 1 280 ms，且每个周期内 PRS 起点由 index 指示，具体见表 5-3。

表 5-3　PRS 信号 index 指示

PRS 配置 index I_{PRS}	PRS 发送周期 T_{PRS}/ms	PRS 子帧偏移量 Δ_{PRS}/ms
0～159	160	I_{PRS}
160～479	320	$I_{PRS}-160$
480～1 119	640	$I_{PRS}-480$
1 120～2 399	1 280	$I_{PRS}-1\ 120$
2 400～4 095	保留	

其中，PRS 第一个下行子帧的偏移量 Δ_{PRS} 满足式（5-11）。

$$\left(10n_{\mathrm{f}}+\lfloor n_{\mathrm{s}}/2\rfloor-\Delta_{\mathrm{PRS}}\right)\bmod T_{\mathrm{PRS}}=0 \tag{5-11}$$

在某些情况下，网络可通过间或关闭 PRS 来进一步减少小区干扰，这使得即使在邻小区 PRS 信号重叠情况下也能获得增益。这种情况下，网络发送信令通知 UE 哪些子帧中的 PRS 关闭了。网络辅助 UE 进行邻小区定位参考信号的搜索，这可以通过提供每一邻区相对于服务小区的传输时间差，以及根据发生在部署环境中的最大传播时延所确定的搜索窗来实现。

OTDOA 的定位精度较大程度受到环境的影响，在郊区和农村可以将移动台定位在 10～20 m 范围内；在城区由于高大建筑物较多，电波传播环境不好，信号很难直接从基站到达移动台，一般要经过折射或反射，非视距的传输会影响定位精度，定位范围为100～200 m。一般情况OTDOA定位响应时间范围为3～6 s。

（3）UE侧参考RSTD测量

OTDOA定位中，定位参考信号PRS在UE接收端的处理过程，主要是UE对RSTD测量量的相关运算。一般分为时域相关法和频域相关法。

时域相关法的基本操作方法如下。

① 设定某个搜索窗；

② 在窗内按一定起点，间隔将接收到的信号和目标待检测小区的PRS信号做时域相关，对连续定位子帧得到的时域相关函数做非相参积累；

③ 对时域相关函数做恒虚警检测，通过门限的点对应的时延即待测小区对UE的时延，对多个小区都进行估计，该过程是假设检验过程；

④ 求本小区到UE的时延与邻小区到UE的时延之差，即RSTD。

与时域相关法的步骤类似，频域相关法主要在第②、③步将时域信号变化到频域做相关处理，基本操作方法如下。

① 设定某个搜索窗；

② 在窗内按一定起点，间隔将接收到的信号进行快速傅里叶变换（Fast Fourier Transform，FFT），将该信号变化到频域后与频域PRS信号的共轭进行相关，即可得到频域相关函数，对连续定位子帧得到的频域相关函数做非相参积累；

③ 导频到达时间的延迟会引起子载波相位的旋转，而相位旋转角度与子载波的频率有关，根据相对相位的旋转大小可以得到到达时间；

④ 求本小区到UE的时延与邻小区到UE的时延之差，即RSTD。

以上介绍了基本的OTDOA定位流程，正如前文提到的，目前OTDOA定位方案都是基于每个小区不同的CID，区分不同小区的天线节点来完成定位的。但是目前网络中，越来越多存在一个小区的信号通过不同的射频拉远单元（Radio Remote Unit，RRU），即多个RRU共享一个小区ID的情况。在这种情况下，终端需要至少了解参考信号是从哪个节点发送的，而目前的协议标准暂时不支持这种操作。在正在进行的Rel-14中，将会对这种场景进行相应的讨论。

5.3.4 UTDOA定位

UTDOA定位方法，其基本原理是利用在多个LMU测量从UE发送的上行参考信号定时。LMU结合定位服务器的辅助数据测量接收信号定时，然后将得到的测量结果用于估计UE的位置。

UTDOA定位基本原理与OTDOA定位方法相似，也是通过多个RSTD测量量求解UE位置坐标。差别在于，OTDOA是多个基站发射定位信号，UE测量下行信号；而UTDOA定位中使用的是上行参考信号，eNodeB侧不同小区的LMU测量UE上行参考信号的接收时间差，进而估算得到UE位置，无需UE

参与定位测量及运算。

上行参考信号大部分基于 Zadoff-Chu（ZC）序列，具有良好的自相关性和互相关特性。UTDOA 定位一般采用上行参考信号为探测参考信号（Sounding Reference Signal，SRS）。为了获得上行链路测量量，LMU 需知道由 UE 发送的 SRS 信号的特征，用于计算上行链路测量量。这些特征在上行链路测量过程中相对周期性发送的 SRS 信号应该是静态的。

E-SMLC 配置使用上行链路定位的信息请求，从 LMU 获取用于计算 UE 位置的测量结果。这里首先需要指示服务 eNodeB 配置 UE 发送 SRS 信号并从 eNodeB 提取目标 UE 配置数据。下面给出了 UTDOA 上行定位信息请求的信令流程，如图 5-14 所示。

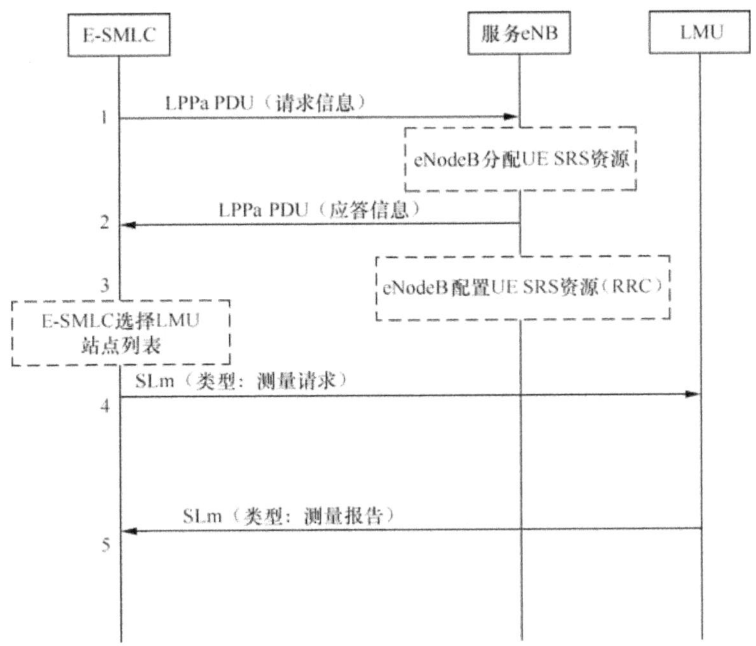

图 5-14　上行定位信息请求过程

具体步骤如下。

步骤 1：E-SMLC 发送请求消息（LPPa PDU）到服务 eNodeB，eNodeB 为目标 UE 分配周期的 SRS 资源。

步骤 2：服务 eNodeB 确定是否进行资源分配，如分配需发送一个包括所分配的资源和相关参数的应答信息（LPPa PDU）返回给 E-SMLC。

步骤 3：如果 eNodeB 确定资源可分配，则分配资源给目标 UE。

步骤 4：E-SMLC 选择用于 UTDOA 定位的一组 LMU，并且发送包含 SRS 配置的测量请求信息（通过 SLm 接口）给每一个 LMU；

步骤 5：每个 LMU 回报给 E-SMLC 针对目标 UE 的上行测量报告。

上行 UTDOA 定位由于对终端透明，仅由网络侧负责定位参数收集，因而具有一定的部署优势。但是因为上行信号发送功率受限，能够同时接收到的同一个 UE 上行信号的小区有限，在信道状况较差的情况下有效信息甚至无法达到必要的节点数，这时上行 UTDOA 的测量就会受到限制。因为要计算同一个上行信号到达不同 LMU 的时间差信息，这就要求站点之间严格同步。基本来说，在信道状况、接收节点数足够的情况下，上行测量精度和下行 OTDOA 测量精度基本相当。

以上两种 TDOA 定位方案，由于不要求移动台和基站之间的同步，只要求基站间同步，在误差环境下性能相对优越，定位精度较高，其精度高于 TOA 定位。同时，它具有搜索时间快，不需要添加额外设备的优势，在蜂窝通信系统的定位中备受关注。

5.3.5 RFPM 定位

LTE Release12 版本中，引入了射频图样匹配（Radio Frequency Pattern Matching，RFPM）定位技术，并对其进行了立项研究。RFPM 定位技术是 LTE-A 系统中一种定位精度较高的定位方法。与常见的 Wi-Fi 指纹定位方法原理类似，它通过 RF 测量量来构建定位数据库，在定位阶段通过 UE 测量 RF 参量，然后与数据库存储的 RF 参量进行匹配，得到 UE 的估计位置，不受阻挡物和多径的影响。

RFPM 技术的实现原理如下。

① 首先，对 eNodeB 覆盖区域小区进行栅格化；在每个栅格中心点测量射频信号获得 TA、参考信号接收功率（Reference Signal Receiving Power，RSRP）/参考信号接收质量（Reference Signal Receiving Quality，RSRQ）等测量量；建立数据库，数据库中每个中心点的坐标与一组测量量相对应；

② 当 UE 在小区内某一位置发起定位请求时，UE 测量接收信号的射频特征获得 TA、RSRP/RSRQ 测量量，然后按照一定匹配准则与数据库中的数据进行匹配，选取相关性最大的栅格中心坐标作为 UE 的估计位置，如图 5-15 所示。

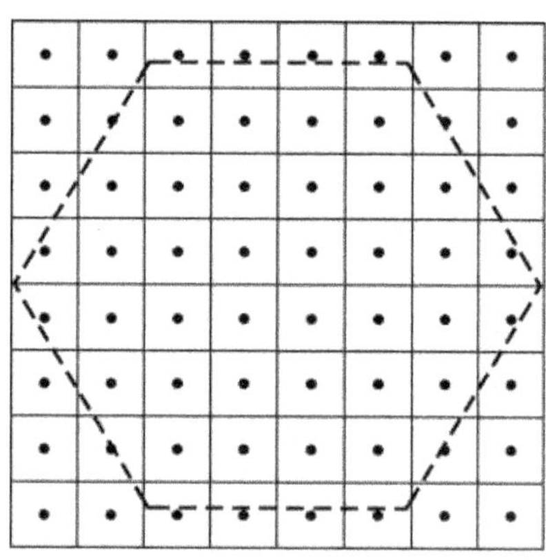
图 5-15　eNodeB 覆盖区域栅格化

RFPM 定位技术相比于其他蜂窝网定位技术有一定的优势。它不需要 UE 端增加任何软/硬件，只需测量并上报所需测量量即可；更适用于室内或者较为复杂的环境，不受阻挡物和多径的影响，只需要测量某一地点的射频参量，与环境相关度比较小。但 RFPM 定位精度与所划栅格大小密切相关，如果栅格较大，定位精度会下降；而如果栅格太小，则需要大量的路测，数据库更新和维护的工作量也会急剧增加。此外，如果周边环境发生重大变化，则需要对数据库进行相应的更新。后续可以想见的是，通过位置信息和相关测量参数的组合上报机制，可以逐步构建一套自学习和训练机制，减少实际路测的工作量。

5.3.6 混合定位

混合定位是利用两种或多种不同类型的信号特征测量值，如 CID、AOA、TDOA 或 RFPM 联合进行定位估计。在 3GPP Release13 和 Release14 中，蜂窝网定位场景引入了气压计、Wi-Fi、地面信标系统等定位方法，希望通过多种技术协作的方式实现混合定位的精度和可靠性的提高。针对不同的场景，可依据实际网络部署和应用需求采用不同的混合定位方案。混合定位方案分为 3 个层面：不同方案的混合定位、不同接入网制式的混合定位以及蜂窝网络和其他设备混合定位。下面逐一阐述。

（1）不同方案的混合定位

针对某一个场景，如在 TDOA 定位基础上，考虑 AOA，只需使用两个基站就可以获得比 TDOA 和 AOA 任何单一定位技术都要高的性能，且测量所需参与基站更少，降低了系统的复杂度。再比如在 UTDOA 定位基础上，引入信号强度匹配等算法，可以进一步提升定位精度。显然，综合两种或者更多种算法的测量结果，会有更为显著的增益。另外，由于每种定位方法的误差是不一样的，在认为相对独立的情况下，设定合理的加权算法也可以给定位精度带来一定的提升。

（2）不同接入制式的混合定位方法

本质上是网络部署区域受限和不同定位 QoS 需求的灵活适配。运营商网络目前是 2G/3G/4G 并存的状态，并不能完全保证所有区域都有 3 种制式网络的全覆盖，也不能完全保证每种定位方案都有相应网元部署支持。当某一个目标的定位 QoS 指向某种定位方案后，如果该区域没有相应的网络制式，就需要其他制式的定位方案进行补充或者替代。同时，每种制式都可以有自己的用户面/控制面定位方案，更多的选择意味着定位信息收集的途径更丰富。

（3）蜂窝网络和其他设备混合定位

目前已经部分融合进 3GPP 协议集中。更准确地说，随着技术的进步，蜂窝网络逐步将一些定位技术融合进了蜂窝网络定位大家庭中。蜂窝网除了利用原有的优势，也充分利用现有终端的 Wi-Fi 测量量、蓝牙测量量、气压计信息等，通过 RRC 信令将上述信息传递到网络，便于定位服务器更精确地计算其经纬度和高度。

混合定位方法提供了更好的实现方法和定位性能，是以后实际应用发展的方向。混合定位法能吸收不同定位方法的优点，同时也需要提供不同的信号特征测量值。蜂窝网络中，如果利用单个基站测量的不同类型的参数就能实现定位，这样会减少多基站定位的需求，从而降低系统复杂度，同时高精度的要求也得到满足。本质上来讲，3 种混合定位方式的核心思想都是利用更多自由度和测量量，在面对不同的业务需求和部署场景时提供更多的选择。实际情况下，如何更好地选择方案组合，选择逻辑如何优化，混合定位的研究仍需要更深入的探索和完善。

5.3.7 5G 时代的定位

5G 技术标准目前正在紧锣密鼓地制定中，定位技术作为继续演进的关键技术点之一，在 5G 网络中依然会有极为广泛的应用。本小节探讨在 5G 网络中对定位技术可能的增强[15-18]。

根据 ITU 的需求定义，5G 关键技术主要解决三大类别应用：超宽带高速率业务连接（eMBB）、大连接物联网业务连接（mMTC）、低时延高可靠物联网业务连接（uMTC）。基本的定位原理和 4G 相比，没有大的改变，但是针对具体的业务，可能需要添加相应的标准支持。如 NB-IoT（窄带物联网）技术，它的定位标准化也已经被提上日程。此外，后续演进的定位标准，可能会有如下潜在研究方向。

（1）E-CID

4G 时代载波聚合（Carrier Aggregation，CA）技术已经得到广泛应用，这就决定了在某一区域，可能同时存在两个或者多个载波的重叠覆盖。可以预见的是，如果 UE 获得了每个异站址小区的 RTT 时间，即可以进一步提高精度，如图 5-16 所示。

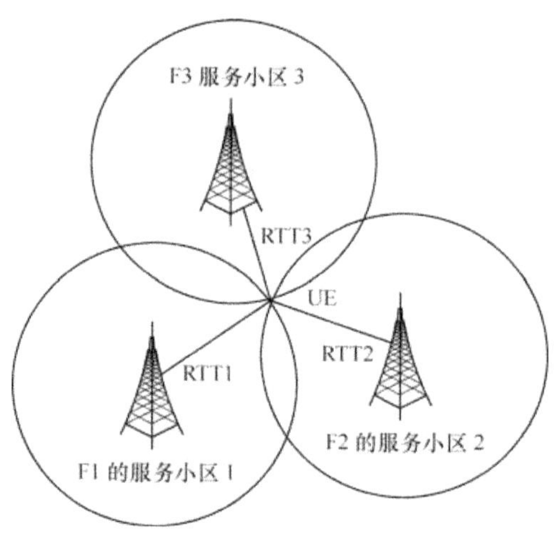

图 5-16 异站址 CA 下的 E-CID 定位

需要指出的是，不仅是载波聚合技术，双连接（Dual Connectivity）技术也可以同时获得多个小区的 RTT 信息。且和 RSTD 相比，每个小区的 Rx-Tx 信息都是独立的，不必要求所有站点同步。当然，这种同时获得多个小区定位信息的思路，也可以灵活运用于例如 AOA 等其他定位手段。

（2）PRS 增强

如前文所述，除了针对同一小区多传输节点的 PRS 增强外，基于 OTDOA 的定位需要 PRS 辅助，而如果 PRS 的发送密度增加，则可以提高定位精度的，但随之带来的就是传输效率的降低。目前运营商 LTE 网络使用的都是授权（Licensed）频段，如果同时可以在非授权（Unlicensed）频段进行 PRS（或者类似 PRS 的信号）的发送，那么是可以进一步提升定位精度的。目前 Rel-13 阶段已完成 LAA（Licensed Assist Access，协助接入许可）的标准化，为非授权频谱辅助定位提供了一定技术支持。同样，基于提升 PRS 顽健性的目的，如果站点部署了多天线系统，那么在每个天线端口上都可以发送 PRS，以增加 PRS 的分集度。

（3）FD MIMO

FD（Full Dimension，全维度）MIMO 技术的发展，为定位提供了更多的手段。全维度天线在传统天线的水平维度外，提供了垂直的维度，对用户的垂直高度定位信息是极大的补充。基于垂直维度天线波束参数，可以辅助获取用户位置信息。

（4）近场辅助定位

D2D 技术从 3GPP R12 开始，引入了网络可控的终端直通空口技术，R13 阶段得到了进一步完善。D2D 的空口为用户位置分析提供了额外的信息[19]，比如在一些场景下，已知位置的用户广播他们的位置坐标，通过近场 D2D 探测，目标终端可能获得一个大概的位置，如图 5-17 所示；而在另外的某些情况下，终端可以利用终端间空口的相关近距测量信息和蜂窝网络的测量量进行结合来增强定位精度，或者提升定位算法收敛的速度。

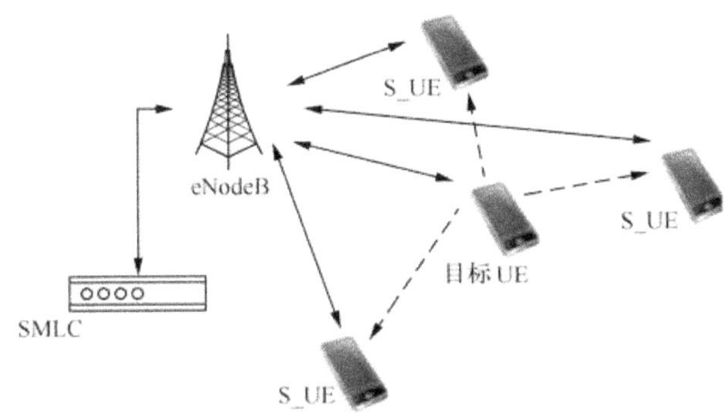

图 5-17 近场定位示意

5.4 蜂窝网定位误差分析

蜂窝网定位与卫星定位系统类似，其误差来源分布复杂。蜂窝网络中的定位业务与其他业务一样，也会受到非理想的信道环境、基站侧与终端侧设备、时间同步、小区内和小区间干扰等的影响。无论是 2G、3G 或 LTE 蜂窝网络，定位的主要误差来源包括：蜂窝通信基站的误差、与终端接收机有关的误差、信号传播误差、时间估计误差以及定位算法的误差等[20]。

（1）基站侧误差

基站误差主要包括：基站间的时钟精度对同步的影响、基站位置误差、基站间距和基站几何布局度对定位成功率的影响等。

基站间同步误差将直接影响基于网络的定位技术的信号测量与估计检测，表现为信号相位不同步。通常蜂窝网系统的基站都是使用 GPS 完成同步的，对于用于定位系统的基站，一般可保证 20 ns 或者更高的定位精度。而对于未实现同步的蜂窝网基站，基站之间可以通过铷钟校准等方法提供一个时间差补偿值，来满足定位算法的同步要求。

基站位置误差会直接带入定位算法计算中。实际基站坐标测量，往往采用大体测绘仪或高精度的 GPS 接收机，尽量使基站的位置误差限制在米级或以下。

最后，基站选址对定位的影响，主要包括基站间距和基站的几何布局两方面。这二者主要表现在影响定位计算过程的几何精度因子（GDOP）大小，它与定位成功率以及定位精度密切相关。

（2）移动台/UE 侧误差

对于某些定位技术，移动台对定位精度的影响主要表现为热噪声的影响；而对于移动台的时钟误差，往往可考虑采用差分算法消除对定位结果的影响。

（3）信号传播误差

信号传播误差主要包括多径误差、NLOS 误差和干扰误差等。

多径传播是信号以多条路径经过周围物体的反射、衍射或折射到达接收机的传播现象。多径的存在可能使一个信号在相位、幅度和延迟上发生变化。而接收机往往不能直接区分直达信号和多径信号，基于互相关技术的时延估计器的性能也会受到影响，特别是当反射波到达时间与直射波在一个码片间隙内时，影响更严重。多径传播造成误差的严重程度由多径信号的相对幅度、相位和延迟三者共同决定，多径传播如图 5-18 所示。

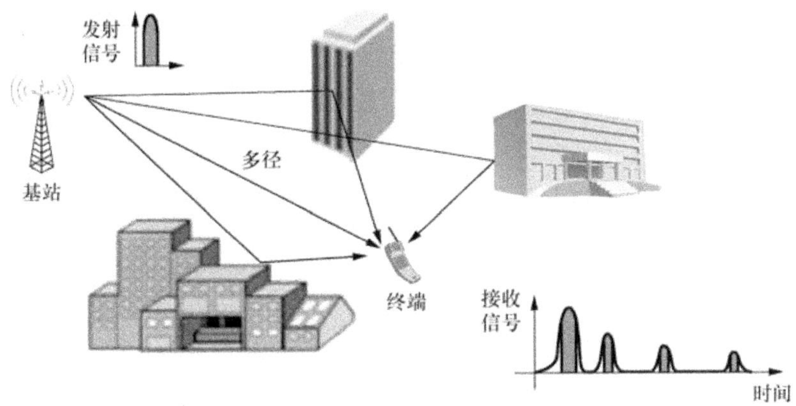

图 5-18　多径传播

非视距传输造成的 NLOS 误差，是引起蜂窝网定位误差的最主要来源之一。它可以看做是多径传播的一种特殊情况。NLOS 误差根据传播环境不同其范围浮动较大。在蜂窝网络中测试表明，NLOS 误差平均在 500～700 m。由于移动通信环境错综复杂，用户大量分布在城市这种 NLOS 传播普遍存在的场景，到达接收机的信号通常是多种传播分量的合并结果。NLOS 误差抑制成为提高定位精度的一个关键性问题，也是目前研究领域有待突破的一个重要关卡，NLOS 传播如图 5-19 所示。

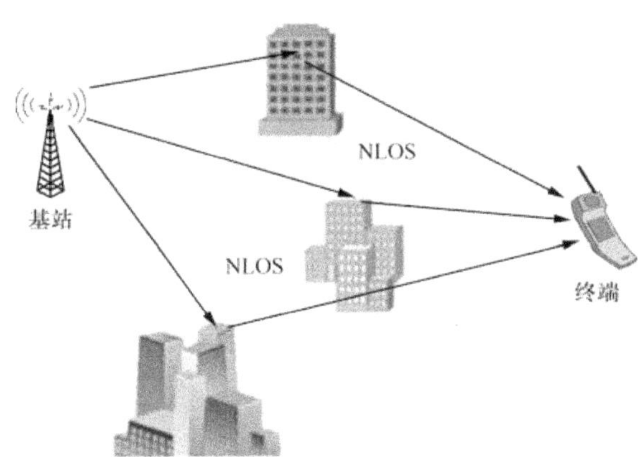

图 5-19　NLOS 传播

蜂窝网络中干扰主要包括小区内干扰和小区间干扰。随着多制式网络融合组网，蜂窝网干扰分布变得十分复杂，干扰严重可能影响到定位参考信号的正常获取。干扰协调关键技术研究成为蜂窝网络中重要的难题，也关系着定位在内的所有通信业务的质量。

另外，实际工程应用中，天气和外界大气层的射线和辐射等因素同样影响蜂窝网络定位的性能。在系统试验中，阴雨天系统测试结果精度较晴天差一些。对于其他一些因素（如外部的电磁波干扰、飞鸟等），同样也会造成定位误差。

（4）时间估计误差

对于 E-CID、OTDOA、UTDOA 等定位方法，RTT、RSTD 等测量量在时间估计过程中，误差主要由信号同步程度、基带速率与带宽、频率偏移及检测算法等决定。

首先，信号时延的估计精度与估计过程中参考信号与接收信号之间的同步程度有关。比如，这会影响到 TOA/TDOA 相关峰值检测的结果与真正的峰值的误差大小，特别是在多径干扰情况下的影响更明显。

其次，基带速率也是误差的主要来源。基带速率越大，对应的信号采样周期越小，相关波形就越窄，对于相关峰等时间估计算法，得到的峰值误差就越小。所以在时间估计算法中，一般可以认为基带速率与定位精度成正相关。

同时，定位精度很大程度上与基带带宽有关。目前运营商级的 2G/3G/4G 网络中，各个运营商的频率分配情况不尽相同。就目前的典型 LTE 网络而言，TD-LTE 网络和 LTE FDD 网络均采用 20 MHz 系统带宽。频带资源的限制在某种程度上决定了蜂窝系统的定位精度——理论上可供使用的带宽越宽，越有利于实现高精度定位。不同运营商的频带分配不同，造成了设备和网络的差异化，蜂窝网定位的实际部署应用、误差补偿等难度也相应提高。

另外，由于收发机时钟不匹配或高速移动造成的频率偏移，以及相应的检测算法，也会影响到采用相关时间估计的准确度。

（5）定位算法的误差

如第 3 章中介绍的多种定位算法，基本上可以分为两类算法误差。

① 基于二维解析几何方法计算的定位算法，可能受到站间天线、移动台与基站的非水平面的影响，特别是山区等场景，基站之间高度差可达到 30 m 以上，这对处于基站几何边缘的移动台定位影响很大。

② 基于估计迭代的算法，不同方法之间对初始估计点、收敛判断门限以及迭代次数等参数的敏感度表现不一。一般地，尽量做到适当选取收敛判断门限和最大迭代次数，以保证在系统定位精度和实时性之间最优折中。当然，在很多改进定位算法的文献中，也提到很多消除多径或 NLOS 误差的增强方案，这里不再赘述。

除了以上 5 点，值得指出的是，每一种特定的定位算法都有较大程度影响自己定位精度的瓶颈，不能一概而论。室内环境、天气因素可能影响 A-GNSS 定位效果；上行功率受限会影响 UTDOA 的定位实现；数据库更新不及时、训练不充分导致 RFPM 失准；室内环境 OTDOA 算法效果大打折扣等。这些从另外的角度，也同样说明了混合定位的必要性，通过混合定位方案，来弥补某种定位方法的误差和缺点。

总之，蜂窝网定位的误差来源，与其他定位系统有相似之处。对于系统本身的一些误差，像测量锚点、系统同步、时间估计等问题带来的误差，可认为是固有误差，通过一些校准或补偿方法能够在一定程度弥补抑制。而对于信号传播以及定位算法的误差，这些不固定的误差则显得更加不可控，在实际应用中，可能需要更多的关注，具体问题采用针对性的方法或方案去抑制消除。

5.5 本章小结

蜂窝网作为地面广域覆盖网络，在定位方面具有其独特的优势。本章从蜂窝网本身的技术特征、蜂窝网定位基本原理、定位方案、误差分析等方面描绘了蜂窝网定位的全景图。首先介绍蜂窝网及其定位技术的发展；然后给出蜂窝网定位的基本原理和技术，包括系统架构、网络单元、工作流程等。蜂窝网中常用的定位技术有 A-GNSS、E-CID、OTDOA、UTDOA、RFPM 等；最后，对蜂窝网定位的误差进行了分析。面对多种多样的定位业务需求，要充分考虑运营商网络的部署实现方案，结合蜂窝网定位技术的优势，适当融合非蜂窝网定位技术，为最终定位结果的获取提供最优解决方案。

参考文献

[1] 赵训成, 林辉, 张明, 等. 3GPP 长期演进（LTE）系统架构与技术规范[M]. 北京: 人民邮电出版社.

[2] 3GPP TS 43.059. Functional stage 2 description of location services (LCS) in GERAN[S].

[3] 3GPP TS 44.035. Location services (LCS); broadcast network assistance for enhanced observed time difference (E-OTD) and global positioning system (GPS) positioning methods[S].

[4] 3GPP TS 45.811. Uplink-time difference of arrival (U-TDOA) in GSM and GPRS[S].

[5] 3GPP TS 25.305. Stage 2 functional specification of user equipment (UE) positioning in UTRAN[S].

[6] 3GPP TS 25.111. Location measurement unit (LMU) performance specification; user equipment

(UE) positioning in UTRAN[S].
[7] 3GPP TS 25.171. Requirements for support of assisted global positioning system (A-GPS); frequency division duplex (FDD)[S].
[8] 3GPP TS 25.453. UTRAN iupc interface positioning calculation application part (PCAP) signaling[S].
[9] 3GPP TS 23.271. Functional stage 2 description of location services (LCS)[S].
[10] 3GPP TS 22.071. location services (LCS); service description, stage 1[S].
[11] Ericsson White Paper. Positioning with LTE[Z].
[12] 3GPP TS 36.305. Stage 2 functional specification of user equipment (UE) positioning in E-UTRAN[S].
[13] 3GPP TS 37.320. Universal terrestrial radio access (UTRA) and evolved universal terrestrial radio access (E-UTRA); radio measurement collection for minimization of drive tests (MDT); overall description; stage 2[S].
[14] 3GPP TS 36.211. Physical channels and modulation[S].
[15] 3GPP, TR36.855 V13.0.0. Feasibility of positioning enhancements for E-UTRA, Release 13[S]. 2015.
[16] 3GPP, TR37.857 V0.3.0. Study on indoor positioning enhancements for UTRA and LTE, Release 13[S]. 2015.
[17] SU B, CUI J, LI A J, et al. Performance study on the ECID positioning enhancement in LTE-A het-net with RRH[C]// Vehicular Technology Conference, 2015:1-5.
[18] 苏滨. LTE-A 异构网场景下的定位增强技术研究[D]. 北京：北京邮电大学, 2016.
[19] R1-150573. Discussion on potential enhancement of indoor positioning, LG Elecotronics[S].
[20] 余科根. 地面无线定位技术[M]. 北京：电子工业出版社, 2012.

第 6 章 无线局域网定位

基于无线局域网的定位技术与蜂窝网定位技术原理类似，均是寻找网络中可以表征位置距离的无线参数，如信号传播时间、AOA 和 RSS 等，然后利用这些参数求得位置距离。无线局域网定位系统根据传感类型可分为：基于 Wi-Fi 系统的定位、基于 RFID 系统的定位、基于蓝牙系统的定位、基于红外线系统的定位、基于超声波系统的定位、基于超宽带系统的定位和基于 ZigBee 系统的定位等。本章将对上述定位技术进行详细阐述。

6.1 Wi-Fi 定位技术

6.1.1 Wi-Fi 标准简介

Wi-Fi 是一种基于 IEEE 802.11 的无线局域网传输技术。为了支持更高的传输速率和更好的传输质量，IEEE 又相继制定了 802.11b、802.11a、802.11g、802.11n 和 802.11ac/802.11ad 等系列协议，现在多用 Wi-Fi 来统称 IEEE 802.11 技术标准[1]。Wi-Fi 技术的目标是实现并增强基于 IEEE 802.11 标准的无线网络产品之间的互通性，用以支持用户在数百米范围内接入互联网。Wi-Fi 频段在世界范围内均不需要任何电信运营执照，Wi-Fi 技术凭借费用低、带宽高以及组网简单等巨大优势应用于诸多领域。

Wi-Fi 网络系统由站（Station，STA）、无线接入点（Access Point，AP）、接入控制器（Access Controller，AC）、宽带接入服务器（Broadband Access Server，BAS）组成，其基本网络结构如图 6-1 所示[2]。其中，STA 通常为用户终端；AP 为收发无线信号的网络节点；AC 的主要功能是 AP 集中控制，负责无线信道选择、切换、负载均衡等网络管理，同时提供统一的网管接口；BAS 的主要功能是作为接入网关，对验证/授权/统计（Authentication，Authoritation，Accounting，AAA）系统提供接入认证功能，与门户网站（Portal）系统、认证系统、计费系统相配合实现用户的认证、计费等，它支持对数据 IP 层的处理能力。图 6-1 中 BAS、AC、AP 为逻辑实体，在实际部署中各逻辑实体可以合设于同一个物理单元。在该网络架构中，运营商的固网宽带 AAA 系统、3GPP AAA 系统负责在内部形成漫游账号，并形成统一账单。

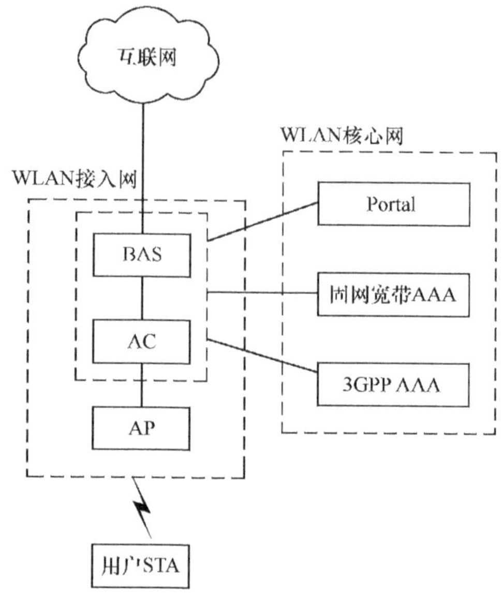

图 6-1　Wi-Fi 网络基本架构

6.1.2　Wi-Fi 定位技术

Wi-Fi 定位是当前比较流行的一种定位技术。目前，基于 Wi-Fi 的定位方法主要包括基于信号强度的信号传播模型法和指纹识别方法。Wi-Fi 定位具有以下优势。

① 热点分布广。热点可以分布在室内外各种环境中，为各个场合的定位提供了先决条件。

② 灵活性较高。Wi-Fi 信号带宽较大，受非视距影响相对较小，即使在密集的城市地带和室内环境中也可以使用。

③ 良好的可扩展性。Wi-Fi 网络的基础设备扩展简单容易，增加或减少 AP 都不会对网络中其他 AP 造成影响。

④ 终端无需额外的硬件设备。绝大多数移动设备都支持 Wi-Fi 连接，这是 Wi-Fi 定位的巨大优势。仅需在这些移动设备上安装相应的软件就可以进行定位，不需要其他额外的硬件设备。

1. Wi-Fi 定位原理

首先需要明确的是，采用 Wi-Fi 定位，终端不是必须连接 AP 的，也就是说，终端并不一定要与 AP 之间进行数据通信。只要终端位于 Wi-Fi 网络覆盖范围内，并开启了 Wi-Fi 功能，就能够侦听到 AP 广播的 SSID 信号，以及每个 AP 的全球唯一 MAC 地址。基于 MAC 地址可以获取 AP 的物理位置坐标，再通过信号检测数据进行定位计算，即可获取用户的位置信息。

常用的基于信号强度的传播模型法，使用当前环境下假设的某种信道衰落模型，根据其数学关系估计终端与已知位置 AP 间的距离。如果用户侦听到多个 AP 信号，就可以通过三边定位算法来获得用户的位置信息。信号传播模型方法不需要预先准备参考数据集，仅需要存储每个 AP 的位置和一些信道衰落参数。具体过程如下[3]。

① 终端侦测周围所有 AP 的 MAC 地址，检测 AP 信号强度值，发送到相关位置服务器上。

② 服务器存有记录好的所有 AP 位置坐标。根据终端送来的信息，服务器查询每个 AP 在数据库中的坐标，通过基于距离测量的定位算法得到终端的具体位置。

指纹识别是另一种常用于 Wi-Fi 定位的方法。它的基本原理是基于 Wi-Fi 信号的传播特点，将多个 AP 的检测数据组合成指纹信息，通过与参考数据对比来估计移动物体可能的位置，具体流程如下。

① 数据库建立阶段。在所需的定位区域，选取 l 个采样点，这些采样点的坐标位置已知。每个采样点利用已有的 Wi-Fi 基础设施检测周围 n 个 AP 的信号强度，获得信号强度序列并保存在数据库中，即每个采样点采集到的 n 个 RSSI 作为一个指纹。

② 位置估计阶段。在位置指纹算法中，通常采用最近邻算法。用户向位置服务器提交一个位置查询，同时发送检测到 AP 的 RSSI，该组 RSSI 便可提供一个实测指纹；位置服务器将用户返回的实测指纹与数据库中的指纹进行匹配，寻找相似度最大的指纹所对应的位置信息，作为用户最终的位置估计坐标。

Wi-Fi 定位系统结构如图 6-2 所示。

图 6-2　Wi-Fi 定位系统架构

2. Wi-Fi 定位性能分析

由于 Wi-Fi 信号不稳定，信号衰落不严格对称，并且有各种障碍物干扰，因此基于信号传播的定位方法是精度受限的。影响 Wi-Fi 定位精度的因素主要有 AP 间信道干扰、障碍物干扰、AP 节点部署方案等，简要归纳如下。

（1）多径和非视距因素的影响

室内环境中，复杂的建筑布局、家具和设备等使信号会受到折射、反射、绕射等多径和非视距因素的影响，传播时间和到达角度等参数的测量会产生误差，并且信号传播模型会变得比较复杂，理论公式只能近似表达。

（2）AP 间信道干扰的影响

不同 Wi-Fi 系统有可能部署在同一区域，形成重叠覆盖，此时来自不同系统的 Wi-Fi 信号，彼此之间会造成信道干扰。例如，国外某知名 Wi-Fi 定位公司曾受国内最大商业地产公司邀请来我国测试其产品性能，对方部署定位 Wi-Fi 网络后，经测试需要把商场内运营商 AP 全部关掉才能进行高精度 Wi-Fi 定位。

（3）AP 节点部署方案的影响

用于定位的 AP 节点数量级与所需上网的可以是一样的，但定位对于 AP 的部署方案有要求，希望相对均匀，尽量避免出现盲区。

（4）其他原因（例如人体对 Wi-Fi 信号的影响）

Wi-Fi 信号工作在 2.4 GHz、5 GHz 上，人体主要成分是水，对这种工作在高频上的电磁波影响很大。导致在人多时，定位误差较大。此外，不同手机型号和不同 Wi-Fi 芯片，其定位效果也会有所差异。

现有的 Wi-Fi 定位系统还是以指纹识别法为主，但是构建指纹数据库需要耗费大量的资源，并且环境变化会对指纹的准确度造成很大影响。目前，大部分算法也是在位置指纹法的基础上，研究更精准的指纹搜索方案等。因此，定位指纹库的成本能否降下来会是影响 Wi-Fi 定位技术推广的核心因素之一。

6.1.3 Wi-Fi 定位实例

传统的 Wi-Fi 定位产品主要应用在专业行业，如矿井、医院和监狱等，生产 Wi-Fi 定位产品的代表性公司有 AeroScout、Ekahau 等。随着 Wi-Fi 的普及，许多网络设备厂商如思科、摩托罗拉等公司的 Wi-Fi 定位产品也得到了诸多应用。近年来，普通大众对于位置服务的需求逐渐增加，谷歌正在日益完善地图中的定位业务。一般来说，目前的智能手机或者平板等移动设备都带有 Wi-Fi 功能，在不开启 GPS 和数据流量时，可以通过打开 Wi-Fi 进行位置查询。大多数情况下，用户可通过使用如百度地图、谷歌地图等软件查询位置信息。

谷歌公司最先推出 Wi-Fi 定位服务。在目前的谷歌地图中，有一项称为“街景”的功能，用户可以通过该功能看到想要查询地点的实景照片。提供该项服务需要谷歌街景车[4]（如图 6-3 所示）预先在世界各地进行拍照记录，街景车除了拍摄街景的任务，同时还在收集周围附近所有的无线网络 MAC 地址，与当时的经纬度一并记录。在街景车记录之后，资料库会面临过期与更新的问题。根据谷歌员工克里斯托弗公开的说法，更新的方法是当无线网络与手机基地台定位或 GPS 定位同时

图 6-3　谷歌街景车

开启时，手持装置借由手机基站定位或GPS定位这两种方式可以获得目前的坐标，再通过 Wi-Fi 搜索到附近所有的 MAC 地址，背后向谷歌的资料库做更新。

6.2　蓝牙定位技术

6.2.1　蓝牙标准简介

蓝牙是一种短距离无线通信技术，以无线连接取代有线连接，将固定和移动信息设备组成个人局域网，实现设备之间低成本的无线互联通信。蓝牙作为一种低功耗的无线技术，主要优点有以下几个。

① 可在任何时间和地点，通过无线连接代替有线连接；

② 具有较强的可移植性，可应用于多种通信场合，如 WAP（Wireless Application Protocol，无线应用协议）、GSM（Global System for Mobile Communication，全球移动通信系统）、DECT（Digital Enhanced Cordless Telephone，数字增强无线电话）等，引入身份识别后可以灵活地实现漫游；

③ 功耗低，对人体辐射危害小；

④ 电路设计简单，成本低廉，容易实现，易于推广。

蓝牙规范是由蓝牙技术联盟正式推出的。蓝牙技术联盟于 1998 年 5 月 20 日正式成立，最初是由爱立信、IBM、英特尔、东芝和诺基亚创立，如今已有超过 2.5 万家的全球成员公司。蓝牙的版本也由最初 1.0 版本升级到目前的 4.2 版本，并且所有的蓝牙标准版本都具有向下兼容性。其中从蓝牙 4.0 开始，标准规范提供了一些与位置估计相关的参数，如接收信号强度指标 RSSI 值和链路质量（Link Quality，LQ）值。

蓝牙 4.0 协议栈，与基础蓝牙协议底层基本相似。但在主机端，针对传感器网络应用推出了属性协议 ATT 以及通用属性剖面，具体协议分层结构[5]如图 6-4 所示。

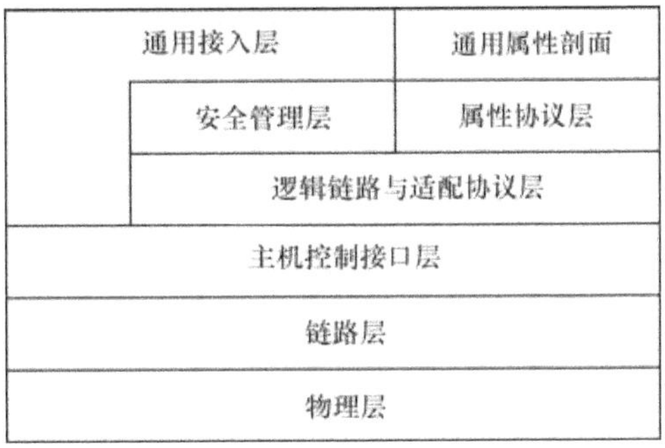

通用接入层	通用属性剖面
安全管理层	属性协议层
逻辑链路与适配协议层	
主机控制接口层	
链路层	
物理层	

图 6-4　蓝牙 4.0 协议架构

（1）物理层

物理层（Physical Layer）采用跳频技术减少干扰与信号衰减，将 2.402～2.480 GHz 频段均匀分为 40 个信道，其中 3 个为固定的广播信道，另外 37 个为数据信道，采用自适应跳频技术发送数据。

（2）链路层

链路层（Link Layer）设备主要有待机、发起、扫描、连接、广播 5 种工作状态，主要功能是执行基带协议底层数据分组管理协议，完成扫描与建立链接操作事件。

（3）主机控制接口层

主机控制接口层（Host Controller Interface Layer，HCILayer）与标准蓝牙技术相同，提供了主机与控制器层的通信方式与命令事件格式，采用标准蓝牙传输层接口如 UART、USB 等。

（4）逻辑链路与适配协议层

与标准蓝牙技术相同，逻辑链路与适配协议层（Logical Link Control and Adaptation Protocol Layer，L2CAPLayer）为上层提供数据封装业务，提供端到端的逻辑数据通信。

（5）安全管理层

为保证其他协议层接口建立安全的连接和数据交换，定义了配对和密钥分发方法。安全管理层（Security Manager Layer，SMLayer）不涉及具体的安全算法，只提供一些接口，具体安全算法在底层硬件实现，以节省功耗并降低复杂性。

（6）通用接入规范

通用接入规范（Generic Access Profile，GAP）定义了通用的接口，以保证应用层调用底层模块，例如设备发现、建立连接相关的业务等，同时封装了安全设置相关的 API。

（7）属性协议

属性协议（Attribute Protocol，ATT）允许设备以“属性”的形式向其他设备提供自己的某些数据。在 ATT 协议里，提供自身属性的称为 Server 端，另外一端称为 Client。

（8）通用属性剖面

通用属性剖面（Generic Attribute Profile，GATT Profile）是规定了具体使用的属性协议应用的架构。在低功耗蓝牙[注1]（Bluetooth Low Energy，BLE）协议中，应用中的数据片段被称为“特征”，通过 GATT 子过程来处理两个设备之间的数据通信。

6.2.2 蓝牙定位技术

蓝牙定位系统是通过 RSSI 来估算目标与锚节点的距离，进而计算得到目标的位置。此方法误差较大，主要是因为蓝牙的底层协议会根据需要自动调节发射功率，且室内环境中的多径效应会影响测量的精度。

蓝牙定位具有成本低、使用方便等优点。虽然定位精度不高，但在某些应用仍可以接受。在定位应用中，一般蓝牙只负责测距，通常不采用单纯的蓝牙组网

注 1：蓝牙低功耗，是蓝牙 4.0 版本的一个子集，适应节能且仅收发少量数据的设备。

通信机制，主要原因如下。

① 蓝牙通信速率有限，在大规模的网络中部分骨干节点的流量较大，容易造成通信速率瓶颈；

② 通信距离较短，信号穿透能力较弱；

③ 蓝牙组网受到微微网的限制，微微网中一个主设备只能连接 7 个从设备，一个从设备只能连接 2 个主设备。

因此，受蓝牙单独定位的局限性限制，一般通过加入 Wi-Fi 或其他局域网通信，弥补蓝牙通信距离以及组网受限等缺点，使整个系统可以在线访问。以蓝牙 Wi-Fi 定位为例，系统架构如图 6-5 所示[6]。该系统的功能是通过蓝牙的 RSSI 对手机进行定位，然后通过 Wi-Fi 等局域网把定位结果发布到手机上。具体流程如下：① 感知层通过室内分布的各个蓝牙锚节点，检测出手机的蓝牙信号在锚节点处的 RSSI；② 锚节点把这些 RSSI 数据发送到路由节点，路由节点再将这些数据通过网络层 Wi-Fi 转发给局域网服务器；③ 局域网的服务器对 RSSI 数据进行处理、运算，得到手机的位置信息，并通过 Wi-Fi 网络发布；④ 手机应用层通过 Wi-Fi 获得位置数据，将定位结果以图形化的方式显示出来。

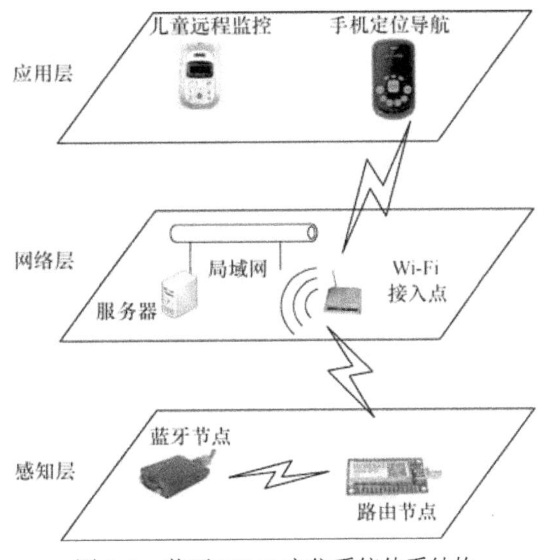

图 6-5　蓝牙 Wi-Fi 定位系统体系结构

6.2.3　蓝牙定位实例

iBeacon 是苹果公司 2013 年 9 月发布的用于移动设备 OS（iOS7）上的新功能。配备有 BLE 通信功能的设备，使用 BLE 技术向周围发送自己特有的 ID，接收到该 ID 的应用软件会根据相关信息实现定位功能。苹果在 iOS 中并不仔细推断距离，而只采用贴近（Immediate）、1 m 以内（Near）、1 m 以上（Far）3 种距离状态。距离在 1 m 以内时，RSSI 值基本上成比例减少；而距离在 1 m 以上时，由于反射波的影响等，RSSI 不减少而是上下波动。也就是说，相距 1 m 以上时无法推断距离，因此就简单判定为 Far。iOS7 对接收到的 iBeacon 信号进行解释后，向等待 iBeacon 资讯的所有应用软件发送通用唯一标识符（Universally Unique Identifier，UUID）、Major、Minor 及靠近程度。Major 和 Minor 是 16 位的标识符，由 iBeacon 发布者自行设定。例如，连锁店可在 Major 中写入区域资讯，可在 Minor 中写入具体店铺的 ID 等。而在家电中嵌入 iBeacon 功能时，可用 Major 表示产品型号，用 Minor 表示错误代码，用来向外部提供故障信息。

iBeacon 作为连接线上和线下的共同入口，最大的价值在于位置服务以及实时感应。当商家使用 iBeacon 设备时，就可以精准分析出消费者的地理位置，以及在商场里的消费行为。利用这些数据，可以实时地进行信息推送，有效地截获客流，引流并激发店铺消费，这也是帮助线下实体"互联网化"的一个重要的连接器。

在 2015 上海国际车展的展会现场，所有参观者只要通过微信"摇一摇"，就可以获得红包、优惠卡券和现场资讯，iBeacon 让展会变得互动起来。除此之外，"摇一摇"还可以创造出很多引导消费者参与互动的新场景。例如，分众传媒目前已经在几十个城市的楼宇屏幕内安装了 iBeacon 芯片，建设成为全球最大的 iBeacon 网络，相继在 2014 年"双 11"与手机淘宝开展"摇一摇"活动，2015 年情人节借助楼宇结合弹幕技术举行"全城示爱"活动。

在新技术的推动下产生新的商业模式，仍然有巨大的技术挖掘空间和利润扩展空间有待于去探索。当然，iBeacon 作为刚刚发展起来的新技术，依然存在以下一些缺点。

① 受加密机制的限制，比较容易被劫持，甚至改写，因此要防止竞争对手恶意操纵；

② 一般来说，出于延长续航时间并省电的考虑，手机蓝牙通常处于关闭状态。如何让消费者的蓝牙处于开启的常态是一个重要门槛。

但是，由于 iBeacon 的诸多特点，仍不失为"连接消费者"的一种实用且成本低廉的应用方案。

6.3 RFID 定位技术

6.3.1 RFID 标准简介

RFID 技术，又称电子标签、无线射频识别，其基本原理是电磁理论，利用无线电波对记录媒体进行读写。射频技术利用无线射频方式在阅读器和标签之间进行非接触双向数据的传输，以达到目标物体识别和相关数据交换的目的。RFID 国际标准的主要制定机构包括国际标准化组织（International Organization for Standardization，ISO）、国际电工委员会（International Electro Technical Commission，IEC）和国际电信联盟（International Telecommunications Union，ITU）等。目前世界上还没有统一的 RFID 技术标准，影响力较大的标准体系有：ISO 标准体系、EPC

Global 标准体系和 Ubiquitous ID 标准体系[7]。

ISO/IEC 已出台的 RFID 标准主要关注的是模块构建、空中接口、数据结构以及实施问题，相对应的标准为技术标准（如射频识别技术、IC 卡标准等）、数据内容标准（如编码格式、语法标准等）、一致性标准（如测试规范标准）以及应用标准（如船运标签、产品包装标签等）。ISO 18000 标准是目前最新也是最热门的标准，其主要工作在 860～930 MHz 频段。目前，我国常用的 ISO 14443 和 ISO 15693 标准均以 13.56 MHz 信号为载波频率。

美国 EPC Global 是由统一代码协会（Uniform Code Council，UCC）和欧洲物品编码协会（European Article Number International，EAN）于 2003 年 9 月共同成立的非盈利性组织。EPC Global 以推广 RFID 电子标签的网络化应用为宗旨，最终目标是为每一件商品建立全球的、开放的标识标准。EPC Global 体系主要包括三大标准：EPC 物理对象交换标准、EPC 基础设施标准和 EPC 数据交换标准。EPC Global 在全球范围内建立了多个分支机构，专门负责 EPC 码段在这些国家的分配与管理、相关标准制定、宣传及推广等工作。

Ubiquitous ID 标准体系是日本主推的标准，其标准制定中心主要由日本厂商组成。UID Center 的泛在识别技术体系主要由泛在识别码、信息系统服务器、泛在通信器和识别码解析服务器等构成，其电子标签采用的频段为 2.45 GHz 和 13.56 MHz。UID Center 对网络安全十分重视，在节点中进行信息交换时需要有相互认证，通信内容通常是加密的，避免非法阅读。

RFID 系统的硬件部分由阅读器（Reader）与电子标签（TAG）组成，识别信息送至计算机进行软件部分的处理。RFID 系统基本结构[8]如图 6-6 所示。

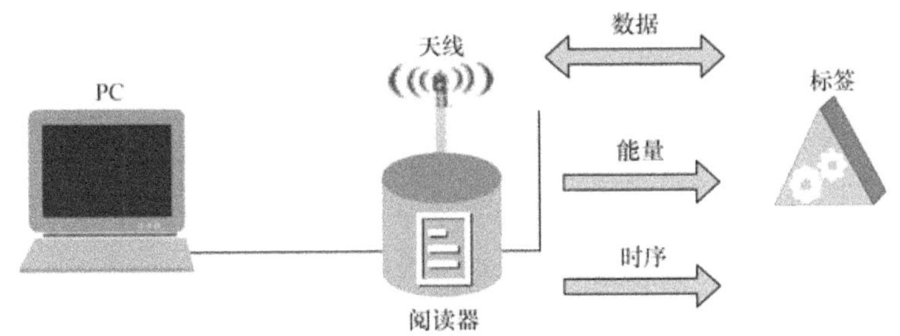

图 6-6　RFID 系统组成及工作原理

1. 电子标签

电子标签是数据的载体，可以多次被阅读器写入和读出。按工作原理，RFID 标签可分为：有源标签、无源标签、半无源标签。有源电子标签内装有电池，无源射频标签没有内装电池，半无源电子标签（Semi-passive Tag）部分依靠电池工作。有源标签与无源标签的主要区别如下。

① 供电方面：有源标签有内置电池供电；无源标签从阅读器获取能量，即通过获取天线发出的电磁波再在标签内部产生信号传输。

② 识别性能方面：有源标签的读写距离相对较远，通常识别也更准确；无源标签识别距离相对会短很多，识别速度方面也会略微受到限制。

③ 应用方面：有源标签在定位、追踪等应用上较有优势，但是相对体积大、成本高，受到电池限制使得其寿命相对较短；而无源标签更能适应物流、票证防伪的低成本和小尺寸要求，使用寿命相对较长。

2. 阅读器

RFID 阅读器的任务是控制射频发射信号，通过射频收发器接收来自标签上的已编码射频信号，对标签的认证识别信息进行解码，将认证识别的信息连带标签上其他相关信息传输到上位机以供处理。阅读器一般由天线、射频模块和读写模块 3 个部分组成。阅读器是 RFID 系统信息控制和处理中心，在 RFID 系统工作时，由读写器在一个区域内发送射频能量形成电磁场，区域的大小取决于发射功率。

RFID 系统的工作原理为：微波查询信号通过射频自动识别装置直接发出，在被识别目标物体上安装的 RFID 电子标签将接收到部分微波的能量，将其转换为直流电并形成微弱电压，以供电子标签内部电路板正常工作。同时，另外一部分微波也将通过电子标签本身携带的微带天线反射到电子标签读出装置，将自身携带的存储数据信息进行交换，并进行数据处理，得到存储在电子标签中的 EPC 码（RFID 唯一识别码）。

6.3.2 RFID 定位技术

RFID 室内定位系统的基本结构包括两个网络，即传感网络和数据传输网络，如图 6-7 所示。

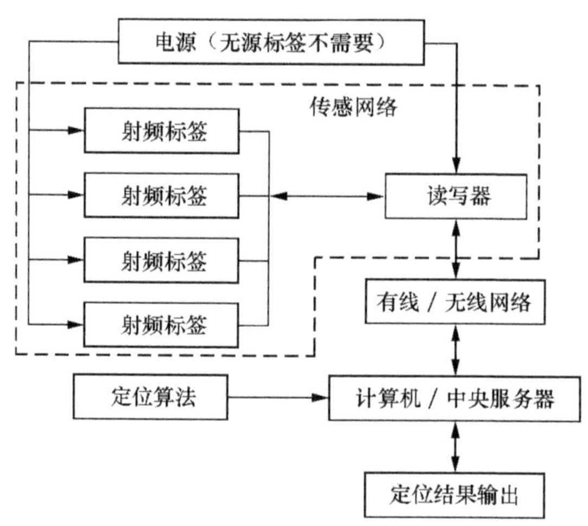

图 6-7 RFID 室内定位系统基本结构

传感网络一般由 RFID 读写器和电子标签组成，可看做一个由用户设置的读写器/电子标签阵列。待定位目标上携带有读写器或电子标签，读写器/电子标签阵列接收来自服务器的指令，根据服务器的指令获取待定位目标的特征信息（如信号强度），并将其存储在读写器中。

数据传输网络包括服务器及服务器与各读写器之间的连接。服务器根据用户的需求产生指令信号并将其传送至传感网络。传感网络中的读写器获取了待定位目标相关的信息后，通过数据传输网络反馈给服务器。最后，服务器执行特定的算法得到待定位目标的位置信息。服务器与各读写器之间可采取有线或无线的连接[9]。

基于上述原理，根据定位目标的网元角色不同，RFID 定位可分为两大类：阅读器定位和标签定位。

阅读器定位是将阅读器安装在目标物体上，并随着目标物体一起运动，在目标物体运动的区域内，对阅读器定位的可以是有源标签，也可以是无源标签。把标签预先安装在已知坐标位置处，当安装有阅读器的物体靠近固定标签时，阅读器就会读取固定标签的已知位置坐标、信号强度及相关的其他标签信息。利用读取的标签位置信息，采用相应的定位算法来估算出阅读器当前的位置坐标。

标签定位根据标签的不同也分为有源标签定位和无源标签定位。现有的标签定位算法既能定位固定目标，又能跟踪运动的物体。标签定位研究更为广泛，因为标签比阅读器更便宜，而且标签定位的精度更高，灵活性更强，更适合在众多场合中应用。目前标签定位主要应用在图书馆图书跟踪、医院的病人或医疗设备跟踪、煤矿的安全监控、车辆识别等。

采用 RFID 定位的优点包括以下 3 个方面。

① RFID 定位应用广泛，尤其在大型工业或者复杂环境中，不仅可以跟踪物品，如图书、医疗设备，在安全生产管理中还可以进行人员的定位，如煤矿井下人员定位等；

② RFID 定位方便灵活，系统采用射频技术，通过对标签信息的读取即可得到目标的位置信息；

③ RFID 定位通过非接触双向通信，可自动识别对象并获取相关数据，具有精度高、适应环境能力强、抗干扰强、可识别高速运动的物体且同时识别多个标签等许多优点。

影响 RFID 系统定位精度的因素包括：参考标签的拓扑结构及分布密度、读写器与参考标签阵列的位置关系和多径效应等。

6.3.3 RFID 定位实例

目前，各国科研人员提出很多基于 RFID 的定位系统，比较著名的有 RADAR 系统[10]、SpotON 系统[11]、LANDMARC 系统[12]和 VIRE 系统[13]等。其中，SpotON 系统属于有源标签定位，对收集到的信号强度进行类比，通过三维空间的聚合算法实现定位。但是该系统本身的设计并不完善，其定位性能和定位精度仍然不能满足人们对于位置定位服务的需求。在这种情况下，有人提出了 LANDMARC 定位系统，LANDMARC 定位系统引入了“参考标签”这个新概念，这些参考标签一般是主动标签，布置在具体位置信息已知的地方。当参考标签和待测标签都在定位区域时，阅读器可以获取它们的信号强度值并进行对比，找出它们之间的关联度，结合关联度和参考标签的位置来计算得到待测标签的位置，提高定位精度。

LANDMARC 系统是经典的室内定位系统，美国 RF Code 公司为 LANDMARC 提供硬件设施，其代表产品是 Spider。该产品的电子标签为有源标签，阅读器的读写工作范围大约是 43 m，如果改变阅读器与电子标签内部的天线结构，定位系统的阅读范围可以扩大至 304 m，所以该系统适用于室内定位。

6.4 UWB 定位技术

6.4.1 UWB 标准简介

UWB 又称为脉冲无线电技术或无载波无线电，具有很高带宽比（射频带宽与其中心频率之比）。2004 年 4 月，美国 FCC 给出超宽带的两种定义，即

$$\begin{cases} \dfrac{f_H - f_L}{f_c} > 20\% \\ f_H - f_L \geqslant 500\ \text{MHz} \end{cases} \tag{6-1}$$

其中，f_H、f_L 分别为功率较峰值功率下降 10 dB 时所对应的高端频率和低端频率，f_c 为载波频率或中心频率，超宽带信号与窄带信号的比较如图 6-8 所示[14]。可见 UWB 信号的带宽不同于通常所定义的 3 dB 带宽。

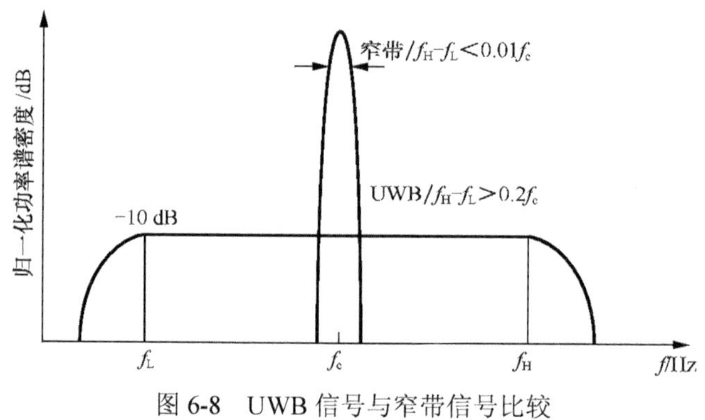

图 6-8 UWB 信号与窄带信号比较

UWB 的完整的网络协议模型如图 6-9 所示。应用层协议包括无线 USB、无线 1394、DLAN（Digital Living Network Alliance，数字生活网络联盟）兼容等标准。UWB 网络业务汇聚子层协议主要是 WiMedia 联盟创建的一系列标准，该标准将应用层到达的信号在 WiMedia 这一层汇聚，不管原来是什么信号，在经过 WiMedia 汇聚层后转换成相同格式的信号传送给物理层发射。链路层分为 MAC 子层和逻辑链路控制（Logical Link Control，LLC）子层，MAC 子层实现媒体接入控制、同步、功率控制以及认证加密等功能；LLC 子层目前尚无统一的标准。物理层协议目前主要是 DS-CDMA（Direct Sequence Code Division Multiple Access，直接序列码分多址）或 MB-OFDM（Multi-Band Orthogonal Frequency Division Multiplexing，多频带正交频分复用）规范，位于整个架构的最底层，实现物理成帧、加扰、编码、交织、调制等功能。

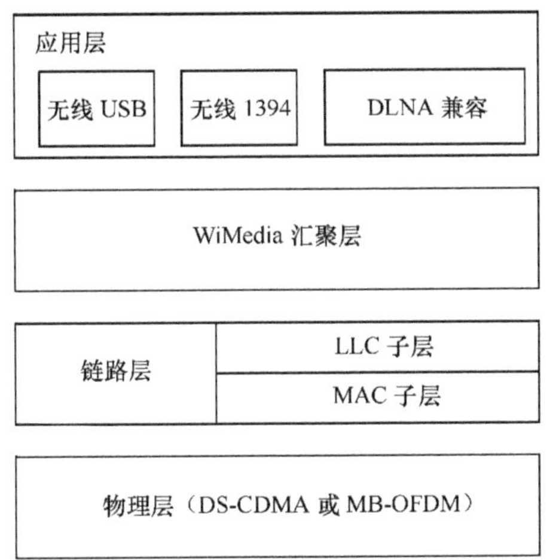

图 6-9　通用的 UWB 网络协议模型

超宽带技术主要有以下特点[15]。

① 高速的数据传输。UWB 技术在 10 m 范围内传输速率可达 500 Mbit/s，是实现个人通信和无线局域网的一种理想技术。

② 低功耗。UWB 发射功率只有手机的千分之一，并不会影响人体健康，并且可以大大延长电池使用寿命。

③ 隐蔽性好、抗干扰能力强、安全性高。UWB 系统的发射功率谱密度非常低，在 FCC 的规定下，其功率谱密度要低于现有的其他无线通信系统，对于其他无线系统相当于电子噪声，因此被截获概率小，安全性能高。

④ 多径分辨能力强。超带宽无线电发射的是持续时间极短的单脉冲且占空比较低，很容易将多径分量分离出来以充分利用发射信号的能量。

⑤ 定位精确。由于超宽带的带宽极宽，具有很强的穿透能力，在室内和地下均可进行精确定位。采用纳秒级宽度的发射脉冲，可使定位精度达到厘米级。

超宽带信号的特性，使它非常适合于通信以及雷达系统。然而，由于超宽带信号占用极大的频谱资源，所以会对已存在的通信系统造成一定程度的干扰，如引起底噪抬升等。因此，为了避免对现有其他无线通信设备造成影响，UWB 发射功率必须受限。2002 年 2 月，FCC 批准 UWB 技术进入民用领域，并根据 UWB 系统的具体应用，分为成像系统、车载雷达系统、通信与测量系统三大类。根据

FCCPart15 规定，UWB 通信系统可使用频段为 3.1～10.6 GHz。为保护现有系统（如 GPRS、移动蜂窝系统、WLAN 等）不被 UWB 系统干扰，针对室内、室外不同应用，对 UWB 系统的辐射谱密度进行了严格限制，规定 UWB 系统的最高辐射谱密度为–41.3 dBm/MHz。

6.4.2 UWB 定位技术

UWB 定位原理如图 6-10 所示，定位系统的定位标签持续发送脉冲数据分组，该数据分组是由一串超宽频脉冲组成的。因为这些标签是不同时发送或每个标签发送的时间极短，持续发送的数据分组发生碰撞的概率很小，因此可以在同一个地区布置几百个甚至几千个定位标签。

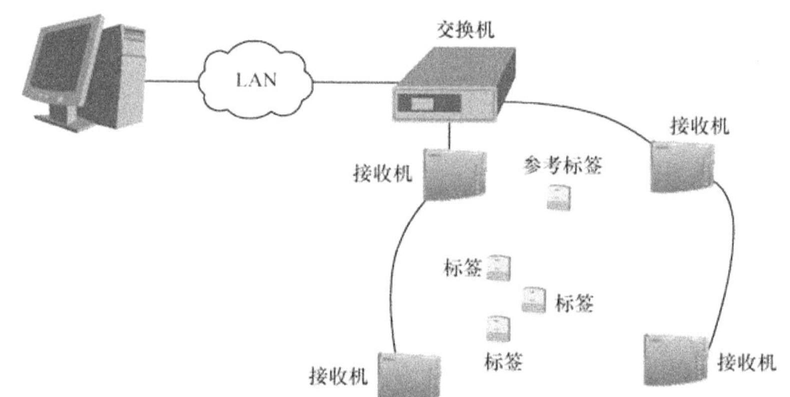

图 6-10　UWB 定位系统架构

UWB 实时定位系统的接收器接收定位标签发送的脉冲数据分组，每个接收器使用高敏感、高速度、短脉冲的监听器来测量每个脉冲数据分组到达其天线的精确时间，超宽频脉冲极宽的带宽使得接收器测量脉冲数据分组到达的时间可以精确到纳秒级。接收器通常部署在定位区域的边缘，如果只有一个接收器，可用作靠近测试；若有 3 个或以上接收器，可在二维空间定位；若有 4 个或以上接收器，便可在三维空间进行精确定位。UWB 系统的中心交换机根据参考标签的坐标、脉冲数据分组到达各个接收器的时间差和多路径算法，便可精确定位标签的位置。

影响 UWB 定位精度的主要因素包括以下两点。

① 非视距和多径传播。视距传播是得到准确的信号特征测量值的必要条件。当测量的收发两点之间不存在直射路径，信号只有通过反射或者衍射到达接收端时，第一个到达接收端的脉冲所用时间可能不是准确的直射传播路径时间，信号的到达角也可能不是直射路径传播的到达角，此时便存在测量误差。在此条件下

表，直接估计目标的位置是不准确的。

② 多用户干扰。在多用户环境下，其他用户的信号会对目标信号造成干扰，从而降低了估计的准确性。将不同用户的信号在时间上分离开来是降低多用户干扰的有效方法。

6.4.3 UWB 定位实例

超宽带定位的代表是英国超宽频实时定位系统（Real Time Location Systems，RTLS）制造商 Ubisense。由多个传感器采用 TDOA 和 AOA 定位算法对标签位置进行分析，多径分辨能力强、精度高，定位精度可达亚米级。江苏唐恩科技[16]是 Ubisense 在中国唯一的战略合作伙伴，全线产品和应用系统的分销商和技术支持中心。其产品 iLocateTM UWB 定位系统在传统的应用环境中稳定达到 15 cm 的 3D 定位精度。该系统包含 3 个组成部分：传感器 Sensor、有源定位标签 Tag 和定位平台 iLocateTRM。其中，定位标签 Tag 利用 UWB 脉冲信号发射出位置信息给传感器 Sensor，传感器接收到信号后采用 TDOA 和 AOA 定位算法对标签位置进行分析，最终通过有线以太网传输到 iLocate 服务器。iLocateTM UWB 定位单元可以实现无缝的网络覆盖，将定位空间无限扩展，定位标签可以在各个单元自由行走，通过定位平台软件分析，将定位目标真实地以虚拟动态三维效果显示出来。

例如，在为某军事训练基地设计的定位方案中，对一栋建筑物的 1～3 层实现高精度的室内定位，在建筑物外的一片区域实现较高精度的室外定位，采用 Ubisense 公司为军队应用定制的大功率、高精度、高刷新率的 UWB 产品实现。根据室内房间、走廊和楼梯的实际情况进行定位单元的布置，并将其连成一个整体的无缝定位网络，确保每个地点都能实现高精度的三维定位。每个房间、每个定位单元、室内外之间能实现高精度的无缝定位。根据最终测试数据统计分析，在静态定位情况下，定位精度小于等于 0.5 m 的概率为 86.28%，动态运动时系统定位精度在 0.3～0.5 m。标签在定位单元之间切换时会产生一段不被定位的时间（与系统刷新率相关），在该系统中，这个时间的长度以 90%概率小于 1 s。UWB 信号在穿透 28 cm 的墙体时，会造成 20 cm 左右的定位误差。

由于芯片方案的成熟和成本下降，近两年来国内研究 UWB 技术实时定位的人和公司慢慢涌现，能达到 30 cm 甚至 10 cm 的系统定位精度。但是这么高的定位精度，并不是所有应用所需要的，且其网络部署成本相对较高。因此，UWB 定位当前主要用于对确保生命财产有较高要求的行业上，如矿下人员定位、养老院人员看护、大型仓储货物定位等，相对 Wi-Fi 和 iBeacons 定位应用于商业领域有很大区别。UWB 技术难以推广的另一个重要原因是 UWB 定位需要被定位人和物额外佩戴标签（相对于手机等终端是天然的标签而言）。但并不排除某一天智能穿戴设备中集成 UWB 芯片，从而使这种高精度定位被应用到生活的方方面面。

6.5 ZigBee 定位技术

6.5.1 ZigBee 标准简介

ZigBee 一词源于蜜蜂在飞行中通过跳“Z”字形舞蹈（ZigZag）与同伴通信，传递花与蜜的方向、距离等信息。因此 ZigBee 技术的发起者以此作为这种短距个域网无线通信技术的命名[17]。ZigBee 网络基本特征是低成本、低功耗、多节点、低速率、自组网。

ZigBee 网络协议架构具体结构如图 6-11 所示，可划分为物理层、MAC 层、网络层、安全层、应用接口层 5 层结构[18]。其中 IEEE 802.15.4 小组主要负责制定物理层与 MAC 层的协议及接口标准，而 ZigBee 联盟则主要参与了网络层、安全层以及应用层协议框架的制定。

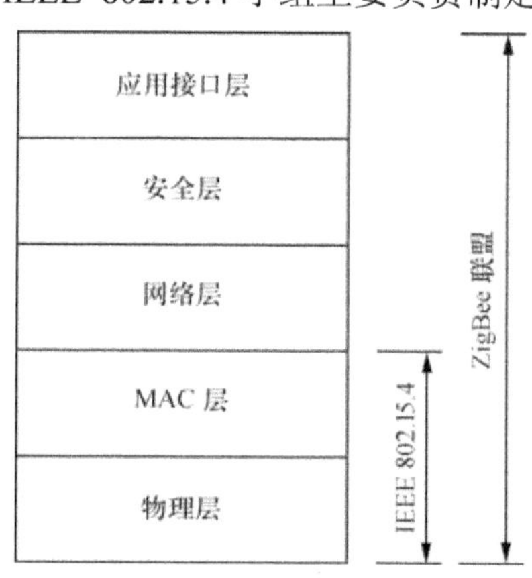

图 6-11 ZigBee 协议架构

ZigBee 协议各层的主要功能如下。

① 物理层。物理层一共划分了 ZigBee 无线传输的 3 个不同工作频率，分别为 868 MHz、915 MHz 和 2.4 GHz。其中前两个频率主要在北美和欧洲使用，2.4 GHz 则在全世界均有使用。在 IEEE 802.15.4 规定的 ZigBee 3 个工作频段中，共包含 27 个 3 种传输速率的信道，其中在 2.4 GHz 频段有 16 个速率为 250 kbit/s 的信道，在 915 MHz 频段中有 10 个 40 kbit/s 的信道，在 868 MHz 频段有 1 个 20 kbit/s 的信道，如图 6-12 所示。

② MAC 层。MAC 层主要实现设备无线链路的建立、维护和断开，确认模式帧的发送与接收，信道接入和控制，帧校验以及快速自动重发请求（Automatic Repeat Request，ARQ），预留时隙管理和广播信息管理。

③ 网络层。网络层 ZigBee 协议主要控制设备进入或离开某个网络、实现设备间路由、发现单跳相邻节点并存储信息等。

④ 安全层。安全层为帧传输提供可靠的安全机制，ZigBee 网络的安全性是在模板中定义的，在模板中可以定义特定网络中实用特定类型的安全性。网络层

和应用层可以分享安全密钥。

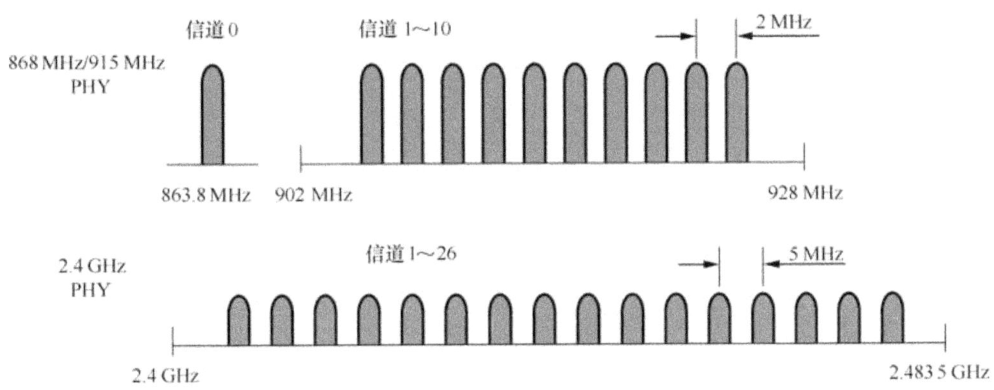

图 6-12　ZigBee 通信频段及其信道划分

⑤ 应用接口层。应用层包含应用子层、ZigBee 设备对象以及应用对象，它对于 ZigBee 开发者而言是最为关键的一层。

ZigBee 定义了 3 种节点：网络协调器节点、网络路由器节点和网络终端节点（End Device）。其中网络协调器节点，负责网络的建立及网络位置的分配；网络路由器节点，负责寻找、建立和修复数据分组路由路径并转发数据分组，也可给子节点配置网络位置；网络终端节点，选择加入已有网络后并传送数据，不具备转发数据功能。由以上 3 种节点构建的网络拓扑结构包括星形拓扑结构、树簇形拓扑结构、网状拓扑结构[19]。

星形拓扑结构由一个协调器和若干从设备组成，如图 6-13（a）所示。协调器负责建立和维护网络，从设备通过协调器实现网络连接，从设备只能与协调器进行通信，与其他从设备的通信也只能通过协调器的转发。协调器是全功能器件（Full Function Device，FFD），一般具有稳定的供电，从设备可以是全功能器件也可以是消减功能器件（Reduced Function Device，RFD），一般用电池供电。这种拓扑结构简单，只能构建节点较少的无线网络。

树簇拓扑结构在星形拓扑的基础上增加若干路由器节点，如图 6-13（b）所示。该结构适合分布在较大的范围内，多个节点连接在一个路由器上形成一个“簇”，多个“簇”再与协调器连接形成“树”。树簇形拓扑网络中的大部分节点是全功能器件，消减功能器件只能作为叶节点处于树枝的末端。

网状拓扑结构在树簇拓扑的基础上，允许网络中所有具有路由功能的节点直接互联，如图 6-13（c）所示。这样可以减少消息传播的时延并增加可靠性，但会增加存储空间开销。

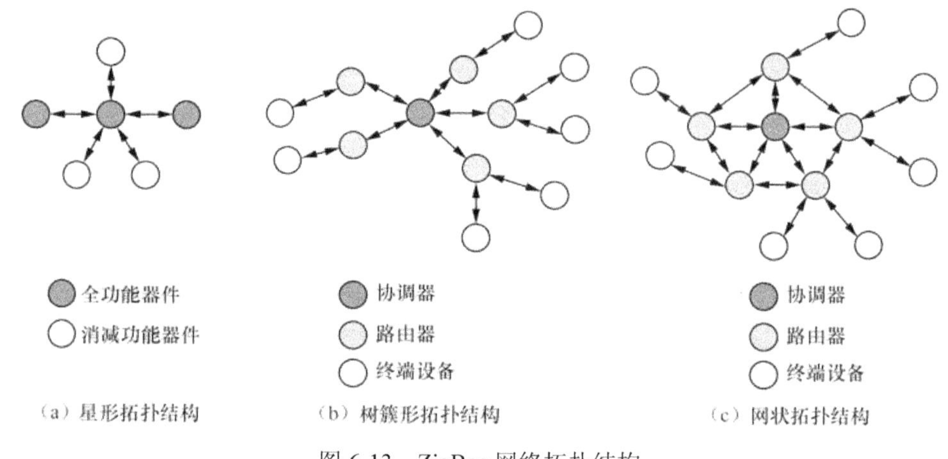

图 6-13 ZigBee 网络拓扑结构

6.5.2 ZigBee 定位技术

ZigBee 网络属于无线个域网范畴，其中的协调器通常是具有稳定供电、较强计算能力的网络设备，但是很多终端节点可能是无线传感器。无线传感器网络定位就是正确地判断网络中盲节点的位置。在此过程中，需要完成两个阶段的任务：第一阶段是测距，主要是计算出待定位的盲节点和其他若干个参考节点之间的距离；第二阶段是定位，最基本的是基于距离的定位，利用测得的距离，借助数学上的理论知识和公式推导，得到盲节点相对于参考节点方位，从而估算出需要定位的盲节点的坐标位置。最后计算出的盲节点位置通过网络传递给终端用户，实现人机交互，从而完成远程用户对网络中盲节点定位的任务。

采用 ZigBee 定位的主要优点[20]有以下几点。

① 低功耗，低成本。ZigBee 技术以易建设、低成本为出发点，其低功耗特性可使其产品的续航时间维持 6 个月甚至到数年，使其在工业应用中具有巨大优势。全功能节点需要 32 K 行代码，子功能节点需要 4 K 行代码，ZigBee 免协议专利费，一个基站不到 1 000 元人民币，每块芯片大概 2 美元。

② 短时延，高容量。从睡眠状态到工作状态只需 15 ms，节点进入网络只需 30 ms。一个主节点可管理 254 个子节点，一层网络可支持 65 000 个节点。

③ 高可靠性，高安全性。网络架构采用避免碰撞机制，同时为重要通信业务提供专用时隙，避免数据发送时产生冲突；节点模块之间具有自组织动态组网能力，信息可以通过自动路由方式进行传输，降低时延，提高可靠性。提供三级安全模式，使用接入控制清单、采用高级加密标准的对称密码加密算法。

④ 近距离，大范围。传输距离为 10～75 m，若使用路由和节点间通信传输

距离可以更远。ZigBee 具有星、树和网状网络结构能力，通过 ZigBee 无线网络拓扑便能简单地覆盖广阔范围。

⑤ 免费灵活的频段。采用直接序列扩频，3 个工作频段均为免执照频段。

2015 年 12 月，ZigBee 联盟宣布与 EnOcean 联盟合作，将结合 ZigBee 3.0 与后者推动的能量采集技术，制定全球性能源采集及无线通信开放式标准，以实现可相容互通且能自行供电的物联网感测器，进而打造更环保的智慧家居生活。

6.5.3 ZigBee 定位实例

目前 ZigBee 无线传感器网络定位的应用主要集中在以下领域。

① 环境监测和保护。环保问题越来越受到重视，需要实时跟踪采集的环境数据也越来越多，无线传感器网络技术为环境监测数据的获取提供了便利，并且还可避免传统数据采集方式给环境带来的人为破坏。无线传感器网络可以跟踪动物种群的变化和候鸟的迁移，研究环境变化对农作物的影响，监测温湿度，监测海洋、大气和土壤的成分等。

② 医疗护理。ZigBee 定位已经延伸到医院的方方面面，包括人员的监控、物资的调度和管理，以及医院内部特殊区域的温度、湿度、烟雾、光线等条件的智能监测、调节和控制等。主要包括以下几个内容：婴儿安全管理、特殊患者管理、医疗人员调度管理、医院特殊重地管理、医疗设备监管以及特殊药品跟踪监管等。

③ 军事领域。由于无线传感器网络具有部署迅速、自组织性好、隐蔽性强等特点，使其在恶劣的战场环境中得到广泛应用。利用 ZigBee 网络定位能够实现对敌军兵力和装备的监控跟踪、战场环境的实时监视、敌我目标的定位、战场人员调度与分配、医护人员对伤员监测与管理等功能。

④ 工业控制及监测。现代化的工业车间、仓库或者厂房，需要对温度、湿度、压力、粉尘以及其他与安全生产相关的数据进行监测，同时需要对货物进行管理，利用 ZigBee 网络进行监控可以有效降低成本。在高危工业场景如矿井、电厂、冶炼厂等，工作人员可通过无线传感器网络进行安全监测，同时也可对工作人员进行跟踪与定位，发生事故时可有效率地开展营救工作。

ZigBee 定位在消防中的应用与工作原理如图 6-14 所示[21]。在基于 ZigBee 的消防员定位系统中，只需消防员携带节点模块进入火场，指挥中心就可以实现对其进行定位，同时在上位机上进行实时监控。消防员进入火场时还可以携带专门用来采集火场某些位置的温度、二氧化碳等环境信息的节点，指挥中心根据参数变化可以判断现场的火势，对于相对严重区域或急需灭火区域进行立即灭火，提高解决问题的预知性和针对性。

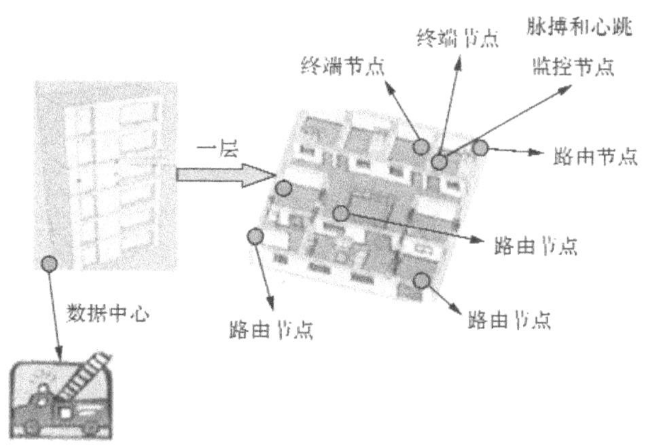

图 6-14　消防员无线定位系统的工作原理

6.6　局域网定位技术比较

上述几种典型的无线局域网定位技术性能比较见表 6-1。其中，基于超宽带的定位系统，定位精度可达厘米级，但这样的定位应用范围较小，需对网络重新部署，并且使用者需要使用专用的信号测量设备，实现成本较高；其他定位方式的精度稍差，同时成本也较低，一般使用信号强度作为定位参考。但是，由于无线局域网一般应用于室内场景，受室内结构、建筑材料、人体吸收等室内复杂因素的影响，信号接收强度容易波动，仅使用接收信号强度很难实现精确定位。因此，根据测量参数的不同，还可以使用基于接收信号到达时间法和基于接收信号到达角度的方法实现定位。

表 6-1　多种无线局域网定位技术性能对比

定位技术	定位精度	抗多径	抗干扰	数据通信	传输距离	建设成本
Wi-Fi	米级	较好	较差	好	远	低
蓝牙	厘米级到米级	较好	差	较好	近	低
RFID	厘米级到米级	较好	较好	较差	近	低
超宽带	厘米级	好	好	好	较近	高
ZigBee	米级	差	较差	较好	远	低

无线局域网主要应用于室内场景，且已经迎来了高速发展的阶段，今后的发展趋势可归纳为以下几点[22]。

① 基于 BLE 定位技术的应用范围会越来越广。随着苹果公司提出的 iBeacon 技术，蓝牙室内定位受到相当大程度的关注。目前基于该技术的信息推送应用在零售业已经获得很大的反响，预期未来 BLE 室内定位技术会更多结合信息推送、移

动支付等应用，并尝试在日常生活中提供个性化服务。

② 采用多种技术结合的混合定位方法，以满足各种室内环境和应用场景的需求，弥补单一技术的局限性。目前越来越多的室内定位解决方案已经将 9 轴或 12 轴惯性传感器技术和无线定位技术融合到一起，并已成为未来发展的趋势。谷歌、Broadcom、CSR（蓝牙与 GPS 芯片生产商）都已提出多种技术融合的解决方案。

③ 室内地图和室内定位数据库会迅速发展，相关技术趋于成熟，以保证快速扩展的能力和定位性能的可靠性。其中的挑战包括地图和数据库的扩展，以及快速有效地产生和维护数据库的技术。

④ 基于位置的应用和服务会更多利用附近的感应和发现。相对定位而言，附近的发现会更简单，因为它并不需要计算精确位置，而只是发现附近的设备就能提供相应的服务。这种技术可以作为室内定位很好的补充，尤其是针对精确定位不容易实现的场景。相关的技术有 LTE Direct、Wi-Fi Direct 及 NFC 等。

⑤ 采用专用的定位引擎来处理定位、运动检测、传感器数据分析、信息融合和地理围栏等。通过专用的处理器来处理运动、情境和定位，可以降低对应用处理器的唤醒，以优化和降低功耗，达到随时随地都知道所处位置的目的。

⑥ 低功耗优化，降低定位功能对移动设备带来的额外功耗以实现随时随地的精准定位，包括前面提到的使用专用定位处理引擎以尽量少唤醒应用处理器，结合运动检测和行为模式的检测来降低功耗，以及通过多种定位技术的融合选择最省电同时满足精度的技术，并关闭或使高功耗的定位技术处于休眠模式，以降低高功耗传感器的使用等。

6.7　本章小结

无线局域网定位主要应用于室内定位，根据信号的特点及网络架构，其定位精度可从厘米级到米级。本章介绍的无线局域网定位技术主要包括 Wi-Fi 定位、蓝牙定位、RFID 定位、UWB 定位以及 ZigBee 定位。从标准、定位方案以及定位实例 3 个方面系统介绍了各个技术的特点，并比较了不同局域网定位技术的性能，最后总结了未来无线局域网定位的发展趋势。

参考文献

[1] 罗利. 基于 Android 的 Wi-Fi 室内定位技术研究[D]. 成都: 西南交通大学, 2014.

[2] 中国联通. 公众无线局域网组网技术要求[S]. 中华人民共和国通信行业标准.
[3] 陆霞. Wi-Fi 定位技术——基于质心定位的三边定位算法的研究[J]. 电脑知识与技术, 2013, (25): 5765-5767.
[4] 沈毅成. 手机与平板没有 GPS？Wi-Fi 定位来相助[EB/OL]. http://article.pchome.net/content-1600677.html.
[5] 徐金荀. 低能耗蓝牙 4.0 协议原理与实现方法[J]. 微型电脑应用, 2012, 28(10): 16-19.
[6] 张浩, 赵千川. 蓝牙手机室内定位系统[J]. 计算机应用, 2011, 31(11): 3152-3156.
[7] 张有光, 杜万, 张秀春, 等. 全球三大 RFID 标准体系比较分析[J]. 中国标准化, 2006, (3): 61-63.
[8] 杨公建. RFID 定位算法研究[D]. 洛阳: 河南科技大学, 2011.
[9] 张健翀. 基于射频识别（RFID）技术室内定位系统研究[D]. 广州: 中山大学, 2010.
[10] BAHL P, PADMANANBHAN V N. PADAR: an in-building RF-based user location and tracking system [C]// IEEE INFOCOM 2000, Nineteenth Annual Joint Conference of the IEEE Computer and Communications Societies, 2000: 775-784.
[11] JEFFREY, WANT R, BORRIELLO G. SpotON: an indoor 3D location sensing technology based on RF signal Strength [R]. University of Washington, Department of Computer Science and Engineering, 2000.
[12] NI L M, YUNHAO L, YIU CHO L, et al. LANDMARC: indoor location sensing using active RFID [C]// Pervasive Computing and Communications, 2003 (PerCom 2003). 2003: 407-415.
[13] YIYANG Z, YUNHAO L, NI L M. VIRE: active RFID-based localization using virtual reference elimination [C]// The 2007 International Conference on Parallel (ICPC 2007), 2007.
[14] 唐春玲. UWB 定位系统研究[D]. 重庆: 西南大学, 2008.
[15] 熊海良. 超宽带无线通信与定位关键技术研究[D]. 西安: 西安电子科技大学, 2011.
[16] 唐恩科技[EB/OL]. http://www.donntech.com/Partners/Partner_Ubisense.
[17] 李文仲, 段朝玉. ZigBee2006 无线网络与无线定位实战[M]. 北京: 北京航空航天大学出版社, 2008.
[18] 吕治安. ZigBee 网络原理与应用开发[M]. 北京：北京航空航天大学出版社, 2008: 119-120.
[19] 董晓瑞. 基于 ZigBee 定位系统设计与实现[D]. 哈尔滨: 哈尔滨理工大学, 2011.
[20] 刘玉峰. 基于 ZigBee 无线传感器网络的室内定位系统研究与设计[D]. 沈阳: 东北大学, 2010.
[21] 董林莲. 基于 ZigBee 技术的消防员定位系统研究与实现[D]. 上海: 东华大学, 2014.
[22] CCID. 2016-2020 年室内定位行业现状调研分析及发展前景报告[R]. 2015.

第 7 章
蜂窝网定位实例——LTE 室内高精度定位

7.1 室内定位的特点

随着 GPS、北斗等卫星定位技术的发展，室外定位技术已经逐步趋于成熟，民用定位精度可达到 10 m，并且广泛应用于人们的日常生活，例如实时手机导航、车载导航等。目前室内定位的市场需求也越来越大，主要包括室内导航（如机场导航）、基于地理围栏的广告推送（如商场促销信息推送）、安全监控（如矿井不安全因素监控）、客流统计分析（如车站和商场的人员流动情况）等。室内定位技术对定位精度要求更高，至少需要达到 3～5 m 的定位精度，并且须能够定位到三维坐标，反映用户所在的楼层等信息[1]。

有需求就有市场，有精度要求就有研究难度，近些年越来越多公司和研究机构投入室内定位技术的研究，下面简要介绍室内定位的影响因素及主要定位技术。

1. 室内定位影响因素

室内定位的空间环境与室外定位不同，无线电波在室内传播的过程中，主要受到以下几个方面的影响。

① 电磁波的物理效应。室内的墙体对无线电波的影响比较大，墙体容易造成电波的折射、散射、反射、绕射、透射和吸收，最明显的影响为反射和吸收。

② 多径传播。在室内环境中，接收天线接收到的信号往往是原信号和各路反射信号的叠加，这种反射信号对原始信号的影响称作多径效应。多径效应在室内环境中是无法避免的，给提取正确的信息带来很大的影响。

③ 人体。定位终端一般是手持设备，离人体比较近，当信号源发出信号时，根据人体的位置、姿势和角度会对信号产生不同程度的影响。

④ 非视距传播问题。室内环境的障碍物较多，很难避免非视距传播的问题，原始信号经过反射到达接收端，信号强度往往会发生比较大的衰减。

⑤ 同频干扰。室内环境比较复杂，可能有多个设备工作在同一频段或者相邻频段，工作在同频或邻频的设备发出的电磁波会干扰定位终端的定位信息，造成定位误差[2]。

2. 室内定位技术

随着现代定位技术的发展，GPS 导航技术为人们的日常生活带来了极大的便利，但是 GPS 导航只能满足室外定位的需求，卫星信号在室内环境衰减太快，通常无法提供可靠的定位精度。基于定位网络的覆盖范围，目前的室内定位技术可分为广域网定位技术和局域网定位技术。

广域网定位技术包括基于移动网络的辅助 GPS（Assisted-GPS，A-GPS）、伪卫星定位（Pseudolite Positioning）、地面数字通信及蜂窝网定位等，都是承载在广域覆盖网络的无线定位方案。下面以 A-GPS 为例说明其原理。传统 GPS 信号受室内环境的影响会导致信号大幅度衰减，定位精度比较低。为了弥补这一缺陷，A-GPS 系统在传统 GPS 基础上增加了辅助服务器，用于辅助终端完成测距和定位服务。A-GPS 技术利用辅助服务器获取卫星星历，再结合移动网络基站信号和传统 GPS 卫星信号进行定位计算，从而提高定位精度和定位速度，终端也可通过与辅助服务器通信来获取定位坐标。广域网室内定位技术虽然可以达到室内定位精度的要求，但是开发周期长、网络部署成本高，所以并非现阶段商业化应用的优选方案。

局域网定位技术，如 Wi-Fi 定位、蓝牙定位、ZigBee 定位和超宽带定位等，都是承载在无线局域网的定位方案。局域网定位技术能实现米级以上定位精度，可满足室内定位的需求，且局域网定位网络具有易于部署、成本相对较低、周期短等特点，使未来局域网定位的商用较广域网而言更易于推动。但是局域网定位相对广域网而言也存在着很明显的劣势：首先，局域网定位只能实现局域的有效定位，覆盖范围不如广域网广泛；其次，局域网无法做到室内外的无缝连接；最后，广域网（例如蜂窝网定位）可以利用现有网络实现定位，合理有效利用网络资源，避免重新建网。本书第 6 章中详细介绍了几种典型的无线局域网定位技术[3]。

无论是广域网定位技术还是局域网定位技术都有其优缺点，合理利用各自的优势，是今后室内定位技术的发展方向之一。本章的主要内容是蜂窝网定位实例——LTE 室内无线定位。蜂窝网定位技术属于典型的广域网定位技术，蜂窝网络的基本结构是由一系列的蜂窝基站组成，这些蜂窝基站将整个通信区域划分成不同的小区，蜂窝网定位就是基于小区基站的定位，基本思路是通过分析不同基站接收的信号，提取有效信息并完成定位解算，进而得到终端的位置。蜂窝网定位根据定位辅助信号的不同可分为上行定位和下行定位；根据定位原理的不同可以分为 TOA 定位、TDOA 定位和 AOA 定位等。此外，蜂窝网定位还能利用 CID 进行辅助定位，提升定位精度。LTE 是第四代移动通信网络，相比传统的 2G、3G 蜂窝网，拥有更高的数据传输速率、更低的网络时延等优势，因此，LTE 室内定位是当前的研究热点之一。本章中介绍的 LTE 室内无线定位技术利用 LTE 上行信号进行定位，定位终端（手机）不需做任何改变，几乎不需要消耗额外的能源，使用简单，只需与现网融合，便可大范围推广，且定位精度可达到米级。

7.2　LTE 网络简介

LTE 网络是 3G 蜂窝网的演进，它改进并增强了 3G 的空口接入技术，采用 OFDM 作为其无线网络演进的核心技术。3GPP 标准中规范了 LTE 网络的主要性能目标[4]如下。

① 在 20 MHz 频谱带宽上提供下行 150 Mbit/s、上行 50 Mbit/s 的峰值速率；

② 改善小区边缘用户的性能；

③ 提高小区容量；

④ 降低系统延迟，用户平面内部单向传输时延低于 5 ms，控制平面从睡眠状态到激活状态迁移时间低于 50 ms，从驻留状态到激活状态的迁移时间小于 100 ms；

⑤ 支持 100 km 半径的小区覆盖；

⑥ 能够为 350 km/h 高速移动用户提供大于 100 kbit/s 的接入服务；

⑦ 支持成对或非成对频谱，并可灵活配置 1.25 MHz 到 20 MHz 多种带宽。

LTE 网络通常包括 3 个主要组件：用户设备（User Equipment，UE）、演进的 UMTS 陆地无线接入网（Evolved UMTS Terrestrial Radio Access Network，E-UTRAN）、演进的分组核心网（Evolved Packet Core，EPC）。其中核心网负责对用户终端的全面控制和有关承载的建立。主要的逻辑节点包括：PDN 网关（Public Data Network Gate Way，P-GW）、业务网关（Serving Gate Way，S-GW）和移动性实体管理（Mobility Management Entity，MME）模块。LTE 中的接入网 E-UTRAN 仅由 eNodeB 组成，eNodeB 之间通过 X2 接口互相连接，通过接口 S1 与 EPC 连接，如图 7-1 所示。

LTE 的上行参考信号（Reference Signal，RS）主要包括两种：解调参考信号（Demodulation RS，DMRS）和探测参考信号（Sounding RS，SRS）。其中 DMRS 主要用于信号估计中的相干解调，SRS 主要用于确定信道质量，使在上行链路中能够进行频率选择性调度。上行参考信号大部分基于 Zadoff-Chu（ZC）序列，具有良好的自相关性和互相关特性，因此本案例中选择 SRS 信号的相关检测用于定位算法中。下面对 SRS 信号作简单的介绍。

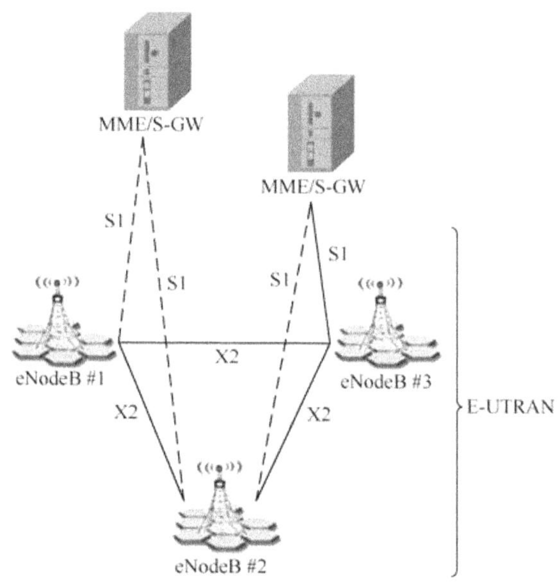

图 7-1　E-UTRAN 总体架构

1. SRS 信号生成

参考信号序列 $r_{u,v}^{(\alpha)}(n)$ 定义为基序列 $\overline{r}_{u,v}(n)$ 的循环移位，即

$$r_{u,v}^{(\alpha)}(n) = \mathrm{e}^{\mathrm{j}\alpha n}\overline{r}_{u,v}(n), \quad 0 \leqslant n < M_{\mathrm{sc}}^{\mathrm{RS}} \tag{7-1}$$

其中，参考信号序列长度 $M_{\mathrm{sc}}^{\mathrm{RS}} = mN_{\mathrm{sc}}^{\mathrm{RB}}$，$N_{\mathrm{sc}}^{\mathrm{RB}} = 12$。多个参考信号序列可由一个基序列和不同的循环移位值 α 得到。序列组号 u 和组内序号 v 随时间而变化，详见文献[5]中 5.5.1.3 节和 5.5.1.4 节。

（1）长度为 $3N_{\mathrm{sc}}^{\mathrm{RB}}$ 或更长的基序列

对 $M_{\mathrm{sc}}^{\mathrm{RS}} \geqslant 3N_{\mathrm{sc}}^{\mathrm{RB}}$，基序列 $\overline{r}_{u,v}(0),\cdots,\overline{r}_{u,v}(M_{\mathrm{sc}}^{\mathrm{RS}}-1)$ 由下式得到。

$$\overline{r}_{u,v}(n) = x_q(n \bmod N_{\mathrm{ZC}}^{\mathrm{RS}}), \quad 0 \leqslant n < M_{\mathrm{sc}}^{\mathrm{RS}} \tag{7-2}$$

其中，第 q 个根 ZC 序列定义为

$$x_q(m) = \mathrm{e}^{-\mathrm{j}\frac{\pi q m(m+1)}{N_{\mathrm{ZC}}^{\mathrm{RS}}}}, \quad 0 \leqslant m \leqslant N_{\mathrm{ZC}}^{\mathrm{RS}} - 1 \tag{7-3}$$

其中，q 由下式得到，即

$$q = \lfloor \overline{q} + 1/2 \rfloor + v(-1)^{\lfloor 2\overline{q} \rfloor} \tag{7-4}$$

$$\overline{q}=N_{\mathrm{ZC}}^{\mathrm{RS}}(u+1)/31 \tag{7-5}$$

ZC 序列的长度 $N_{\mathrm{ZC}}^{\mathrm{RS}}$ 取值为满足 $N_{\mathrm{ZC}}^{\mathrm{RS}}<M_{\mathrm{sc}}^{\mathrm{RS}}$ 的最大素数。

（2）长度小于 $3N_{\mathrm{sc}}^{\mathrm{RB}}$ 的基序列

当 $M_{\mathrm{sc}}^{\mathrm{RS}}=N_{\mathrm{sc}}^{\mathrm{RB}}$ 和 $M_{\mathrm{sc}}^{\mathrm{RS}}=2N_{\mathrm{sc}}^{\mathrm{RB}}$ 时，基序列由下式给出。

$$\overline{r}_{u,v}(n)=\mathrm{e}^{\mathrm{j}\phi(n)\pi/4},\quad 0\leqslant n\leqslant M_{\mathrm{sc}}^{\mathrm{RS}}-1 \tag{7-6}$$

其中，$\varphi(n)$ 值见文献[5]表 5.5.1.2-1 和表 5.5.1.2-2，分别对应于 $M_{\mathrm{sc}}^{\mathrm{RS}}=N_{\mathrm{sc}}^{\mathrm{RB}}$ 和 $M_{\mathrm{sc}}^{\mathrm{RS}}=2N_{\mathrm{sc}}^{\mathrm{RB}}$。

2. SRS 信号的子帧配置

如果 SRS 在某个子帧上发送，则 SRS 将占据该子帧的最后一个符号，如图 7-2 所示。如果最后一个 SC-FDMA 符号分配给了 SRS，则该符号不能用于 PUSCH 传输。在极限情况下（每个子帧都有 SRS 传输），SRS 会占用大约 7%（1/14）的开销。

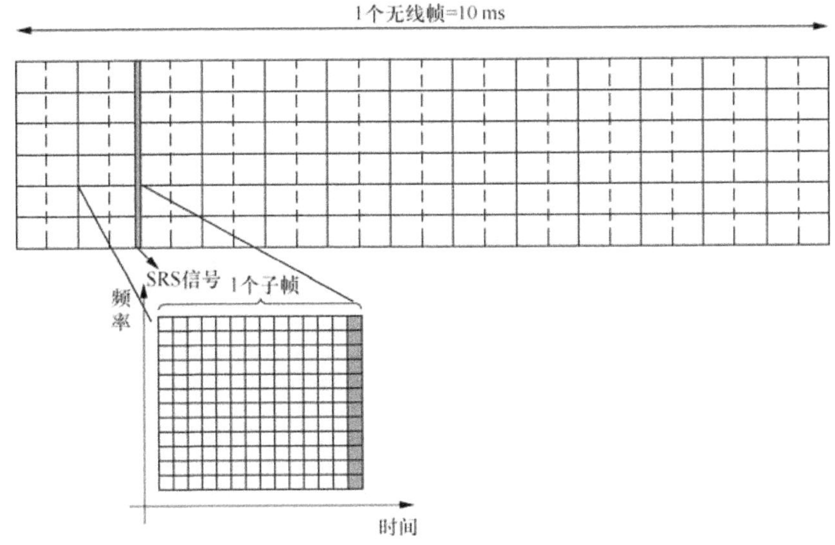

图 7-2　SRS 信号的子帧配置

3. SRS 信号的周期

SRS 信号周期是基于每个服务小区级别来配置，其取值集合为{2, 5, 10, 20, 40, 80, 160, 320} ms。“每个服务小区级别”包含了两层含义：① 接入到同一服务小区的所有 UE 的周期是相同的；② 如果 UE 配置了多个服务小区（载波聚合），则对应不同的服务小区，可以有不同的 SRS 周期配置。

4. SRS 信号的带宽

$M_{\mathrm{sc},b}^{\mathrm{RS}}$ 是 SRS 信号序列的长度，其计算方法如下。

$$M_{\mathrm{sc},b}^{\mathrm{RS}} = m_{\mathrm{SRS},b} N_{\mathrm{sc}}^{\mathrm{RB}} / 2 \tag{7-7}$$

其中，$m_{\mathrm{SRS},b}$ 由 C_{SRS} 和 B_{SRS} 共同决定。小区指定的参数 srs_Bandwidth_Configuration $C_{\mathrm{SRS}} \in \{0,1,2,3,4,5,6,7\}$ 和 UE 指定的参数 srs_Bandwidth $B_{\mathrm{SRS}} \in \{0,1,2,3\}$ 由高层给出。式（7-7）中“除以 2”的原因是 SRS 的参考信号序列是每隔一个子载波映射的，即“梳状”频谱导致的。

5. SRS 信号的参数配置

根据标准，SRS 可配置的参数以及取值范围见表 7-1。

表 7-1 SRS 配置参数

参数	名称	取值范围
NRBUL	上行带宽	6～110 NRB
T_{SRS}	UE 指定的 SRS 传输周期	表 8-2-1[6]
T_{offset}	SRS 子帧偏移量	表 8-2-1[6]
B_{SRS}	RRC 中 srs_Bandwidth	0～3
C_{SRS}	SIB2 中 srs_Bandwidth_Configuration	0～7
k_{TC}	频率偏移	0/1
b_{hop}	跳变带宽	0～3
n_{RRC}	频域位置	0～23
delta_ss	序列组偏移量，高层配置	0～29
group_hop_enable	组跳转使能参数	0/1
seq_hop_enable	序列跳转使能参数	0/1
timeshift	序列循环移位	0～7
β_{SRS}	幅度因子	0～1

7.3 LTE 室内高精度定位系统架构

基于 LTE 的室内高精度定位系统包括无线信号观测点（天线）、定位设备处理器和用户位置信息服务器，如图 7-3 所示。其中基站与观测天线的接口用来传送 LTE 上行信号，多个天线组成天线簇，不同簇间的天线可以不同步。定位设备处理器用于射频前端信号处理，获取天线簇内的用户信号时间差。用户位置信息服务器负责处理来自多个天线簇的检测结果，通过创新定位算法获取用户位置信息，并且完成用户位置信息的存储与更新。该系统的信号处理流程如图 7-4 所示。

无线定位设备需要从基站获取多用户 SRS 信号的时频域与码字信息，并且实现单用户 SRS 信号的提取功能，通过对不同天线接收到的信号与本地信号相关，得到信号的 TDOA，将天线位置和相应的 TDOA 作为无线定位算法的输入参数，然后通过定位算法实现用户定位。用户位置信息通过有线/无线传输回传到用户位置信息服务器上，并且需要对用户位置信息数据库进行周期性（或者触发性）更新。

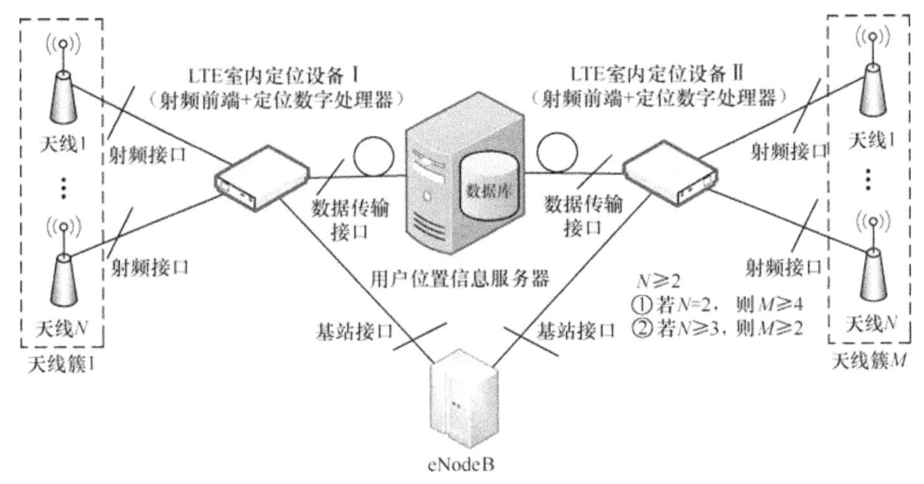

图 7-3　LTE 室内定位系统架构

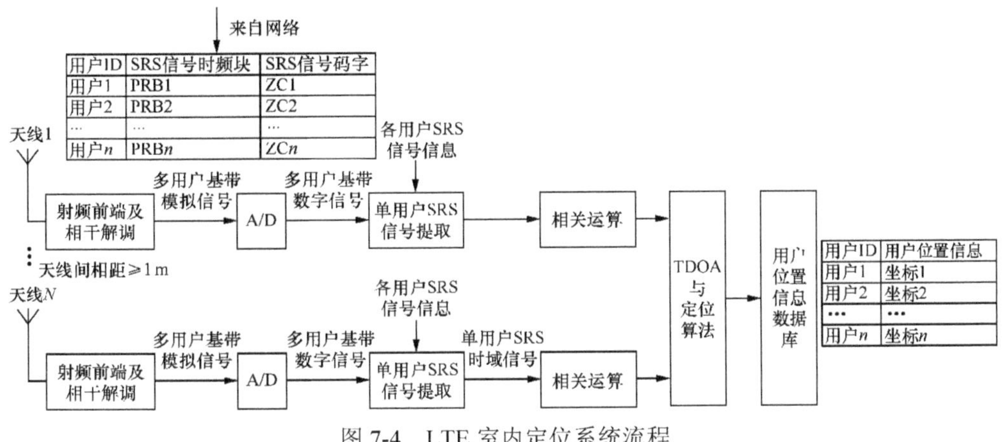

图 7-4　LTE 室内定位系统流程

7.4　LTE 室内定位基本原理

7.4.1　SRS 信号相关性能分析

在 LTE 系统中，SRS 信号为了进行精确信号估计而须具有良好的自相关特性，同时为了减少小区干扰，不同 SRS 之间须具有良好的互相关特性。如 7.2 节中介绍，SRS 信号由 ZC 序列生成，长度为 N_{ZC}^{RS} 的 ZC 序列是在频域中循环扩展而得到的，保留了恒定幅度（频域）和循环移位正交的特性。

在 3GPP LTE 标准中，SRS 信号产生过程如图 7-5 所示，产生的 ZC 序列需要通过 IFFT 变换到时域。ZC 序列有一个固有特性，就是在 IFFT 变换后仍然保持良好的自相关特性。图 7-6 分别给出了 SRS 信号在频域中的自相关特性，及其在 IFFT 变换后的时域自相关特性的仿真结果，可见其自相关峰值都非常清晰。在噪声和多用户条件下，SRS 信号仍然具有良好的自相关特性，如图 7-7 所示。这里多用户是指在同一小区下的多个用户同时发射 SRS 信号，用户间通过 ZC 序列的不同循环位移来区分。综上，SRS 仍然具有良好的自相关性，因而可将其用于信号的到达时间检测；进一步地，可将检测到的时间参数用于定位算法，实现在 LTE 系统中的用户定位功能。

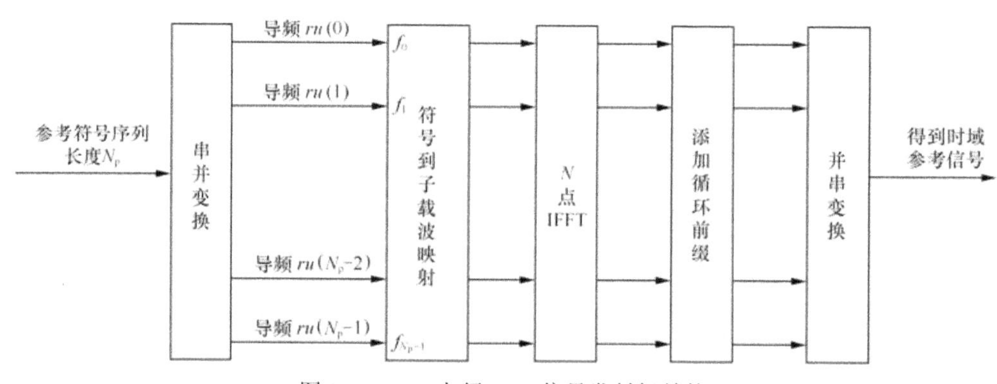

图 7-5　LTE 上行 SRS 信号发射机结构

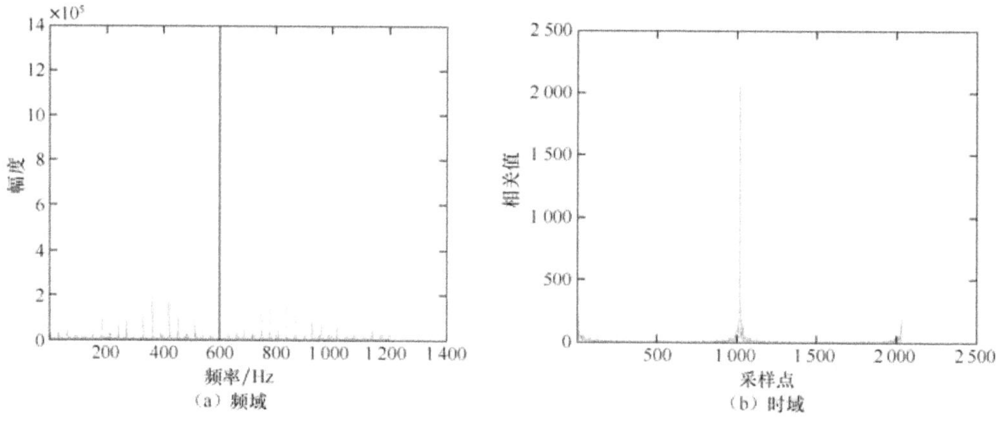

图 7-6　SRS 信号在时/频域的自相关特性

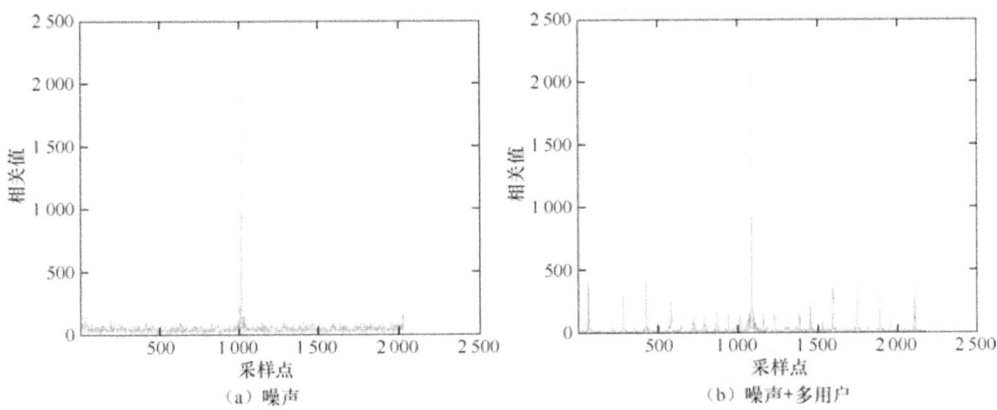

图 7-7　SRS 信号在噪声及多用户条件下的自相关特性

7.4.2　定位算法原理

为满足室内定位的高精度要求，定位系统对定位算法的收敛速度、可靠性等性能提出了很高的要求。本章 LTE 室内定位系统采用基于 TDOA 测量的定位算法——非线性最小二乘（Non-Linear Least Square，NLLS）迭代算法，将定位测量问题建模成非线性最小二乘问题，通过近似泰勒展开和循环迭代收敛到估计位置，具有定位精度高、收敛速度快等特点[7, 8]。

但是，NLLS 算法对迭代运算的初始点选取比较敏感，需要考虑其他辅助方法进行粗略估计，为其提供一个初始点或区域。因此，一般改进后的算法包括两个步骤：粗估计和精估计。具体地，首先通过粗估计的方法得到目标源位置或者区域；然后将粗估计结果作为迭代初始点，利用 NLLS 算法得到用户的精确位置。

1. 非线性最小二乘迭代算法原理

假设 $\boldsymbol{\theta}$ 为未知的目标源用户位置，其发射包含 SRS 信号的 LTE 上行信号。定位设备配置一个或多个接收天线簇，假设某一簇接收天线包含 M 个接收天线单元，其位置信息表示为 $(\boldsymbol{v}_1,\cdots,\boldsymbol{v}_M)$。$d_m(\boldsymbol{\theta})=\|\boldsymbol{\theta}-\boldsymbol{v}_m\|$ 表示该簇中第 m 个天线与目标源的距离，m=1,…, M。下面分别介绍单簇与多簇接收天线场景下的定位方法。

（1）单簇接收天线

首先，讨论定位设备配置单簇接收天线的场景。假设接收天线 1 为该簇中 TDOA 测量的参考天线，第 m 个接收天线相比参考天线 1 的第 i 次测量的距离差可以记为

$$r_{m,1}(i)=d_m(\boldsymbol{\theta})-d_1(\boldsymbol{\theta})+b_m-b_1+n_m(i)-n_1(i) \tag{7-8}$$

其中，$d_m(\boldsymbol{\theta})$ 表示第 m 个天线与目标源之间的距离，$n_m(i)$ 是方差为 σ_m^2 的高斯随

机变量，表示第 i 次的测量误差；b_m 为第 m 根天线测量距离的固有偏差，一般可认为是由 NLOS 传播等因素造成。

一般地，NLOS 链路可以被检测，同时 NLOS 偏差可以认为是准静态的。在后续的算法推导中，可以认为 NLOS 偏差可以不考虑或者通过其他的途径进行补偿，它并不影响算法的相关性能和改进。这里，测量的距离差可以认为是直视径测量得到，由测量到达时间差可以直接计算得到。所以，下面可以简化测量距离差为

$$r_{m,1}(i)=d_m(\boldsymbol{\theta})-d_1(\boldsymbol{\theta})+n_m(i)-n_1(i) \tag{7-9}$$

假设测量 N 次，对所有 N 次测量取平均，有

$$\overline{r}_{m,1}=d_m(\boldsymbol{\theta})-d_1(\boldsymbol{\theta})+\overline{n}_m-\overline{n}_1 \tag{7-10}$$

其中，$\overline{r}_{m,1}=\frac{1}{N}\sum_{i=1}^{N}r_{m,1}(i)$，$\overline{n}_m=\frac{1}{N}\sum_{i=1}^{N}n_m(i)$。

对天线簇所有 M–1 个相对距离观测信息，可以记为矩阵形式

$$\overline{\boldsymbol{r}}_1=\boldsymbol{d}_1(\boldsymbol{\theta})+\overline{\boldsymbol{n}}_1 \tag{7-11}$$

其中，$\boldsymbol{\theta}$ 为待估计的位置向量，$\overline{\boldsymbol{r}}_1=\left[\overline{r}_{2,1},\overline{r}_{3,1},\cdots,\overline{r}_{M,1}\right]$，$\boldsymbol{d}_1(\boldsymbol{\theta})=\left[d_2-d_1,\cdots,d_M-d_1\right]$，$\overline{\boldsymbol{n}}_1=\left[\overline{n}_2-\overline{n}_1,\cdots,\overline{n}_M-\overline{n}_1\right]$。$\overline{\boldsymbol{n}}_1$ 是高斯噪声向量，其协方差矩阵记为

$$\boldsymbol{C}=\begin{bmatrix}\sigma_2^2+\sigma_1^2 & \sigma_1^2 & \cdots & \sigma_1^2\\ \sigma_1^2 & \sigma_3^2+\sigma_1^2 & \cdots & \sigma_1^2\\ \vdots & \vdots & \ddots & \vdots\\ \sigma_1^2 & \sigma_1^2 & \cdots & \sigma_M^2+\sigma_1^2\end{bmatrix} \tag{7-12}$$

对非线性的 $\boldsymbol{d}_1(\boldsymbol{\theta})$ 函数关于初始位置信息 $\boldsymbol{\theta}_0$ 做一阶泰勒展开得

$$\boldsymbol{d}_1(\boldsymbol{\theta})\approx\boldsymbol{d}_1(\boldsymbol{\theta}_0)+\dot{\boldsymbol{d}}_1(\boldsymbol{\theta}_0)(\boldsymbol{\theta}-\boldsymbol{\theta}_0) \tag{7-13}$$

其中，$\dot{\boldsymbol{d}}_1(\boldsymbol{\theta}_0)=\left[\frac{\partial\boldsymbol{d}_1(\boldsymbol{\theta})}{\partial x}\quad\frac{\partial\boldsymbol{d}_1(\boldsymbol{\theta})}{\partial y}\quad\frac{\partial\boldsymbol{d}_1(\boldsymbol{\theta})}{\partial z}\right]_{\boldsymbol{\theta}=\boldsymbol{\theta}_0}$

设第 m 个接收点已知的坐标为 $(x_{m+1},y_{m+1},z_{m+1})$，根据距离与坐标之间的代数关系，有

$$\frac{\partial d_1(\boldsymbol{\theta})_m}{\partial x}=\frac{x-x_m}{d_m}-\frac{x-x_1}{d_1} \tag{7-14}$$

$$\frac{\partial d_1(\boldsymbol{\theta})_m}{\partial y}=\frac{y-y_m}{d_m}-\frac{y-y_1}{d_1} \tag{7-15}$$

$$\frac{\partial d_1(\boldsymbol{\theta})_j}{\partial z} = \frac{z - z_m}{d_m} - \frac{z - z_1}{d_1} \tag{7-16}$$

所以，所有 M 个观测点的相对位置信息可以记为

$$\overline{\boldsymbol{r}_1} \approx \boldsymbol{d}_1(\boldsymbol{\theta}_0) + \dot{\boldsymbol{d}}_1(\boldsymbol{\theta}_0)(\boldsymbol{\theta} - \boldsymbol{\theta}_0) + \overline{\boldsymbol{n}}_1 \tag{7-17}$$

不考虑 NLOS 误差，定义如下代价函数（Cost Function，CF）为

$$\min \boldsymbol{J}(\boldsymbol{x}) = \left(\boldsymbol{r} - \boldsymbol{d}_m(\boldsymbol{\theta}) + \boldsymbol{d}_1(\boldsymbol{\theta})\right)^{\mathrm{T}} \boldsymbol{R}^{-1} \left(\boldsymbol{r} - \boldsymbol{d}_m(\boldsymbol{\theta}) + \boldsymbol{d}_1(\boldsymbol{\theta})\right) \tag{7-18}$$

根据最小二乘原理求解 $\boldsymbol{\theta}$，得到 $\boldsymbol{\theta}$ 的最大似然估计为

$$\hat{\boldsymbol{\theta}} = \boldsymbol{\theta}_0 + \left(\dot{\boldsymbol{d}}(\boldsymbol{\theta}_0)^{\mathrm{T}} \boldsymbol{C}^{-1} \dot{\boldsymbol{d}}(\boldsymbol{\theta}_0)\right)^{-1} \dot{\boldsymbol{d}}(\boldsymbol{\theta}_0)^{\mathrm{T}} \boldsymbol{C}^{-1} \left(\overline{\boldsymbol{r}_1} - \boldsymbol{d}(\boldsymbol{\theta}_0)\right) \tag{7-19}$$

然后，可以利用如上估计的位置作为初始位置，再经过迭代运算估计出最终收敛的位置。具体定位算法实现的基本步骤如下。

步骤 1：信息采集。

① 所有接收点位置坐标 (x_m, y_m, z_m)，其中 $m = 1, \cdots, M$；

② N 次测量各接收点到参考点信号的 TDOA 矩阵。

步骤 2：信息处理与初始化。

① 迭代初始目标点位置为 $\boldsymbol{\theta}_0$；

② 平均测量距离差矩阵 $\overline{\boldsymbol{r}}$，由测量 N 次 TDOA 取平均得到；

③ 距离差函数 $\boldsymbol{d}_1(\boldsymbol{\theta})$ 及其在上个估计点 $\boldsymbol{\theta}_0$ 处的一阶导 $\dot{\boldsymbol{d}}_1(\boldsymbol{\theta}_0)$；

④ 测量噪声协方差矩阵 $\boldsymbol{C}$。

步骤 3：位置迭代计算。

代入 $\boldsymbol{\theta}_0$ 到 $\boldsymbol{\theta}$ 的最大似然估计式，得到估计位置 $\boldsymbol{\theta}_m$；判断是否满足收敛条件 $\|\boldsymbol{\theta}_m - \boldsymbol{\theta}_0\| \leqslant \varepsilon_{\boldsymbol{\theta}}$。如果满足，则停止迭代跳出执行步骤 4；否则继续迭代，令 $\boldsymbol{\theta}_0 = \boldsymbol{\theta}_m$，回到执行步骤 3 的第 1 步。

步骤 4：估计位置输出。

返回输出最后的估计位置 $\hat{\boldsymbol{\theta}}_m$，直到满足收敛条件或迭代循环结束。

（2）多簇接收天线

多簇接收天线场景下的 TDOA 算法流程与单簇场景基本一致，只是更多的天线检测信号为定位计算提供了冗余信息，通常这些信息能够提高定位精度。此外，不同天线簇之间不需要同步，这也在一定程度上降低了对通信系统的同步要求，有利于网络部署及应用推广。

为了方便描述，本节仅以两簇接收天线为例介绍其定位方法。将两组接收点的相对距离信息记为

$$\bar{\boldsymbol{r}}_1^{\mathrm{A}} \approx \boldsymbol{d}_1^{\mathrm{A}}(\boldsymbol{\theta}_0) + \dot{\boldsymbol{d}}_1^{\mathrm{A}}(\boldsymbol{\theta}_0)(\boldsymbol{\theta} - \boldsymbol{\theta}_0) + \bar{\boldsymbol{n}}_1^{\mathrm{A}} \tag{7-20}$$

$$\bar{\boldsymbol{r}}_1^{\mathrm{B}} \approx \boldsymbol{d}_1^{\mathrm{B}}(\boldsymbol{\theta}_0) + \dot{\boldsymbol{d}}_1^{\mathrm{B}}(\boldsymbol{\theta}_0)(\boldsymbol{\theta} - \boldsymbol{\theta}_0) + \bar{\boldsymbol{n}}_1^{\mathrm{B}} \tag{7-21}$$

其中，上角标 A、B 分别代表两组观测点的组号。将上述信息记为分块矩阵的形式，可得

$$\bar{\boldsymbol{r}} \approx \boldsymbol{d}(\boldsymbol{\theta}_0) + \dot{\boldsymbol{d}}(\boldsymbol{\theta}_0)(\boldsymbol{\theta} - \boldsymbol{\theta}_0) + \bar{\boldsymbol{n}} \tag{7-22}$$

其中，$\bar{\boldsymbol{r}} = \begin{bmatrix} \bar{\boldsymbol{r}}_1^{\mathrm{A}} \\ \bar{\boldsymbol{r}}_1^{\mathrm{B}} \end{bmatrix}$，$\boldsymbol{d}(\boldsymbol{\theta}_0) = \begin{bmatrix} \boldsymbol{d}_1^{\mathrm{A}}(\boldsymbol{\theta}_0) \\ \boldsymbol{d}_1^{\mathrm{B}}(\boldsymbol{\theta}_0) \end{bmatrix}$，$\dot{\boldsymbol{d}}(\boldsymbol{\theta}_0) = \begin{bmatrix} \dot{\boldsymbol{d}}_1^{\mathrm{A}}(\boldsymbol{\theta}_0) \\ \dot{\boldsymbol{d}}_1^{\mathrm{B}}(\boldsymbol{\theta}_0) \end{bmatrix}$，$\bar{\boldsymbol{n}} = \begin{bmatrix} \bar{\boldsymbol{n}}_1^{\mathrm{A}} \\ \bar{\boldsymbol{n}}_1^{\mathrm{B}} \end{bmatrix}$。

最后，采用最大似然估计方法求解，则可得出收敛的用户估计位置。

多簇接收天线场景下，可以进行算法优化，例如引入辅助信息的筛选机制。首先，可以设置筛选门限，剔除明显错误或坏的 TDOA 值；或者，合理选取参考天线，采用有效的接收天线矩阵和 TDOA 进行迭代计算；除此之外，还可以一些估计算法优化 TDOA 选择，通过有效信息筛选能很大程度上提高定位算法的输入参数质量，同时降低 TDOA 矩阵的计算复杂度，而有效提升定位算法精度。

具体地，下面给出一种 TDOA 优化算法流程，它主要借鉴了数据聚类的基本原理，通过不同选择的 TDOA 组合得到的定位结果估计最可能的定位位置，反过来判别，折中选择较优的一部分 TDOA 进行计算，以提高定位的准确性和可靠性。这样，既去除了冗余信息的干扰，同时又最大程度利用系统所有的输入信息。该优化算法与基本算法的性能对比分析将在后文给出。基于 TDOA 筛选的优化算法实现步骤如下。

步骤 1：初步选择。

对所有的 TDOA（N个），依接收天线间距设置 TDOA 门限，剔除超出门限的 TDOA。记初步选择后的 TDOA 数量为 N_1。

步骤 2：精确选择。

① 随机从初选后的 TDOA 中选择出 s（$0 < s \leqslant N_1$）个 TDOA，共 $C_{N_1}^s$ 种情况，依次代入基本算法并计算出 $C_{N_1}^s$ 个估计位置；

② 对估计的所有位置按照空间等分的原则聚类，设共分为 J 个格子，统计所有出现估计点的格子的累积概率；并排序得到聚集最密的格子 $j_{\max}$ 和对应的 L 个估计位置，其中 $0 < L \leqslant C_{N_1}^s$；

③ 进一步，选择上述 L 个估计位置中 K 个最邻近的点，$0 < K \leqslant L$，并统计这 K 个估计位置对应采用的 TDOA（记数目为 N_2，$s \leqslant N_2 \leqslant N_1$）及其频次；取

其中频次排序前 T 的 TDOA 作为最后优化选择后的 TDOA 集合，其中 $s \leqslant T \leqslant N_2$。

步骤 3：利用优化选择后的 T 个 TDOA，按照基本算法计算出最后的估计位置。

2. 理论仿真与性能评估

定位算法的理论性能仿真，可为定位系统性能分析提供理论依据，对工程评估和性能优化也有一定的指导价值。为分析定位系统的定位误差累积概率分布（Cumulative Distribution Function，CDF）性能，仿真评估的内容主要包括以下几个方面：测量估计误差、接收天线簇数目、天线簇分布位置、定位算法优化（TDOA 优化选择算法）等。

假设该 LTE 室内定位系统部署在一个规整的房间（5 m×10 m×2.8 m）里，如图 7-8 所示，在墙壁上不同位置分布 1～5 个接收天线簇，每簇包括 4 根天线且天线间距相同，簇间天线不要求严格同步。假设用户均匀撒点分布在房间内，下面仿真分别对应给出不同条件下的用户统计分析结果。

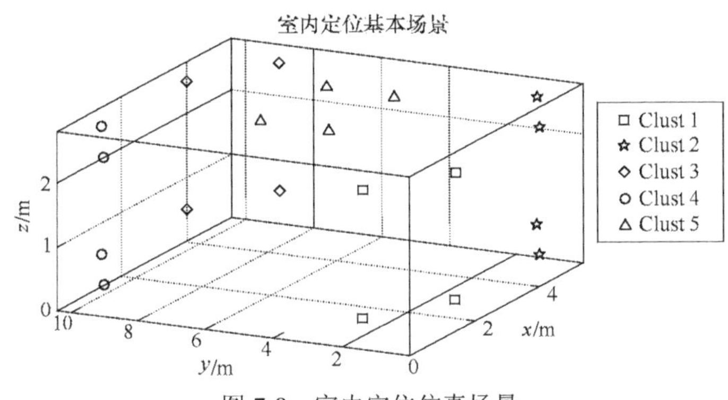

图 7-8　室内定位仿真场景

（1）测量估计误差的影响

假设每个接收点的测量估计误差服从 AWGN 的独立同分布，采用两簇天线（Clust 1 和 Clust 2），用户均匀撒点 500 次，分别给出了不同测量误差方差 $\delta=\{0.2, 0.4, 0.6, 0.8, 1\}$下的定位误差累积概率分布曲线。如图 7-9 所示，随着测量估计误差的增大，定位精度随之下降，而本算法仍能有良好的定位性能，定位误差相对测量误差有明显提高。例如，$\delta=1$ 时，基于 80%的用户统计情况，根据正态分布估计测量误差约为 1.3 m，而定位误差约为 0.6 m，说明定位算法有很好的定位性能。

（2）接收天线簇数目的影响

根据图 7-8 的天线分布，给出了不同天线簇数目（1～5 簇）对定位性能的影响，其中天线一簇时位于房屋顶部（Clust 1），而后依次沿房间四周增多。假设测量误差均服从独立同分布（$\varepsilon \sim N(0, 1)$）。图 7-10 给出的仿真结果表明，该定位算法支持单簇或者多簇接收天线，且不要求天线簇间严格同步。多簇联合定位算法相比单簇算法性能有大幅性能增益，且随着天线簇数增加性能增益幅度减缓。特别地，统计定位误差小于等于 1 m 的用户累积分布情况，两簇天线可达 96%的用户，相比一簇（50%）有明显提高。

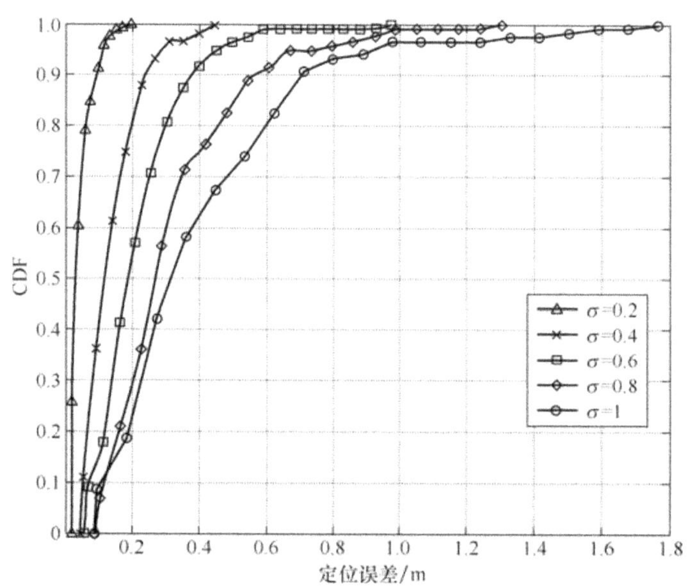

图 7-9　不同测量误差对定位误差的影响

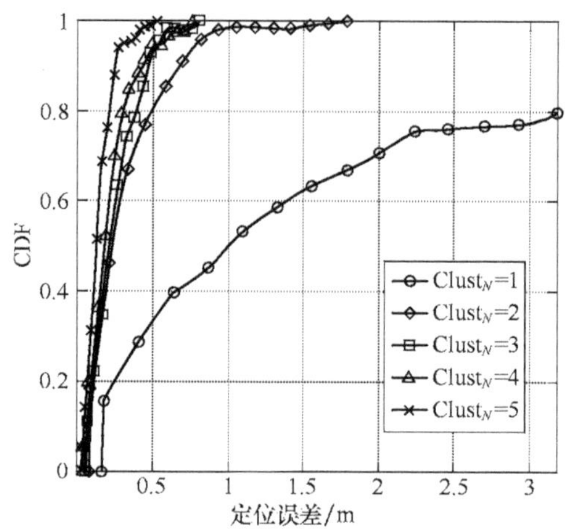

图 7-10　不同天线簇数目对定位性能的影响

（3）天线簇分布位置的影响

为评估不同天线簇分布位置对定位系统性能的影响，选取了 3 个典型的特殊部署场景，场景 1：均匀部署在房屋四周墙壁上。场景 2：部署在房屋四周角落。场景 3：部署在屋顶。各簇内天线间距保持一致（2 m）且均匀分布（$\varepsilon \sim N(0,1)$）。图 7-11 给出了 3 种场景的天线部署。

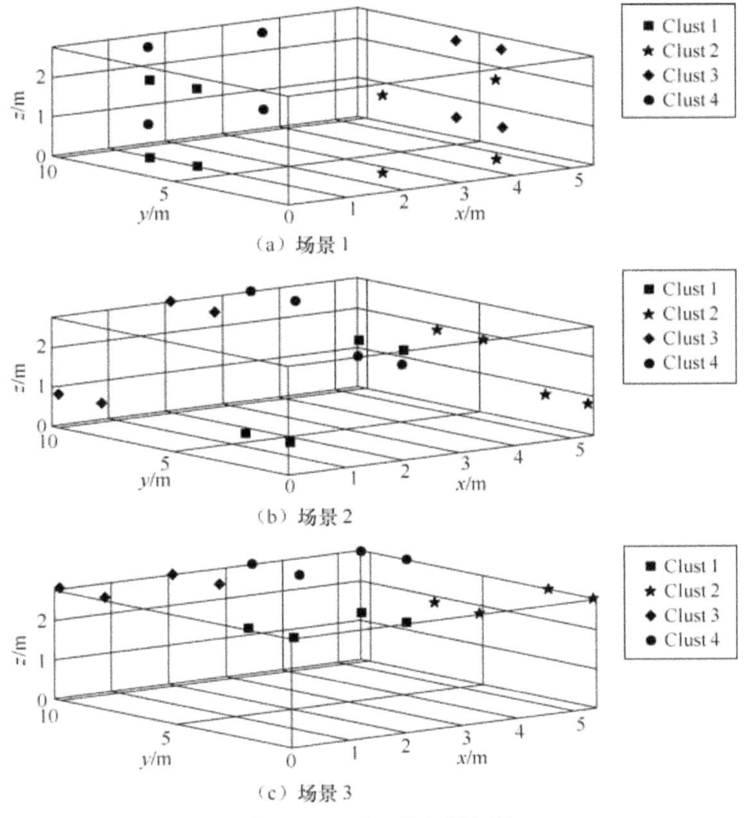

（a）场景 1

（b）场景 2

（c）场景 3

图 7-11　3 种天线部署场景

天线部署位置的不同，很大程度上会对接收信号的多径传播、非视距传播等引起的测量偏差造成重要影响。假设用户在房间内均匀撒点分布（500 次），如图 7-12 所示，仿真给出了上述 3 种场景的定位误差的累积分布概率图。得到结论如下：天线位置部署与定位性能关系密切，不同天线部署的定位性能会有很大的差异。天线部署应尽量考虑覆盖接收范围与定位目标区域的重叠匹配，以提高定位成功率。

具体地，对定位误差 1 m 及以内的用户统计分析，场景 1 大概有 98%的用户，场景 2 大概有 95%，而场景 3 只有 90%的用户，场景 1 明显优于场景 2、场景 3。因此，针对上述假设的 3 个特殊天线部署案例，可初步发现，场景 1（天线簇均匀地分布在四周墙壁）较另外两种场景的性能要好，建议天线部署时参考场景 1 的分布。

但是，以上的初步结论具有一定的局限性，不适用于所有的实验环境，实际上室内的其他环境因素、天线类型等都可能会影响定位性能。

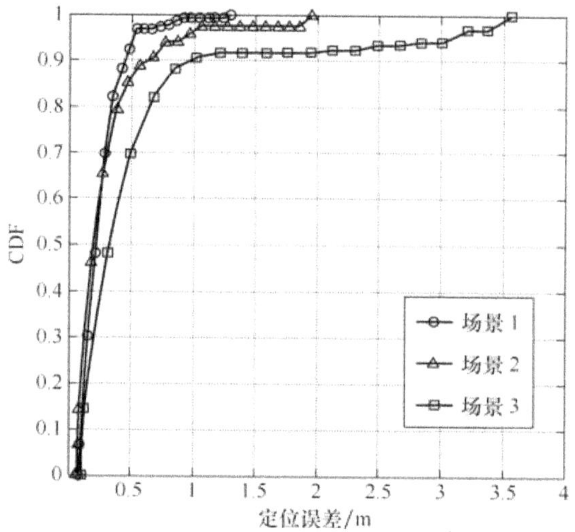

图 7-12　不同天线簇分布位置对定位性能的影响

（4）定位优化算法的性能评估

假设各天线均匀分布在房间四周且测量误差均服从独立同分布（$\varepsilon \sim N(0, 1)$），用户均匀撒点 500 次，图 7-13 给出了不同天线簇数目（3～5 簇）下基于 TDOA 选择的优化算法与基本算法的性能对比结果。接收天线与簇内参考接收天线之间的距离，可以初设作为 TDOA 测量值优化选择的判决门限，实现有效观测信息的提取。很明显，对于不同天线簇数目，采用基于 TDOA 筛选的优化算法较基本算法有 6%～12%的增益。

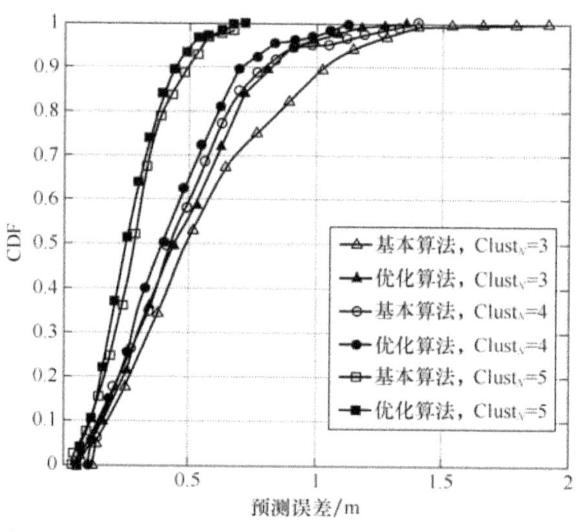

图 7-13　改进的 TDOA 优化选择方案对定位性能的影响

7.5 LTE 的室内高精度定位系统

LTE 高精度室内定位系统架构如图 7-14 所示，主要包括 4 部分：① 信号源，用于发送参数可配置的 LTE 信号；② LMU 单元，接收信号与本地 SRS 信号相关，计算相对传播时间；③ 网络接口，采用有线或无线网络，将 LMU 单元的参数传送至服务器；④ 本地服务器，以天线位置坐标和相应的 TDOA 为输入参数，计算出移动终端的位置，同时利用惯导信息对散点坐标进行优化，得到目标用户的轨迹。

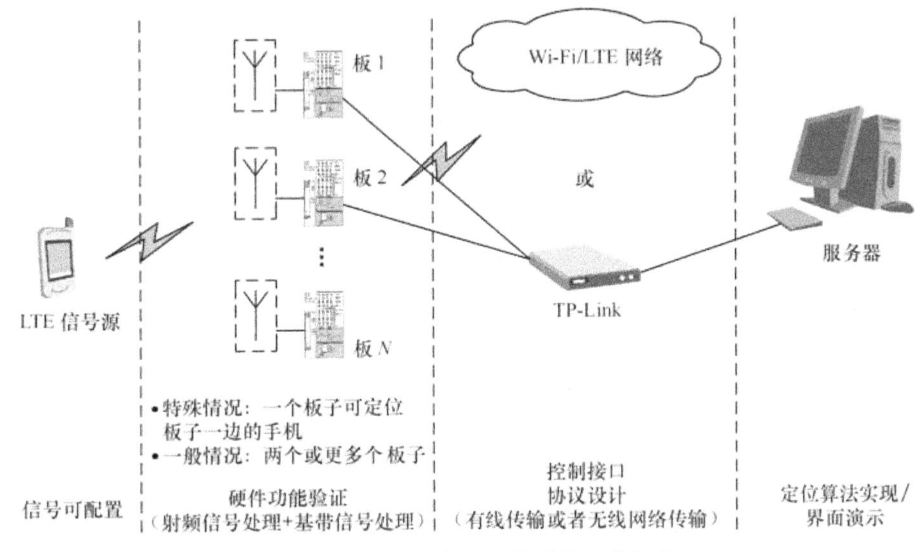

图 7-14 LTE 室内定位的系统开发架构

7.5.1 原型机设计

本系统采用 LTE 上行信号中 SRS 计算精准的终端位置。具体方案是多根天线接收并识别来自同一终端的 SRS 信号，然后利用 SRS 信号良好的相关特性，计算得到不同天线之间的信号 TDOA，最后通过定位算法获得用户位置信息。下面主要介绍实现这一技术方案所研发的硬件原型机，即硬件定位单元。定位单元主要由射频前端、可编辑逻辑单元（Field-Programmable Gate Array，FPGA）和微处理器 3 部分构成，如图 7-15 所示。

1．射频前端

射频前端负责空口信号的接收放大下变频采样等工作，其中的具体链路设计和增益如图 7-16 所示，前端的各项主要性能指标见表 7-2。需要特别说明的是，每个定位单元都含有 4 条同等的射频接收链路，独自完成信号接收和射频处理，这 4 条射频链路采用同一个本振，这里采用了一个 1:4 的分路器。每个定位单元所连接的天线形成一个天线簇，每簇最多 4 根天线，可以检测出 3 个 TDOA 值，完成一次终端位置的计算。如果有多个定位单元，就可以得到更多的 TDOA 值。

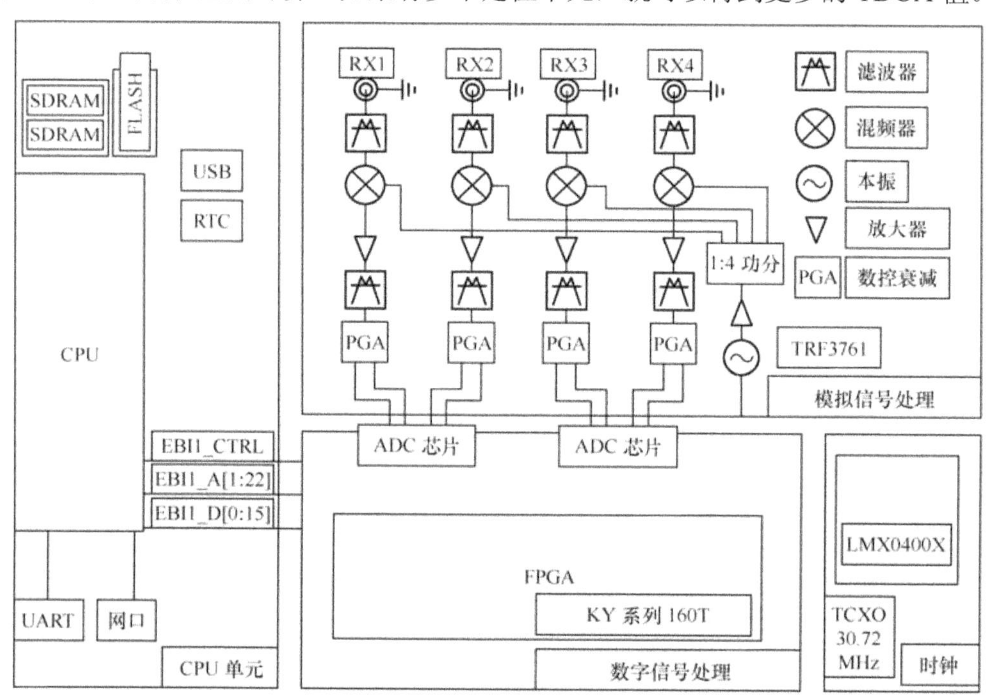

图 7-15　定位单元

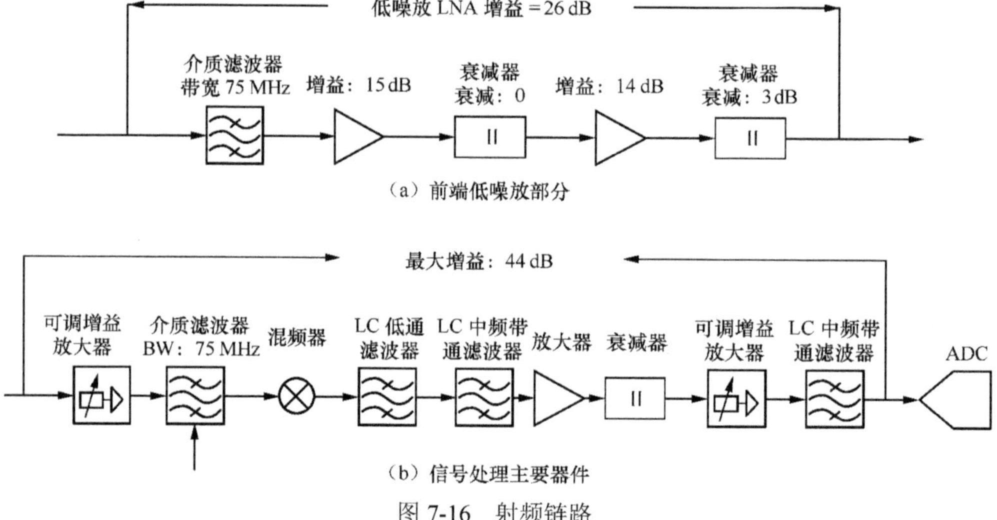

图 7-16　射频链路

表 7-2　射频前端参数

参　数	数　值
接收动态范围	–110～–30 dBm
放大系数	70 dB
AGC 控制范围	–60～–30 dB
通道间时间差	1 ns
通道隔离度	80 dBm
ADC 采样率	184.32 MHz
中频频率	138.24 MHz

值得注意的是，通道间的传输时间差直接导致定位误差，因此要求通道间相对时间差小于 1 ns（如果电磁波传播速度按照 3×10^8 m/s 计算，1 ns 对应 30 cm 的距离差），这个指标比较苛刻硬件一般很难做到，解决方案是在计算时间差时补偿通道间的时间偏差。同时，这里采用 SRS 相关检测的方式确定信号到达时间，而且各通道接收的信号是同一信号，于是通道间隔离度是需要关注的另一个比较重要的方面。如果隔离度很差，导致 A 通道的信号泄露到 B 通道，则会影响 B 通道 TDOA 值的准确度。

对于信号处理，本定位单元采用中频采样。在模拟部分，如图 7-16 所示，射频信号经滤波、混频后变成 f_m=138.24 MHz 中频信号，中频信号经小信号放大器进行第一级放大，然后经过自动增益控制（Automatic Gain Control，AGC）增益调节，送入 ADC 芯片做 184.32 MHz 的采样，最后输出到 FPGA 中做下一步数字信号处理。

2. FPGA 数字信号处理

定位单元中采用了 Xilinx XC7K70T 160T[9]型号的 FPGA 芯片，负责完成主要的数字信号处理工作，FPGA 资源列表和使用情况见表 7-3。

表 7-3　FPGA 资源使用统计

资源	资源总数	已使用	使用率
片寄存器	202 800	35 750	17%
片查找表	101 400	523 517	23%
占用的片数目	25 350	8 895	35%
输入输出单元	400	129	32%

如图 7-15 所示，每个 ADC 芯片为 2 路输入（I&Q），总共 4 个模数转换器（Analog to Digital Converter，ADC），负责 8 路信号同步采样，同步采样要求采用信号的频率和相位都相同。这里印制电路板（Printed Circuit Board，PCB）绕线必须保证从时钟到 4 个 ADC 的路径相同，以保证在每一个时钟从 ADC 读数时，所有 ADC 都同步将其采样的数据传送到内存。

FPGA 主要工作包括基带 I 路和 Q 路信号提取、AGC、中频到基带变换、TDOA 的计算。ADC [10]输出信号为 f_m = 138.24 MHz 的中频信号，其采样率是 184.32 MHz；FPGA 将中频信号下变频到基带 30.72 MHz，得到低速基带信号，然后将此基带信号与本地存储的已知信号做相关，计算信号到各个天线的 TDOA；最后，由微处理器将 TDOA 传输给服务器。

3. 微处理器

微处理器采用 AT91SAM9263，其主要工作是和服务器进行参数交互和数据传输。主要参数配置包括定位单元参数、信号处理参数和数据传输参数，数据传输负责将计算出来的 TDOA 值传送到服务器，用于终端位置估计。

AT91SAM9263 32 位处理器的基本特性[11]如下。

① 16 KB 数据缓存，16 KB 指令缓存；

② 220 MIPS（Million Instructions Per Second，每秒百万指令）主频在 200 MHz；

③ 内部包括 128 KB ROM（Read Only Memory，只读内存）、80 KB SRAM（Static Random Access Memory，静态随机存取存储器）；

④ 支持 12 Mbit/s USB 2.0；

⑤ 支持 28 Byte 的 FIFOs（First In First Out，先进先出）和专有的 DMA（Direct Memory Access，直接内存访问）通道用于网络传输。

7.5.2 信号检测和处理

1. TDOA 计算方法与处理流程

针对每簇天线，信号处理的目的是通过 SRS 信号相关得到簇内 4 路信号各自的相关峰，然后计算相应的 TDOA 值，基本步骤如下。

① 射频前端提供采样率为 30.72 MHz 的基带数字信号；

② 通过数字信号处理恢复出 SRS 基带时域信号；

③ 基带信号与本地 SRS 信号做相关运算；

④ 1 GHz 上采样，检测相关峰值；

⑤ 选定其中一个天线作为锚点，基于每路信号相关峰的位置计算 TDOA。

一般地，每一路信号都需要在整个采样时间窗内与本地 SRS 做相关运算，耗费较多时间和计算资源。因此，可以采用一个优化算法，以降低各路信号相关运算的时间。由于每个接收天线接收到的信号差异与信道特性有关，而信号的同步性只受到传播时延的影响，所以每路信号的相关峰位置会在较小的时间范围内波动。因此，若通过其中一路信号先估计峰值位置所在的范围，即 SRS 在接收信号采样时间窗中的位置，进而使其他接收天线的信号只在 SRS 所在的范围内做相关运算，则可大大减少计算时间。具体算法如图 7-17 所示，其中 D_1 表示第一路信号中的峰值位置，Δd 表示峰值位置的波动范围，L_srs 表示基带 SRS 信号的长度。

理论仿真得到优化前后 4 路信号相关运算所用时间，如图 7-18 所示（基于 MATLAB 软件），可见该方法将计算时间降低为原来的 15%以下。

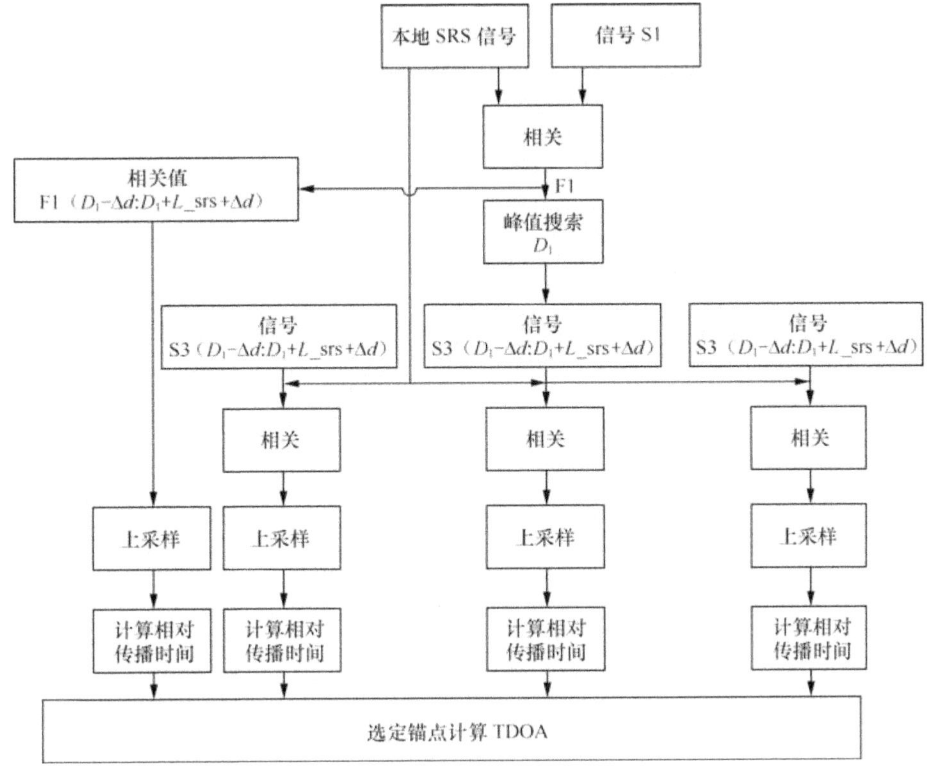

图 7-17 基于时间参考点的峰值搜索方法

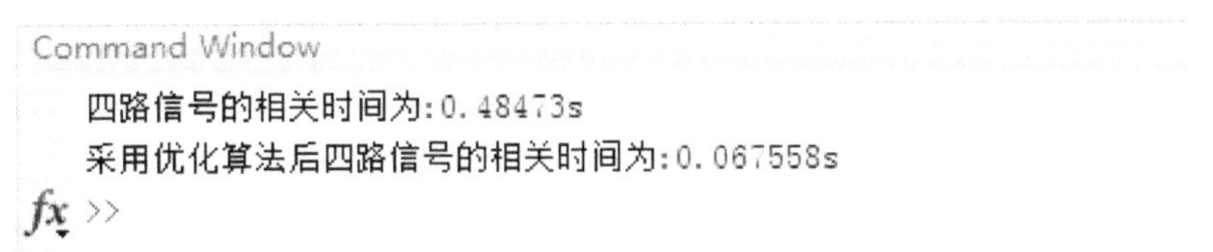

图 7-18 TOA 峰值计算优化前后所用时间对比

2. 峰值检测和上升沿检测

每簇接收天线最多可提供 4 路接收信号，选择其中的一路作为锚点，计算其他 3 路信号相对于锚点信号的到达时间差，即 TDOA。TDOA 的计算准确度受各路信号的群时延以及多径环境的影响。本节着重探讨室内多径环境下的 TDOA 信号检测方法。

一般情况下，选择 4 路信号的相关峰位置作为时间参考点来计算 TDOA，如图 7-19（a）所示。但是，接收信号往往是多径信号的叠加，因而有可能导致峰值延迟或者主峰被淹没，此时基于峰值检测获取的TDOA值可能与真实值偏差较大。为了应对室内多径传播环境造成的影响，本节采用上升沿检测方法来计算TODA，即以峰值上升过程中的某一门限值作为参考，选择与该门限最近的点的位置作为时间参考计算TDOA。仿真结果表明，该方法可以有效降低多径对TDOA的影响，如图7-19（b）所示。

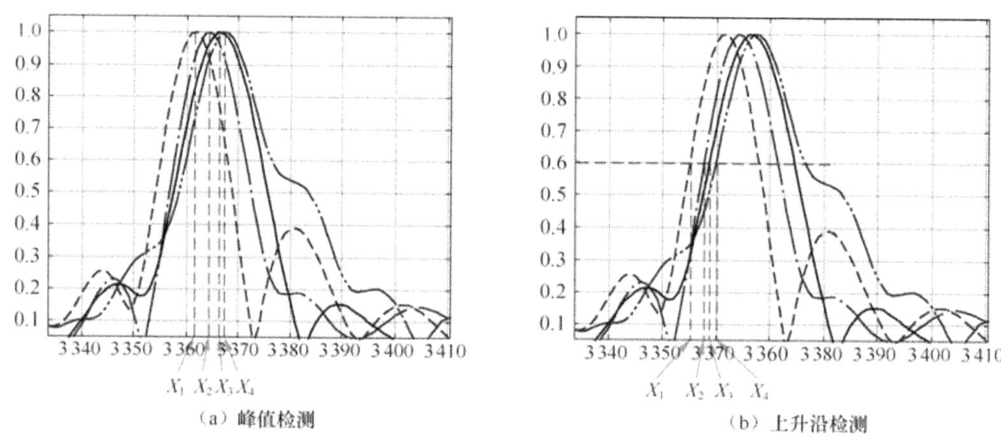

图7-19　TDOA检测信号处理方法性能比较

3. 测试数据分析

基于实验室测试数据，可得在理想环境和多径环境下的信号检测结果，如图7-20所示。其中理想环境是指在暗室内进行的实验室测试，暗室的设计可以有效消除多径信号。为了方便比较，实验中要求4路接收天线分别与发射天线保持相同距离。所以在没有多径干扰情况下，4路信号的相关峰值应该是重合的。而在室内多径环境下由于受到多径信号的干扰，天线2的峰值明显向后偏移，造成了较大的TDOA检测误差。在实际系统中，可通过经验值将误差过大的检测值删除。

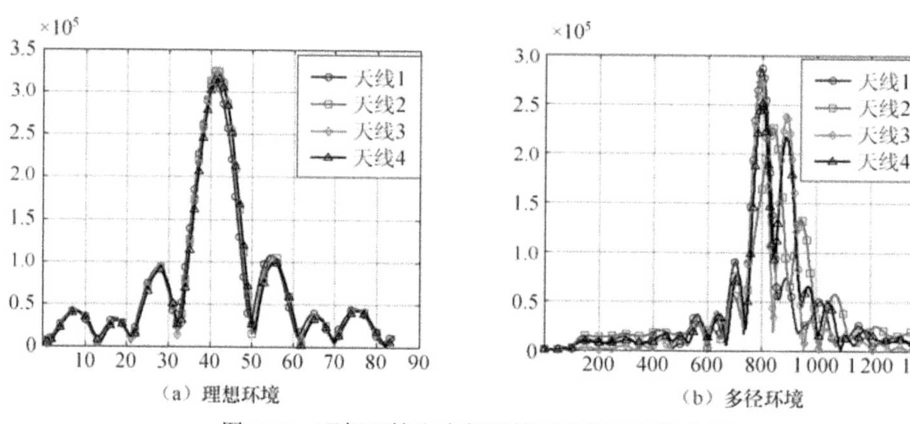

图7-20　理想环境和多径环境下的测试数据分析

7.5.3　位置估计

基于 TDOA 测量的室内定位，通常包括如下 3 个步骤。

① 信号采集：通过 LTE 接收机获取来自不同天线及天线簇的接收信号，检测并解调出基带信号。

② TDOA 检测：对 LTE 基带信号进行数据处理，如峰值检测、上升沿检测等，得到不同接收点之间的信号 TDOA。

③ 位置估计：基于接收天线的三维位置坐标和相应的 TDOA，可根据 3.2 节给出的位置估计算法可得到双曲面方程组，求解得到用户位置信息。另外，7.4.2 节给出的 TDOA 优化算法也会应用于该部分。通常位置估计可分为两个步骤：首先是粗估计，将定位范围缩小到某个区域内，以该区域内的某个点作为后续精确定位算法的初始值；然后是精估计，例如通过 NLLS 迭代定位算法得到最后收敛的精确位置。此外，当有其他限制条件时，还需将限制方程引入定位求解模型中[12, 13]。

本章的 LTE 定位系统，其定位算法不要求天线簇之间严格同步，解决了多基站之间时间同步的难题，降低了对接收机设计和布网的要求。同时，一些简单有效的改进优化方案，如自动选择信号强度最高的天线作为参考天线、TDOA 去冗余筛选等，都能在很大程度上增强算法的可靠性，提高定位系统的定位精度。

下面给出 LTE 室内定位系统中采用的 TDOA 位置估计算法流程，如图 7-21 所示。

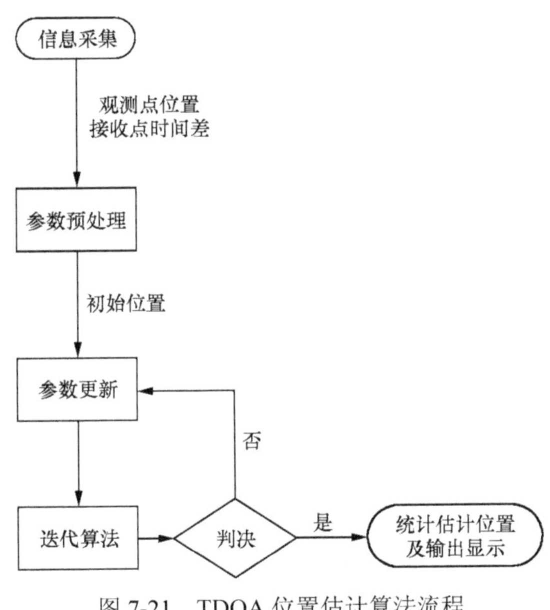

图 7-21　TDOA 位置估计算法流程

具体地，位置估计算法流程包括以下几个步骤。

第一步，信息采集。对于室内空间进行建模，采集接收天线的相对坐标信息并输入，进而得到接收天线位置信息矩阵。

第二步，参数预处理。包括相关参数初始化及优化选择两部分。首先，初始化接收天线测量噪声协方差矩阵确定不同天线簇内的参考天线及各天线所对应的TDOA，得到一组对应TDOA矩阵和测量距离差矩阵，并预置初始位置（如天线簇中心位置）。然后，从算法时间复杂度和位置估计的精度折中考虑，该定位系统选用了一种简化的TDOA优化选择方案（详见7.4.2节）。具体地，对所有的TDOA根据门限判决去冗余，剔除极差的TDOA和对应的天线，筛选得到新的TDOA矩阵和接收天线坐标矩阵。最后，输出预置初始位置信息给下一步。

第三步，参数更新。根据输入位置，更新迭代算法计算所需的位置坐标信息和距离差相关矩阵信息等。

第四步，迭代计算。主要完成位置的迭代计算和收敛判决。虽然NLLS算法有很好的定位精度，但在一定程度上其收敛性能会依赖于初始点位置。改进的TDOA优化选择算法，需要提供一个更可靠的目标点或区域作为迭代初始位置。这里，首先对初始位置进行粗估计，例如参考其他辅助方法，如借助信号强度、小区ID、历史位置等信息估计得到粗略估计的范围或位置。然后，将粗估计结果代入迭代算法，进一步精估计。其中每次NLLS输出一个估计位置，判断其是否满足收敛判决条件；如果不满足，将该位置作为下一个迭代初始点继续迭代并更新位置，直至满足收敛条件或停止迭代，返回最后的估计位置。

第五步，统计定位结果，并输出给界面接口以显示定位位置或轨迹。这里，一般可以采用多次测量结果取均值或者空间滤波等方法，对输出的最后定位结果进行优化。

7.5.4 接口设计

本LTE定位系统由定位单元和定位服务器组成。定位单元利用硬件实现，由射频前端、FPGA和微处理器构成。其中射频前端的工作频段为LTE FDD 1.75 GHz频段，负责接收用户的射频信号，完成射频信号到中频信号的处理；FPGA负责完成中频信号到基带信号的处理以及TDOA的计算；微处理器负责与定位服务器的数据交互，通过本接口与定位服务器传输数据。定位服务器利用软件实现，软件平台为MATLAB，主要包括定位算法模块和界面显示模块两个部分。其中，定位算法模块负责利用TDOA值解算出用户的位置信息；界面显示模块负责显示用户的位置信息。

本定位系统中，定位单元与定位服务器以不同的平台实现，定位单元得到的TDOA值用于定位服务器计算用户的位置信息，因此，需要在定位单元和定位服务器之间建立合适的接口，进行数据的传输。考虑到实现的复杂度和可操作性等因素，本系统采用局域网接口，将定位单元与服务器之间通过局域网连接起来，如图 7-22 所示。

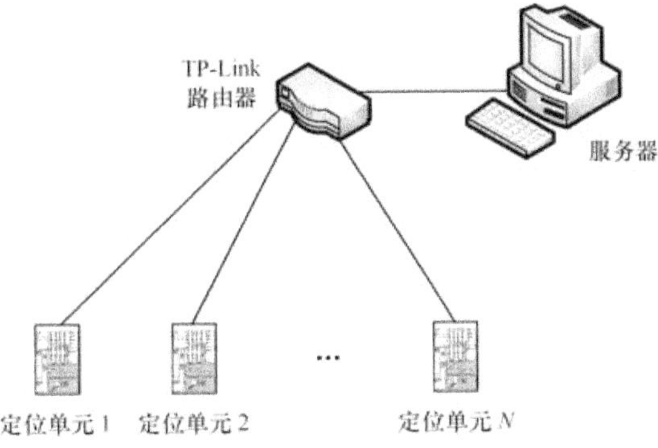

图 7-22　定位单元与服务器接口

本接口协议支持 1 个服务器与多个定位单元的连接，需要给每个定位单元分配不同的 IP 地址。为了实现数据传输的可控制性以及传输数据的可靠性，本接口设计了两条 TCP 连接链路：数据链路和控制链路。具体流程如图 7-23 所示。

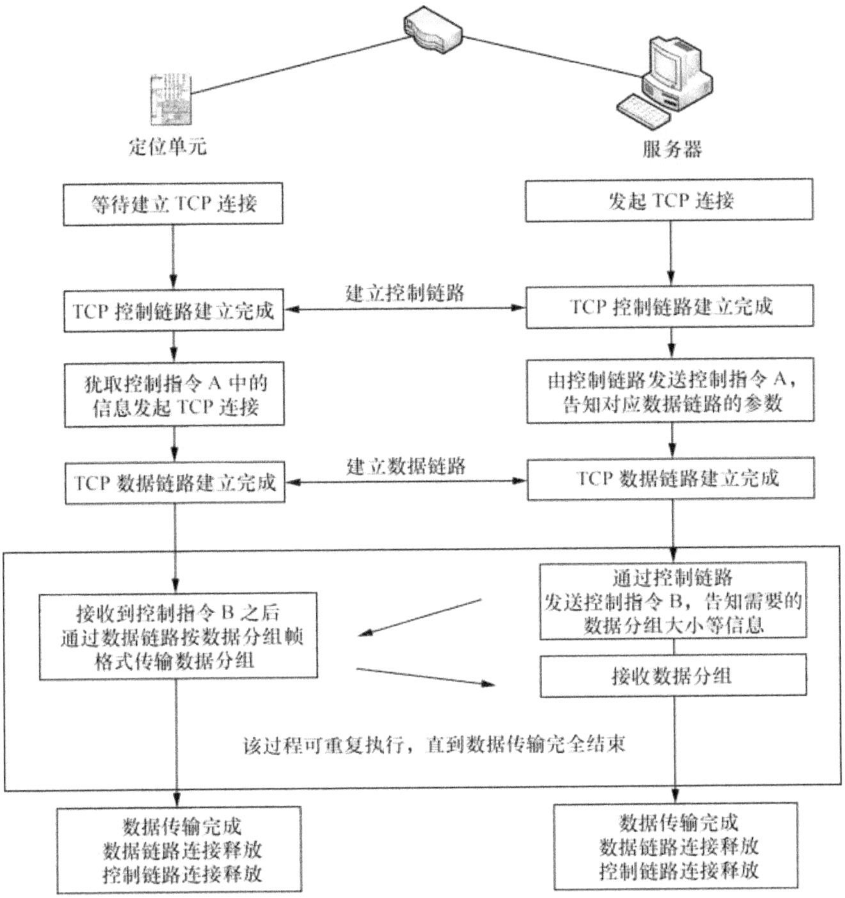

定位单元
服务器
等待建立 TCP 连接
发起 TCP 连接
建立控制链路
TCP 控制链路建立完成
TCP 控制链路建立完成
犹取控制指令 A 中的信息发起 TCP 连接
由控制链路发送控制指令 A，告知对应数据链路的参数
建立数据链路
TCP 数据链路建立完成
TCP 数据链路建立完成
通过控制链路发送控制指令 B，告知需要的数据分组大小等信息
接收到控制指令 B 之后通过数据链路按数据分组帧格式传输数据分组
接收数据分组
该过程可重复执行，直到数据传输完全结束
数据传输完成
数据链路连接释放
控制链路连接释放
数据传输完成
数据链路连接释放
控制链路连接释放

图 7-23　接口协议流程

图 7-23 以其中一个定位单元为例说明了整个数据传输的流程，主要包括以下几个步骤。

① 建立控制链路：服务器向定位单元发起 TCP 连接建立请求，定位单元接收到请求信号后做出响应，建立两者之间的 TCP 连接。然后，服务器会向定位单元按照商定的控制指令帧格式发送一条控制指令，通知定位单元后续将建立数据链路，并且告知数据链路专用的端口号。

② 建立数据链路：定位单元接收到数据链路通信端口号后，向其发起数据联通 TCP 连接建立请求。服务器接收请求并给出后应答，从而与建立数据链路的 TCP 连接。

③ 数据传输：数据链路建立后，服务器向定位单元按照商定的控制指令帧格式发送控制指令，告知对方需要传输的数据长度。定位单元接收到该指令之后按照商定的数据帧格式进行数据传输。

④ 释放连接：整个数据传输过程结束之后，定位单元和服务器分别释放数据链路连接和控制链路连接。

这里，控制指令的帧格式见表 7-4。表中“标识位”字段全部设置为“1”时，开始传输数据，其他情况都表示不需要传输数据；当“标识位”都为“1”时，“数据大小”表示需要传输的数据的长度；“接收数据设备 IP 地址”为本地与定位单元建立数据连接的设备的 IP 地址，本系统中为服务器 IP 地址，此设置是为了方便之后系统扩展，由不同的设备建立数据链路，使系统更加灵活。表中“端口号”指建立数据连接设备的数据链路端口号。

表 7-4　控制指令帧格式

标识位	数据大小	接收数据设备 IP 地址				端口号
2 Byte	4 Byte	1 Byte	1 Byte	1 Byte	1 Byte	2 Byte

数据帧格式见表 7-5。表中“标识位”字段取值如下：0 表示 IQ 数据的第一帧开始传输，1 表示数据分组的任意帧，2 表示数据分组传输完成，其数据域为空，不含数据；“长度”字段表示数据域中的数据的长度；“帧索引”字段表示为 IQ 数据的帧计数，从 1 开始进行累加；“流水号”字段表示同一个 IQ 数据块，不同的数据块以一为单位递增；“数据”字段为所需要传输数据的内容。

表 7-5　数据帧格式

标识位	长度	帧索引	流水号	保留位	数据
2 Byte	2 Byte	4 Byte	4 Byte	4 Byte	0～1 400 Byte

设计本接口协议是为了完成多个定位单元与服务器之间的数据传输，由于一个定位单元需要建立一条控制链路和数据链路来完成数据传输，则 N 个定位单元需要建立 N 条控制链路和数据链路。故在本接口协议实现的过程中，需要建立一个映射

表，记录各个定位单元与服务器之间建立连接的对应关系，以免混淆。

7.5.5　界面演示

界面演示是软件部分的最后一个环节，直观反映用户位置的变化。本系统中的界面编译环境为 Windows Presentation Foundation，所使用的编程语言为 C#语言，其用户界面如图 7-24 所示。

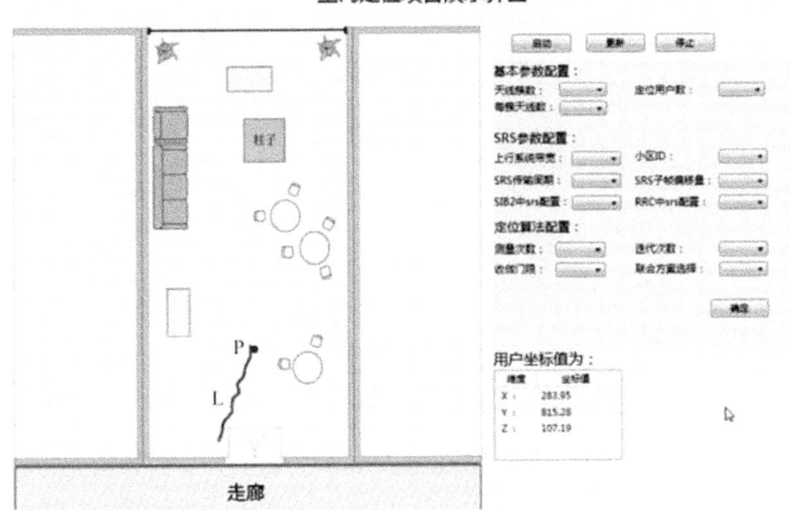

图 7-24　室内定位界面演示

该定位系统界面的左边部分为位置显示窗口，当后台接收到用户的位置坐标之后，实时将定位点显示在地图中。其中，图中的圆点 P 代表用户的位置，实线 L 代表用户的运动轨迹。界面的右边部分为参数和控制项。

① 控制项：包括启动键、更新键和停止键，位于界面最上方。启动键的功能是启动接收数据和显示用户位置及轨迹；更新键的功能是消除当前的用户位置和轨迹，重新进行接收和显示；停止键的功能是停止接收和显示位置信息。

② 参数项：位于界面中间部分，用于基本参数配置包括天线、用户、SRS 信号和定位算法的相关参数。

7.6　定位系统性能验证

前文详细介绍了 LTE 室内高精度定位原型系统，本节将给出实验室测试验证，并且对定位精度等性能指标进行分析。

7.6.1 实验系统简介

如图 7-25 所示，实验室场景主要包括 LMU、移动终端（Mobile Terminal，MT）和定位服务器。每个 LMU 可连接 4 根天线，各天线独立接收移动终端的空口信号，分别在 LMU 内部作射频、基带信号处理，然后将最终的结果发送给定位服务器。定位服务器综合各个定位单元信号信息，通过定位算法估计终端位置，最后由演示界面展现定位效果。

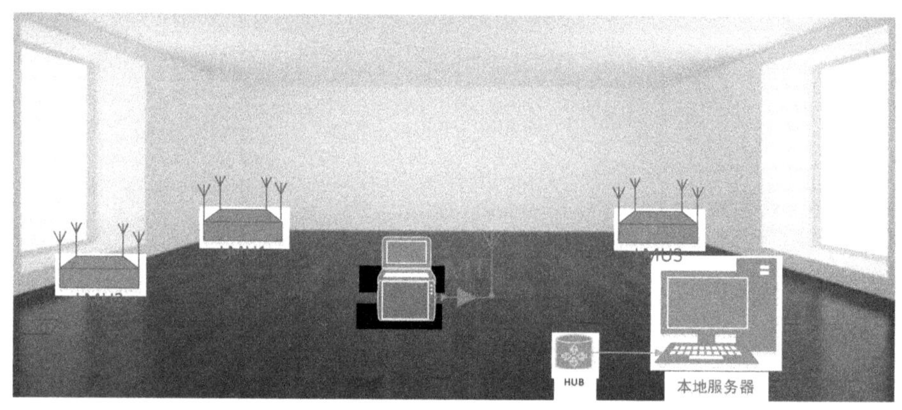

图 7-25 室内场景示意

实验系统通过控制单元对各实验设备进行统一管理，如图 7-26 所示。控制单元主要完成对 MT、LMU 以及信号处理算法模块的参数配置。这里，测试终端使用可编程配置的RS SMU200A[14]矢量信号发生器以及可编程的小型软件无线电设备，发射带 SRS 的 FDD LTE 上行信号。

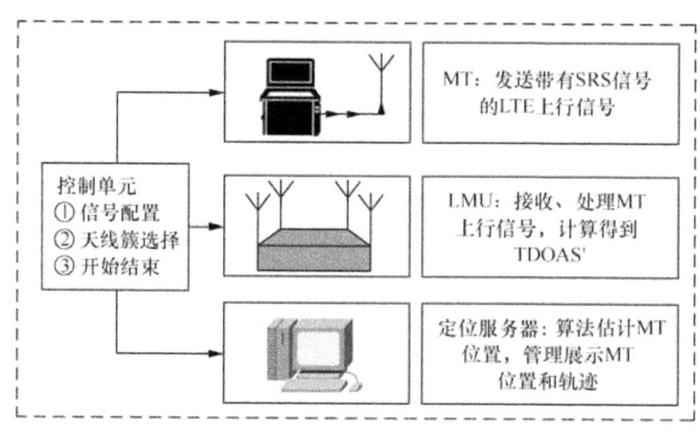

图 7-26 演示系统控制架构

7.6.2　系统参数

该实验系统采用 2 组天线簇，每簇由 4 根天线组成，接收天线类型为定向天线，发射机天线为全向天线，参数见表 7-6。系统工作在 1.75 GHz 的频段，具体的系统参数配置见表 7-7。

表 7-6　天线参数

性能参数	定向天线		全向天线	
频率范围	800～960 Hz	1 710～2 500 Hz	800～960 Hz	1 710～2 700 Hz
极化方向	垂直	垂直	垂直	垂直
增益	6 ±1 dB	8 ±1 dB	1.5 dB	3.5 dB
水平波瓣宽度	90 ±15°	75 ±12°	360°	360°
垂直波瓣宽度	65°	55°	95°	55°

表 7-7　定位系统参数配置

硬件参数		系统参数	
天线簇数量	2	系统带宽	20 MHz
每簇天线数量	4	载波频率	1.75 GHz
接收天线间距	1～2 m	SRS 发送周期	10 ms
接收天线类型	定向天线	用户数量	单用户
信号源	R&S SMU200A[14]	定位算法	
发射天线类型	全向天线	TDOA 检测方案	上升沿检测
信号发射功率	–40～–15 dBm	定位算法	NLLS

7.6.3　测试性能分析

实验室测试验证包括定点位置估计和移动轨迹跟踪。

① 定点位置估计是指对室内多个定点进行定位，并对其位置估计精度的统计特性进行分析。首先将信号发射天线放在定位目标点，发射 LTE 上行信号，然后定位单元接收信号和计算到达时间，最后由定位服务器计算目标点位置坐标。经过多次独立重复测量和计算，得到多组估计位置坐标，去除明显错误的坐标，聚合得到最终的定位结果。

② 移动轨迹跟踪是指对用户位置进行实时定位，绘制移动轨迹，并且与实际用户轨迹进行对比分析。移动终端沿已知轨迹运动，定位单元周期性的估计用户位置，并将一段时间内的定位结果进行平滑滤波，得到一系列的用户位置坐标，拟合出终端移动轨迹。

按照上述两种实验方案，定位系统分别在实验室（5.4 m×8 m）和阶梯会议室（12.2 m×17 m）进行了实验测量，结果表明定位精度在 3 m 以内，下面详细分析两种场景下的定位性能。

1. 场景一：实验室

实验室测试环境如图 7-27 所示，长 10 m、宽 5.4 m、高 2.8 m。实验采用 2 个定位单元组网，完成对终端定点位置的估计。以第一簇天线所在墙面的右下角为坐标原点建立坐标系，对天线进行编号和位置初始化。

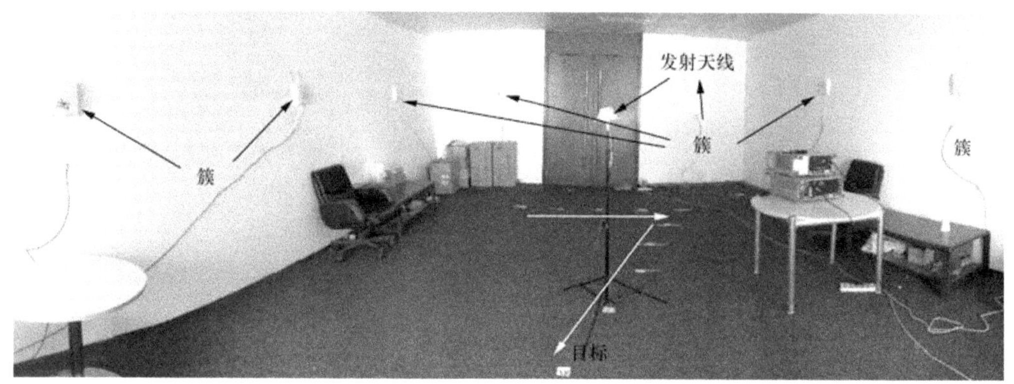

图 7-27 测试环境

按照图 7-27 中白色“7”字形分布了 11 个位置点，将发送天线依次放置在 11 个目标点上进行定位测量。

测量结果如图 7-28 所示，菱形表示估计出的位置，方块表示被测量点的位置，星号表示天线位置。

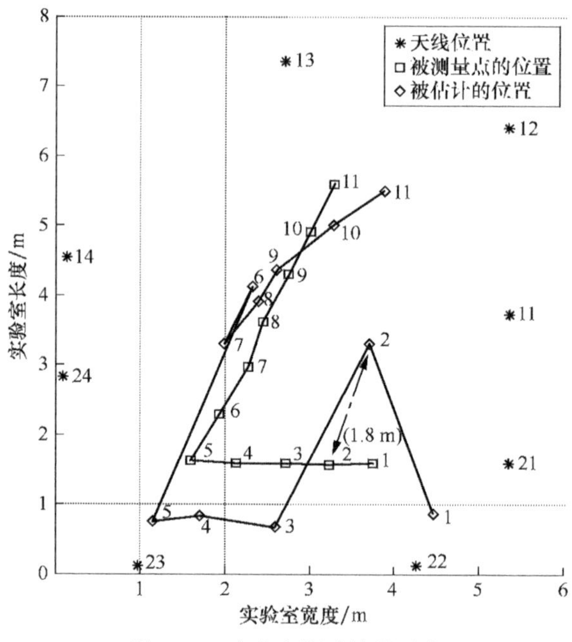

图 7-28 实验室测试结果示意

从表 7-8 测量得到的结果可以看出，采用 LTE 上行 SRS 信号，多簇多天线的方式对终端定位，定位误差保持在 2 m 范围之内。

表 7-8　定点误差统计

定点编号	定点误差/m
1	1.00
2	1.80
3	0.91
4	1.00
5	0.97
6	1.80
7	0.43
8	0.30
9	0.15
10	0.29
11	0.59
均值	0.84

2. 场景二：阶梯会议室

场景二测试环境如图 7-29 所示，长 12.2 m、宽 17 m、高 3.8 m，同样配置两个定位单元，即定点测试和移动轨迹跟踪。

图 7-29　阶梯会议室测试场景

（1）定点测试

类似实验室测试，选择 10 个目标点，对每个点做多次重复独立测量，得到以下测试图，如图 7-30 所示。

图中五角星表示目标点实际坐标点，圆圈表示半径为 3 m 的目标点范围，圆点表示 100 次重复独立定位得到的结果。表 7-9 统计了定位结果落在 2 m、3 m、4 m 范围内的百分比，从整体上看，定位结果是在 3 m 以内的点占 80%左右。

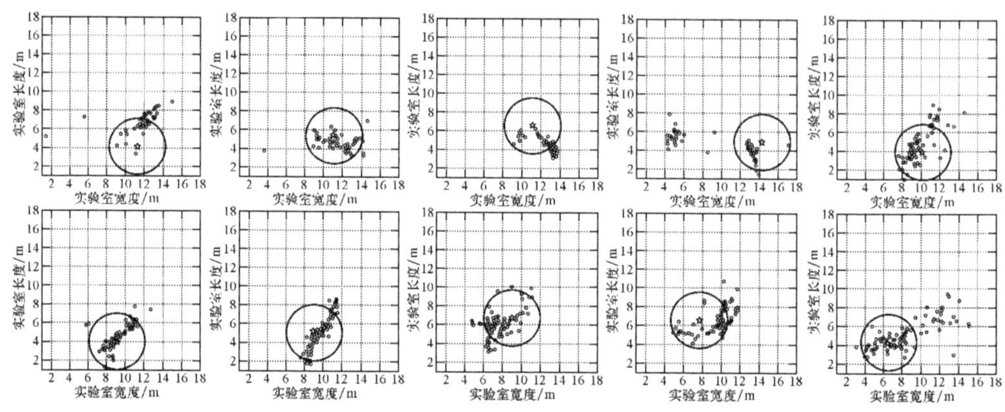

图 7-30 定点测试结果点分布

表 7-9 目标点落在各范围（<2 m，<3 m，<4 m）内的百分比

编号	<2 m/%	<3 m/%	<4 m/%
1	14.8	58.6	87.9
2	69.1	85.3	92.7
3	26.4	77.0	100
4	59.4	67.0	72.5
5	69.7	85.4	95.5
6	85.4	95.8	100
7	72.0	88.0	100
8	49.5	83.8	95.0
9	27.0	80.0	96.0
10	61.2	72.5	80.0
均值	53.5	79.3	92.0

然后对上述多次测量的结果进行聚合，得到目标点的估计位置。首先，根据实际环境的先验条件，对定位结果进行筛选，然后，对符合先验条件的数据进行聚合，得出比较准确的位置，如图 7-31 所示。

图中“×”表示目标点实际坐标点，圆圈表示半径为 3 m 的目标点范围，圆点为最终的估计位置。表 7-10 给出了估计位置与实际位置的误差，最大误差为 3 m，最小误差为 0.47 m，平均误差 1.30 m。

（2）移动轨迹跟踪

如图 7-32 所示，终端以步行速度移动，估计其移动轨迹。图中实线为实际的终端移动轨迹，从左侧过道开始，移动到“△”所示的位置；虚线表示定位系统估计出的轨迹，可以看出，计算出的轨迹基本可以还原终端的真实移动情况。

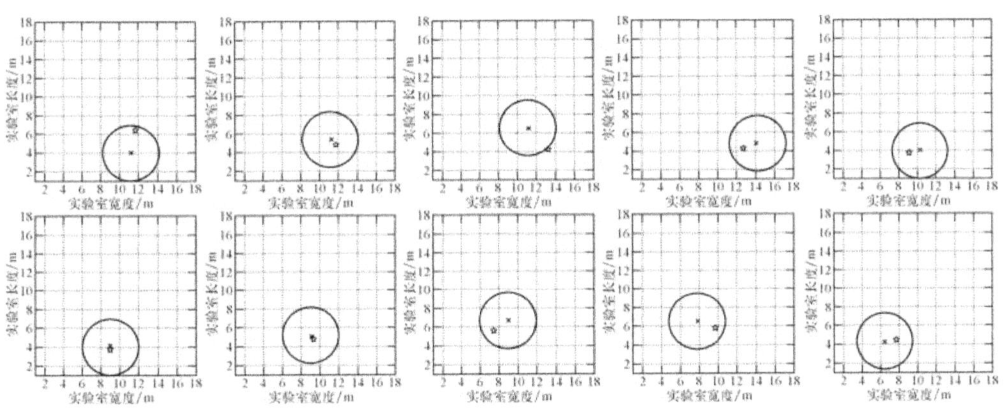

图 7-31　最终估计位置

表 7-10　定点误差统计表

目标点编号	定位误差/m
1	2.50
2	0.86
3	3.00
4	1.60
5	1.10
6	0.47
7	0.53
8	1.90
9	1.90
10	1.20
均值	1.30

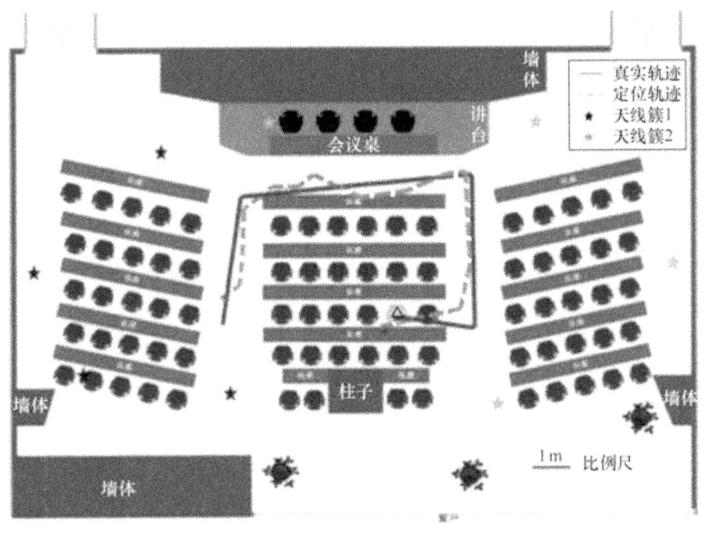

图 7-32　移动轨迹跟踪

针对定位的结果，做以下简单分析。分别对定位出来的估计轨迹和真实轨迹均匀采样出 40 个样本，计算样本的定位误差。计算结果如图 7-33 所示，其中实线表示 1 m 的误差基准，虚线上的圈表示误差值，可以看出，估算出来的轨迹与实际轨迹误差小于 0.7 m，统计可知，样本误差均值为 0.47 m，方差为 0.017。动态定位测试的结果优于定点测试的结果，主要原因是最终定位结果是多次测量估计的聚合，相对于定点定位，动态移动的情况下，每次测量估计之间相关性更弱，误差更加符合高斯分布，在多次聚合之后，误差消除更加明显，从而定位结果更优。

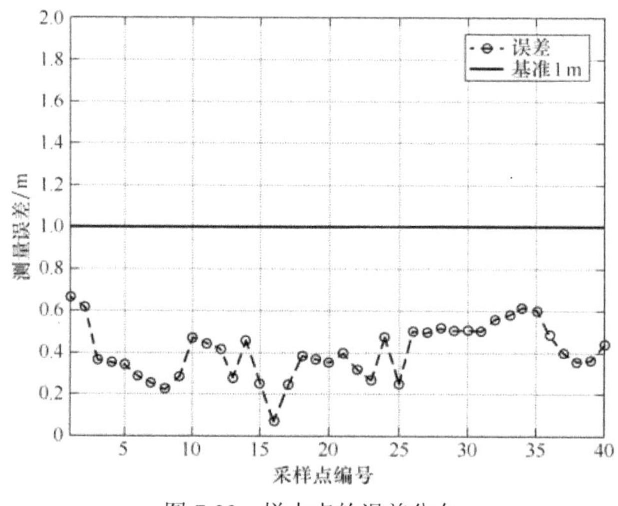

图 7-33　样本点的误差分布

本节描述了在 LTE 网络下，增加简单的 LMU，采用上行信号进行终端位置估计的系统架构和处理流程，同时，给出了定位原型系统的定位性能测试情况。在定点状态下，目标真实位置和估算位置的误差不大于 3 m，在移动测试中，定位原型系统估计出的移动轨迹基本可以表示真实的移动路径。

7.7　本章小结

本章主要介绍了蜂窝网定位的一个实例，基于 LTE 上行信号 SRS 的室内高精度定位系统。首先描述了 LTE 室内定位系统的基本架构，分析了定位信号 SRS 的基本特性，并且给出了定位算法的基本原理；然后介绍了 LTE 室内高精度定位系统的设计和研发，包括硬件设计研发、信号检测算法、位置估计算法以及系统接口设计等；最后对该系统的性能进行了测试验证，测试结果显示系统平均定位误差在 3 m 以内，可实时追踪用户移动轨迹。

参考文献

[1] 梁久祯. 无线定位系统[M]. 北京：电子工业出版社, 2013.

[2] 邓中亮，余彦培，徐连明，等. 室内外无线定位与导航[M]. 北京：北京邮电大学出版社, 2013.

[3] 室内定位技术的前世今生[EB/OL]. http://36kr.com/p/204953.html.

[4] SESIA S, TOUFIK I, BAKER M, et al. LTE-UMTS 长期演进理论与实践[M]. 北京：人民邮电出版社.

[5] 3GPP TS 136.211. Evolved universal terrestrial radio access (E-UTRA); physical channels and modulation[S].

[6] 3GPP TS 36.213. Evolved universal terrestrial radio access (E-UTRA); physical layer procedures[S].

[7] YE R, LIU H. UWB TDOA localization system: receiver configuration analysis[C]// Signals Systems and Electronics (ISSSE), 2010 International Symposium on. IEEE, 2010, 1: 1-4.

[8] KIM W, LEE J G, JEE G I. The interior-point method for an optimal treatment of bias in trilateration location[J]. Vehicular technology, IEEE transactions on, 2006, 55(4): 1291-1301.

[9] Xilinx Kintex-7 FPGAs Data Sheet [EB/OL]. http://www.digikey.com/product-detail/en/XC7K160T-2FFG676C/122-1836-ND/3671575.

[10] Texas instruments ADS62C17 data sheet [EB/OL]. http://www.ti.com/product/ads62c17.

[11] Xilinx AT91 ARM thumb microcontrollers AT91SAM9263 data sheet [EB/OL]. http://www.atmel.com/Images/doc6242.pdf.

[12] QIAO T, REDFIELD S, ABBASI A, et al. Robust coarse position estimation for TDOA localization[J]. Wireless communications letters, IEEE, 2013, 2(6): 623-626.

[13] QIAO T, ZHANG Y, LIU H. Nonlinear expectation maximization estimator for TDOA localization[J]. Wireless communications letters, IEEE, 2014, 3(6): 637-640.

[14] R&S®SMU200A vector signal generator operating manual [EB/OL]. https://www.rohde-schwarz.com/us/manual/r-s-smu200a-vector-signal-generator-operating-manual-manuals-gb1_78701-28893.html.

第 8 章 无线定位应用及发展

20 世纪以来，无线通信技术飞速发展，社会不断向信息化迈进，无线定位技术作为无线通信的一个分支，也在这种发展的大潮中得到推动。最初的无线定位技术主要应用于军事领域，经过不断地发展与完善，如今无线定位的应用领域十分广泛，各行各业对于无线定位的需求也逐渐多样化、个性化，商业利益与市场需求成为无线定位技术发展的主要驱动力。本书前面章节介绍了不同无线定位技术的基本原理及工作机制。在此基础上，本章将给出无线定位技术在现网及下一代通信网络中的应用，并展望定位技术未来的发展趋势。

8.1 无线定位在现网中的应用

随着信息技术的发展，现代社会各个行业不断科技化、智能化，无线定位技术在其中发挥着越来越重要的作用。在公共安全领域，无线定位技术可用于医疗监护、资产管理、仓储物流、抢险救灾，从而保障人员及物资的安全；在服务业，无线定位技术可用于超市及大型商场，为消费者提供导航路线规划或个性化信息推送。本节主要介绍无线定位技术在现网中的具体应用。

8.1.1 安全性管理

无线定位技术可用于保障特殊人员或物资的安全，比如病患、消防员、重要文物等，具体的应用场景包括以下几个。

（1）医疗系统

在大型医院内部署小型定位基站，并给需要监视生理状态的特殊病患如传染病患者、精神病患者或新生儿配备一套可随身携带的定位卡，通过覆盖整个医院的网络将病患的位置和生理指标参数实时传送到监控中心，实现病人的定位和监护。一旦病人生理指标出现异常，监控中心可以及时反应，通知医生或者护士赶往病人所在位置进行诊治[1]，如图 8-1 所示。此类定位应用在特殊病人护理方面优势尤其明显，且节约人力资源。

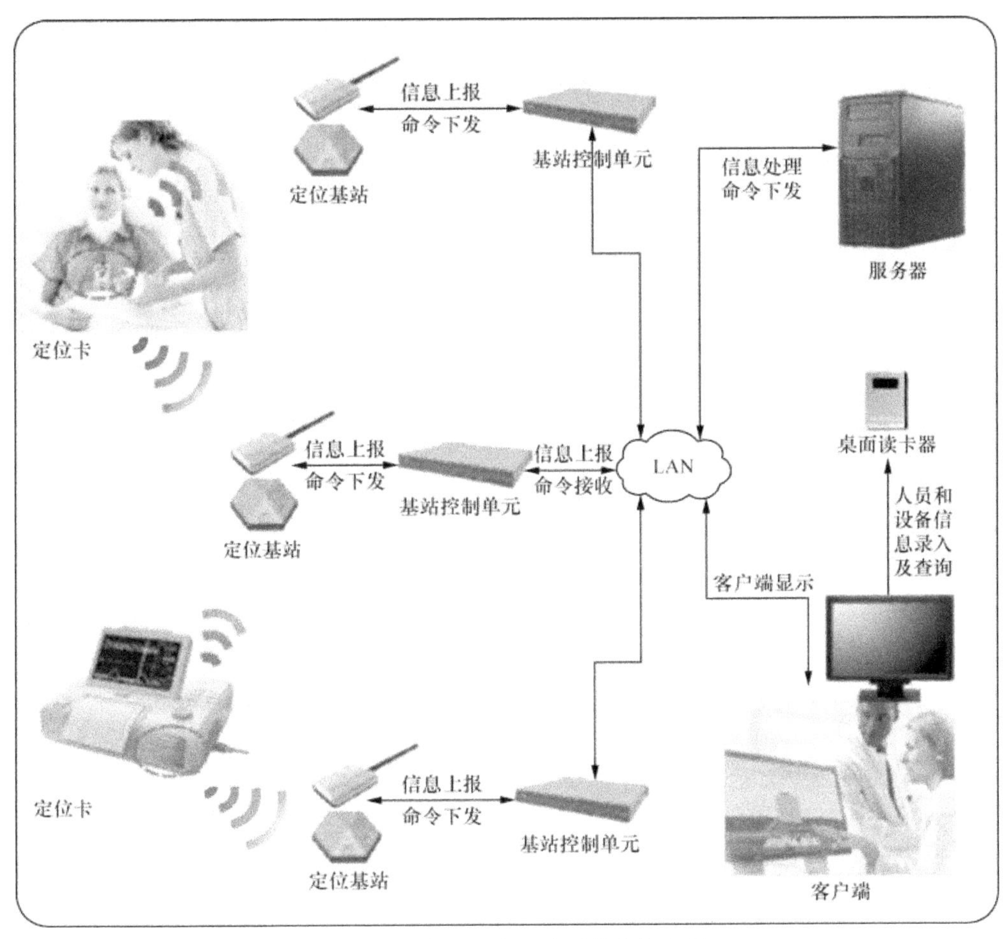

图 8-1 无线定位在医疗系统中的应用

无线定位在医疗系统中的另一个应用就是医疗物品管理，对于医院贵重药品及医疗器械，也可以配置定位卡等电子标签，通过设置在建筑物内的标签识别器，动态监控器械和设备在医院的具体位置，便于对医院固定资产的管理和监控，避免药品和设备遗失。

（2）物流仓储

近年来电子商务发展十分迅速，其下游产业物流行业也随之不断壮大。物流行业中的流动物品数量越来越大，种类也越来越多，传统的管理方法实现起来颇具难度，并且会增加物流行业的成本，顾客也会担心产品是否能够安全及时送达。无线定位技术与物联网结合应用可以很好地解决这个问题。如图 8-2 所示，在每个物品上粘贴一个唯一的电子标签，并嵌入导航芯片，导航芯片把物品的位置信息发送给附近的接收器，接收器再将接收到的物品位置信息发送到云端平台，当顾客想要知道物品的信息时，可以利用能够连接网络云平台的终端查询，方便用户随时随地获取实时物流信息。

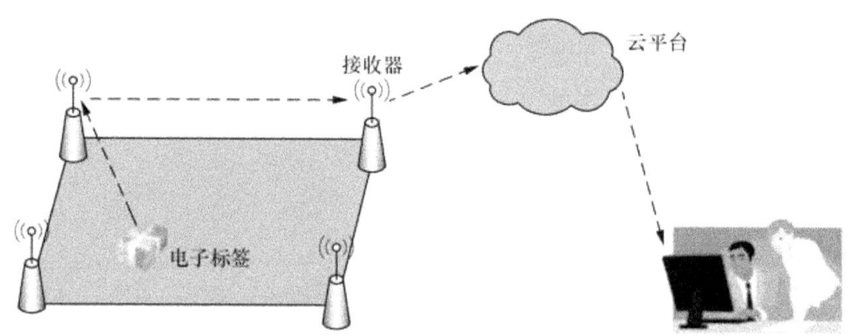

图 8-2 无线定位技术在物流中的应用

在大型仓库的物品管理中，将仓库的贮存物品进行分类，划分区域，并给每类物品配置传感器。当需要存储或者运出贮存物品时，负责分拣的人员只需要依据手持终端上显示的目标位置，就可以快速分拣，并且实时更新每类物品传感器上的数据，自动汇总到仓库管理系统，对仓库贮存情况进行动态管理和规划。由于这种传感器的成本较低，可以大量配置，节约了人力以及管理成本，提高了仓库中物品的管理效率。

（3）抢险救灾

当发生自然灾害或火灾时，需要特殊人员立刻展开抢险救灾行动，大部分情况下人员会被困在室内。室内存在大量烟雾且建筑物室内结构复杂，搜救人员一般很难依靠视觉寻找路线。为了保证安全，可以给抢险救灾人员配置无线传感器，依靠无线传感器网络对每位成员的相对位置进行确认，同时通过安装在控制车上的天线阵列，获知每个搜救人员的实时身体状况、位置等信息，对消防员进行路线引导、监控，便于指挥中心进行实时指挥调度，保证了搜救人员安全的同时也提高了救援效率[2]。

8.1.2 消费者服务

通过无线定位系统可以在商场、超市或者旅游景点定位消费者的精确位置，从而提供特定的导航或者信息服务，具体的应用场景包括以下几个。

（1）大型商场

利用无线室内定位技术可以设计大型商场及超市的导购系统，目的是使消费者在进入这些区域时能够更快更方便地找到自己需要的店铺及商品。此种场景下对定位精度要求较高，而传统的 GPS 又无法在室内接收信号，因此可以利用无线局域网定位技术作为此问题的解决方案。如图 8-3 所示，消费者手持具有定位和导航功能的设备，商场及超市内均匀部署无线网络参考节点，通过这些参考节点来计算手持设备的具体位置并进行数据传输，消费者便可以在手持设备上实时看到以地图形式呈现的自身位置及目的地位置，从而起到指引方向和指示距离的作用。同时商场或超市的监控终端也可以通过 PC 和网关节点监控当前网络，将商场或超市的促销信息发送到手持设备上，以便消费者了解、选择和购买。

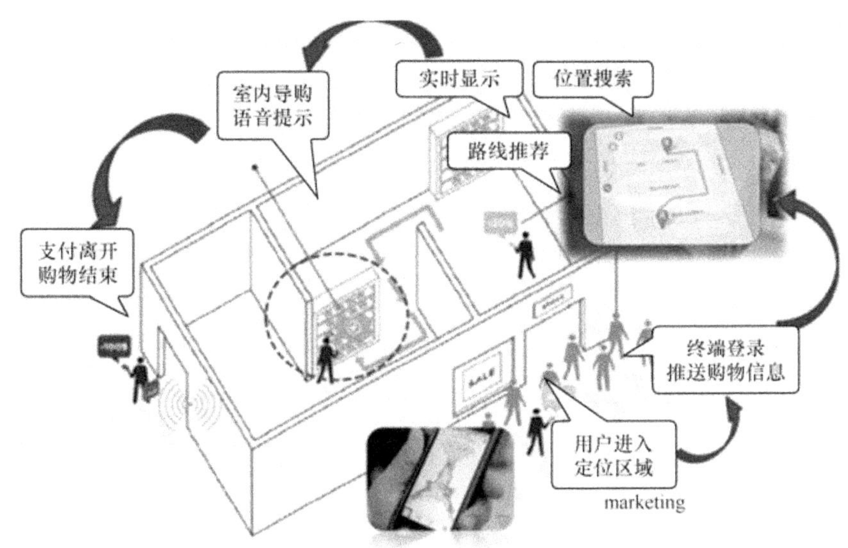

图 8-3　无线定位技术在商场中的应用

无线室内定位技术在大型商场中的另一个应用是基于商业的大数据分析。传统的线下大数据分析，并没有太多介入手段，主要是通过问卷调查，以及统计会员和 POS 刷卡数据来做一些初级的分析，这些严格意义上说都只是一种统计而不能称之为大数据。但借助无线室内定位技术和电子地图，商家可以精确收集到每一个消费者逛街的数据，比如在每个店里停留的时间、经常逛哪些店、消费了哪些商品等，把这些数据与线下会员、POS 机等数据打通，就可以真正实现大数据分析，从而使商家挖掘出数字背后的意义和未来的趋势，并根据不同用户的偏好为他们提供感兴趣的信息。还可以根据顾客流动线热度图、顾客品牌喜好、品牌关联度等数据在时空上的深度挖掘，找出吸引顾客的方式方法，帮助商场进行品牌店铺的调整。例如某银行的信用卡客户，一进入商场，就可以看到该银行信用卡在自己常逛的哪些商户使用可以享受折扣。做市场的精准营销并不是简单的APP推广或者公众号信息推送，而是需要有大数据支撑。室内定位技术可以统计用户的兴趣、用户对时间和位置的敏感度，实现“私人定制”，将特定用户在特定时间、特定位置感兴趣的营销信息进行传达，避免群发的骚扰，提升用户的消费体验。

（2）旅游景点

在动物园、博物馆等旅游场所，可以在固定景点、展台等布置无线定位的接收设备，然后给游客配发一个包含定位装置的导游器。当游客游览到某个景点或者展台时，导游器通过识别接收设备标签确定游客目前的位置，调用之前内置的导游信息，对该位置的景点或者展台进行解说和介绍。由于不同的游客行进路线不同，每位游客得到的导游信息也是与众不同的，通过分析游客的路线图，使游客听到的介绍和讲解前后衔接起来，可以获得更好的游览体验[1]。

8.2 无线定位在5G中的应用

随着网络社会以及接入终端的不断发展，无线数据流量近年来以一种前所未有的趋势增加。5G将解决多样化应用场景下差异化性能指标带来的挑战。从移动互联网和物联网的主要应用场景、业务需求及挑战出发，可以将5G主要技术场景总结为：连续广域覆盖、热点高容量、低功耗大连接和低时延高可靠。低功耗大连接主要面向智能工业、智能农业、智能家居、智慧城市等以传感和数据采集为目标的应用场景；低时延高可靠场景主要面向车联网、工业控制等垂直行业的特殊应用需求。无线定位技术能够辅助实现上述某些5G场景的应用需求。

（1）车联网

进入21世纪以来，信息技术的发展带来了物联网技术研究的巨大进展。在物联网发展的浪潮中，车联网应运而生[3]。如图8-4所示，车联网是以车内网、车际网和车载移动互联网为基础，按照约定的通信协议和数据交互标准，在车—X（X为车、路、行人及互联网等）之间，进行无线通信和信息交换的大系统网络，是能够实现智能化交通管理、智能动态信息服务和车辆智能化控制的一体化网络。目前，国内外各大标准组织都在积极推动关于车联网的研究，5G主要技术场景也包括车联网低时延高可靠的需求，各大汽车制造商更是纷纷向车联网技术靠拢，车联网势必会成为未来研究与应用的重点[4]。

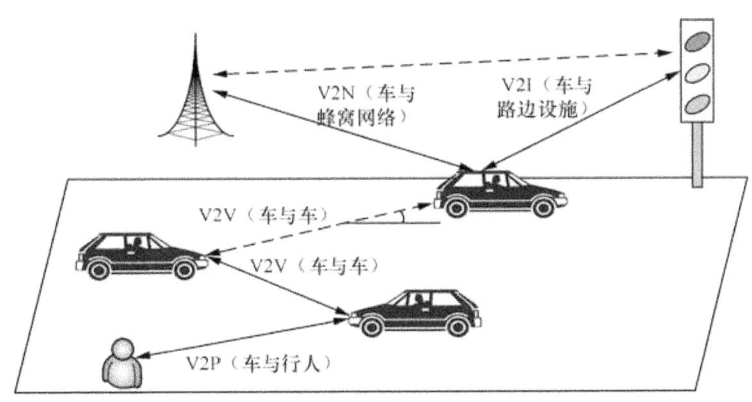

图 8-4　车联网应用场景

车联网应用场景十分丰富，对于政府或车联网的运营企业，可利用车联网技术进行车辆定位及运营监控、流量监测与分析、道路使用及收费、线路优化，使得行车安全性更高，更有效率[5]；对于汽车制造商或服务商（Telematics Service Provider，TSP），可以给行车提供智能导航、辅助驾驶、停车引导、即时资讯、车辆之间的碰撞预警及紧急救援等服务，使城市交通系统更加合理化、安全化、智能化，同时用户的行车体验也将大大提高。

车联网主要基于电子识别、定位和无线通信技术，其中车辆节点的定位和位置感知技术是车联网的技术核心之一，它不仅关系到车辆行驶过程中的安全，而且影响着车联网的发展前景。高精度的无线定位技术可以解决这一问题，比如在汽车行驶过程中可以通过无线定位技术感知附近车辆，对车辆进行防碰撞预警，同时也能够对车辆进行路线规划与引导。停车场的车位可以通过传感器进行判断，在汽车进入停车场时通过高精度的无线定位技术实现智能停车。目前，各大车企联合运营商或互联网公司都在进行相关方面的演示试验，相信不久的将来结合高精度无线定位的车联网技术将普及到日常交通出行中。

（2）智能家居

智能家居是利用先进计算机、网络通信、综合布线等技术，依照人体工程学原理，融合个性需求，将与家居生活有关的安全防护、煤气水电、照明控制、家电运行、多媒体设备操作、环境场景联动等各个子系统有机地结合在一起，通过网络综合化控制和管理，实现“以人为本”的全新家居生活[6]，如图 8-5 所示。目前，所有的智能家居设备都在低功率下运行，并且可以通过不同的方式相互交换信息。未来 5G 的实现，会带来更快更稳定的网络，有助于信息的检测和管理，提高整个智能家居控制系统的智慧化程度，使整个系统更为稳定，传输速率更快，智能家居产业也将得到大力推广。

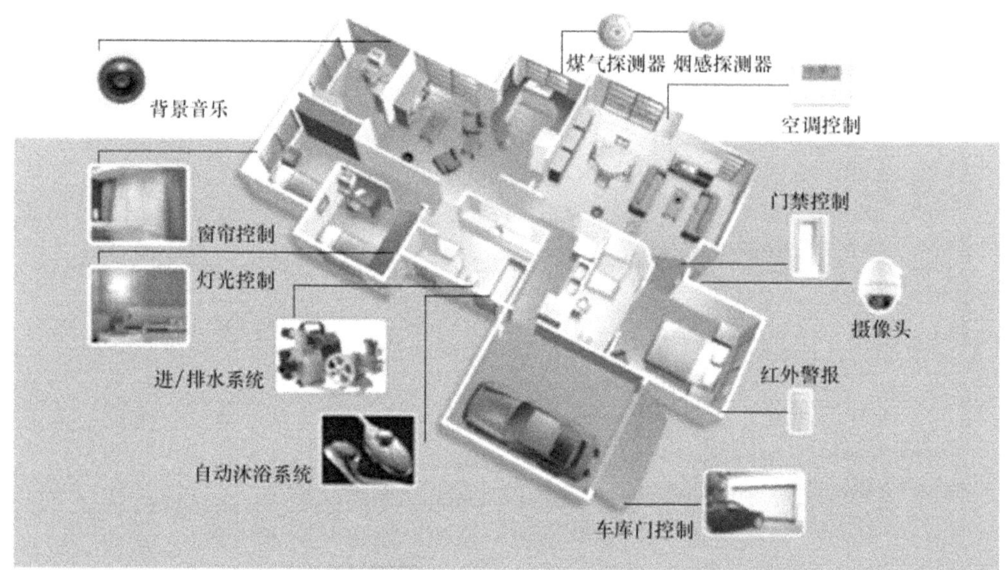

图 8-5　智能家居系统

为了提高智能家居系统中环境舒适度，需要考虑空气温度、湿度和流速等物理条件，更要检测和跟踪人体信息（数目、位置、活动等）。例如，智能家居可以通过检测人体数量与位置，计算并控制空调风向和强度，在不降低舒适性的前提下提高空调的节能指标[7, 8]。无线定位技术作为智能家居领域中一项重要的信息处理技术，能够精确地感知、定位和追踪空间中人体位置、数目等信息，更好地实现家居环境的智能化控制，因此也受到越来越多的关注。未来智能家居的人体信息检测与跟踪系统，将会是各种无线定位算法优势互补和技术交叉结合的产物，从而实现家居环境的高精度、多功能、舒适安全的高智能化调节与控制。

（3）工业 4.0

工业 4.0 是德国政府提出的一个高科技战略计划，是指利用物联信息系统（Cyber-Physical System）将生产中的供应、制造、销售等信息数据化、智慧化，最后达到快速、有效、个性化的产品供应，旨在提升制造业的智能化水平，建立具有强适应性、高资源效率及人、机器、环境合理结合的智能工厂。工业 4.0 的重点是制造智能产品、程序和过程，其中智能工厂、智能生产、智能物流构成了工业 4.0 的关键特征。

智能工厂是在数字化工厂的基础上，通过某些无线定位技术，如 RFID 传感器、GPS、红外感应，以及无线网络、语音视频系统等传输控制技术，把制造行业生产管理五大要素“人”“机”“料”“法”“环”等信息与网络连接起来，进行数据信息交换和通信。通过服务端云计算的分析和统计实现对生产管理五大要素的智能化识别、定位、跟踪、监控和管理，满足了企业生产安全监控、指挥调度与及时获取生产决策辅助信息的需求[9]。

智能物流就是利用条形码、射频识别技术、传感器、GPS 等先进的定位技术，通过信息处理和网络通信技术平台，广泛应用于物流业运输、仓储、配送、包装、装卸等基本活动环节。从而实现货物运输过程的自动化运作和高效率优化管理，提高物流行业的服务水平，降低成本、减少自然资源和社会资源消耗。智能物流在技术上要实现物品识别、地点跟踪、物品溯源、物品监控、实时响应，在功能上则表现为 6 个“正确”，即正确的货物、正确的数量、正确的地点、正确的质量、正确的时间、正确的价格。要实现上述目标，离不开定位技术的支持[10]。

将定位技术应用于工业 4.0 中，构建了一个信息无所不在、无所不通的全数字化、信息化的智能工厂典范，形成一套可复制、可推广的智能工厂全息车间技术方案。既能实现成本降低、生产管理水平提升、生产效率提高，还使其生产制造资源更加合理化、精细化、有序化进行使用与管理，实现企业信息化、数字化建设。

8.3　无线定位的发展及展望

随着通信技术以及物联网技术的兴起和发展，工业、农业、商业、物流、军事等领域对于人员和设备的定位需求越来越多。据资料显示，2012-2014 年无线定位行业的销售收入正在稳步提高，从表 8-1 中数据可以得出 2013 年及 2014 年销售收入增长幅度分别为 58.3%和 55.4%[11]。根据权威机构预测，未来几年无线定位行业所占市场规模也将逐年增加，如图 8-6 所示，到 2020 年，市场规模高达 1 300 亿元，增长率约为 41.3%。无线定位行业正处于高速发展的阶段，其未来发展趋势可以总结如下。

表 8-1　2012-2014 年无线定位行业销售收入增长分析

时间	销售收入/亿元
2012 年	56.82
2013 年	89.92
2014 年	139.71

（1）卫星定位系统性能提升进程加快

随着卫星定位系统应用深度和广度的逐步扩展，尤其是卫星定位在生命安全、国民经济基础设施、收费与消费、执法等领域广泛应用，用户对卫星导航系统和各类增强系统的服务性能提出了更高要求，卫星导航应用的“天花板”日趋明显。所以，未来四大卫星定位系统都会加快升级与建设以保证满足需求[11]。俄罗斯GLONASS系统加大财力投入，研发了新型卫星，增加了CDMA信号，采用了更为精确的PC90时空基准，并加大了空基和地基增强系统的建设力度。欧盟计划在2019年完成Galileo系统的全部卫星发射并实现全球覆盖，为用户提供更加高效和精确的导航定位服务。我国北斗卫星导航系统根据“三步”的战略，已经完成了区域性定位导航服务系统的建设，计划在2020年左右，建成覆盖全球的新一代北斗全球卫星导航系统。

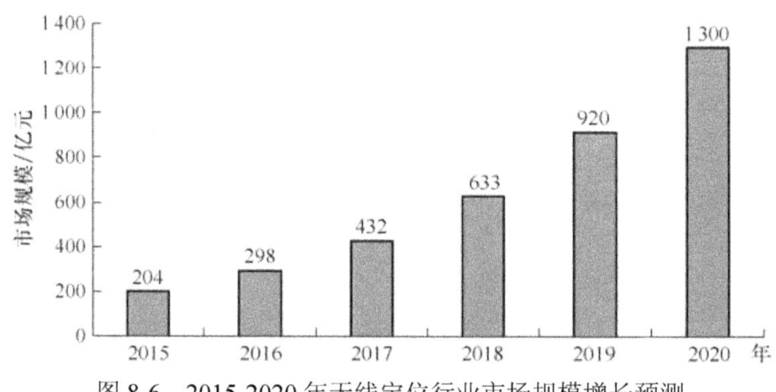

图 8-6　2015-2020年无线定位行业市场规模增长预测

此外，空基地基融合的增强技术也会逐渐应用以提升卫星定位性能。利用GEO/IGSO（Geosynchronous Orbit/Inclined Geosynchronous Satellite Orbit，地球同步轨道/倾斜地球同步卫星轨道）卫星进行卫星导航增强信号播发的天基增强系统，是提高导航定位性能的有效手段，如美国的广域增强系统（Wide Area Augmentation System，WAAS）和欧洲地球静止卫星导航重叠服务（European Geostationary Navigation Overlay Service，EGNOS）等。这些系统对卫星星历及钟差参数，以及电离层延迟误差进行快速精确预报，并通过卫星播发至用户，实现广域实时精准定位和导航，大大提升了卫星导航的性能。在一些高精度导航应用领域，如测绘、国土、精细农业等，采用连续运行基准站（Continuously Operating Reference Station，CORS）系统，计算区域的精密定位修正量，通过移动通信网/数字广播网等播发给用户，可以使实时定位精度达到厘米量级，并提高了系统的完好性、可用性和使用连续性。在未来10年，空基地基融合的增强技术将是未来GNSS发展趋势，满足人们日益增长的高精度、连续、安全可靠导航应用需求。

（2）多种定位技术协同的高精度室内外无缝定位

卫星定位技术实现了室外的广域覆盖，定位精度达到米级、分米级甚至更高精度。但在室内环境下，目前尚无经济且成熟的技术，根本原因是室内定位存在环境复杂、定位面积小、多径传播等特点。但由于人们大部分时间都是在室内，室内定位技术与其实现的应用之间，存在着协同效应。精准的室内定位技术是向室内用户提供有用的、有针对性的市场与服务内容的关键，是一个需要填补的技术缺口。现有的 Wi-Fi、RFID、无线传感器网络（Wireless Sensor Networks，WSN）及超宽带（Ultra Wideband，UWB）等定位技术能实现局部的米级室内定位，但各自都存在优劣势。目前越来越多的定位解决方案已经考虑将惯性传感器的定位技术与 Wi-Fi、蓝牙等定位技术融合到一起，以提高定位的精度。谷歌、Broadcom、CSR 等公司也开始提供多种定位技术融合的解决方案，以满足不断扩大的用户需求，多种定位技术互补融合已变为一种趋势。

现有 2G/3G/4G 移动通信网络形成了地面最大覆盖的通信网络，拥有数十亿的用户，利用导航与通信结合的技术，可使 2G/3G/4G 移动通信网成为具有室内高精度定位能力的地面广域覆盖网络，在覆盖区域内实现室内外无缝定位。同时，多数公共场所已建立了 Wi-Fi 局域通信网络，智能手机、掌上电脑等终端设备也具有 Wi-Fi 或蓝牙通信能力，这些都为精准室内定位服务提供了支撑条件。但所有地面通信网络的覆盖范围是有限的，我国移动通信网络覆盖率不足国土面积的 30%，70%的国土通过卫星覆盖实现定位导航。因此卫星系统与地面网络协同、多种地面定位技术的协同，以及室内外协同的高精度无缝定位技术已成为未来的发展趋势。

（3）更先进的定位算法以及不断标准化的协议

鉴于目前 MIMO、智能天线等新技术应用到智能手机等移动终端上，无线信号的处理分析能力得到了大大增强，这样就可以引入信号的其他特性。现有的定位系统大多引入信号的幅度、到达时间等信息，对于信号的相位信息一般采取了抛弃处理。同时，由于移动终端处理能力的增强，可以将机器学习、神经网络、遗传算法、统计学方法等其他领域成熟的算法引入到室内定位中来，从而获得更好的定位精度和稳健性[12]。

未来 5G 时代，海量终端接入大规模网络，当需要在一个通信网络或者异构网络中进行定位时，节点之间、节点与定位服务器之间如何进行协作和交互需要一套完整的网络协议。针对系统中不同的设备，制定不同的协议以规划其正常工作，同时该协议提供室定位网络与外界的接口，方便定位信息的输出和各种参数的输入。只有将定位协议标准化，才能促进定位设备以及技术的快速发展。

（4）定位设备逐渐低功耗化

通过降低定位功能对移动设备带来的额外功耗，可以实现随时随地地精准定位。降低设备功耗的方法包括使用专用的定位处理引擎以尽量少唤醒应用处理器，结合运动检测和行为模式的检测来降低功耗，通过多种定位技术的融合选择最省电同时满足精度的技术，并关闭或使高功耗的定位技术处于休眠模式，以降低高功耗传感器的使用。目前，低功耗蓝牙（Bluetooth Low Energy，BLE）定位技术开始受到广泛关注。蓝牙室内定位已经发展了一段时间，但过去并未受重视，随着苹果公司推出的 iBeacon 系统广泛应用，BLE 定位技术成为热点。目前基于该技术的信息推送应用在零售业已经获得相当大的响应，预期未来 BLE 室内定位技术会更多结合信息推送、移动支付等应用，在日常生活中为用户提供个性化服务。

（5）定位更注重安全和隐私

随着定位技术的应用范围不断推广，与之相关的服务不断丰富，定位这项技术不得不面临有关安全性以及隐私权的问题。使用者的位置是否被其他人获知，其相关信息是否安全，定位服务的安全性是否可靠等，将会成为使用者和研究人员的重要关注点。未来的定位服务系统会通过合适的加密技术保证所采集数据的安全性，保证在每位用户的私人信息不受侵犯的前提下对数据进行合适的处理。

（6）定位相关技术不断扩展

由于未来定位技术的广泛应用，地图和定位数据库会迅速发展，相关技术趋于成熟，以保证快速扩展的能力和定位性能的可靠性与一致性。同时，基于位置的应用和服务会更多利用附近的感应和发现。相对定位而言，附近的发现会更简单，因为它并不需要计算精确位置，而只是发现附近的设备就能提供相应的服务。这种技术对于精确定位不容易实现的场景可以作为很好的补充。相关的技术有 BLE、近场通信（Near Field Communication，NFC）、LTE/Wi-Fi Direct（手机间直接通信，基站或 Wi-Fi 设备只提供辅助功能）等。

8.4 本章小结

无线定位技术近年来发展十分迅速，在现网中已有诸多应用，例如商场或超市购物、仓库物品管理、游戏开发等。在未来 5G 的发展中，车联网、智能家居、工业 4.0、VR 等新兴技术与产业更加需要高精度定位技术的支持。科技的进步以及市场的需求会推动无线定位技术向更精准、更方便、更安全发展。相信在不久的将来，位置信息的应用将无处不在，无线定位技术将带领人类进入更加信息化、智能化的时代。

参考文献

[1] 余扬, 赵凯飞, 沈嘉. 室内定位技术应用、研究现状及展望[J]. 电信网技术, 2014, (5): 46-49.

[2] 赵锐, 钟榜, 朱祖礼, 等. 室内定位技术及应用综述[J]. 电子科技, 2014, 27(3):154-157.

[3] 王群, 钱焕延, 张亮. 车联网定位与位置感知技术研究[J]. 南京师大学报（自然科学版）, 2015(1): 66-74.

[4] 任开明, 李纪舟, 刘玲艳, 等. 车联网通信技术发展现状及趋势研究[J]. 通信技术, 2015, 48(5): 507-513.

[5] 车联网介绍[EB/OL]. http://wenku.baidu.com/link?url=X9yj7Of_rIdDOzAsVmT34YiY0TZ0BYGMs6sIggHgg_T7xsLshzoShWluRw95nSCp2rXxNSnpj5zjTnefEqRosw67uJRMYPd-CyswNKOQRKm.

[6] 智能家居百科[EB/OL].http://baike.baidu.com/link?url=OARVMCvcg4USM4IexrJ5DxUXPyvfA63hekidwDsUbeLuu5LxqzGNTmoPQ3hUdya-NDi8t3jI1-BNmtrXCwJXla.

[7] 张进虎. 基于物联网的蜂窝无线定位技术研究[D]. 北京: 北京交通大学, 2013.

[8] 杨铁星, 刘永敬, 焦学军, 等. 智能家居系统中人体定位技术研究进展[J]. 中国生物医学工程学报, 2013, 32(6): 716-722.

[9] 工业 4.0 百科[EB/OL]. http://baike.baidu.com/link?url=7S1VxjKi6kVerg6Y3H3uld_aLcYpF40zF1MY8KUJWvIaHZ-RwYpa_LhWZRNIpELxlTBTQUKiTuUqVLEC_ZaKG1dPa-YjDw5SsotVd-qesoO.

[10] 物联网智慧工厂全息车间解决方案[EB/OL]. http://www.360doc.cn/article/10724725_425094960.html, 2014, 11.

[11] CCID. 2016-2020 年无线定位行业现状调研分析及发展前景报告[R].

[12] 马静宜. 室内定位技术现状和发展趋势[J]. 电子产品世界, 2014, (11): 15-17.

中英对照表

英文缩写	英文释义	中文释义
3GPP	Third Generation Partnership Project	第三代合作伙伴计划
5G	5th Generation	第五代移动通信技术
ADC	Analog to Digital Converter	模拟数字转换器
AGC	Automatic Gain Control	自动增益控制
AOA	Angle of Arrival	到达角
AP	Wireless Access Point	无线接入点
ARQ	Automatic Repeat Request	自动重发请求
ATT	Attribute Protocol	属性协议
BDT	BeiDou Time	北斗时
BIH	Bureau International del'Heure	国际时间局
BLE	Bluetooth Low Energy	低功耗蓝牙
BS	Base Station	基站
CA	Carrier Aggregation	载波聚合
CDF	Cumulative Distribution Function	累积分布函数
CDMA	Code Division Multiple Access	码分多址
CEP	Circular Error Probability	圆/球误差概率
CGI	Cell Global Identifier	小区全球识别码
CI	Community Identity	小区识别码
CID	Cell ID	小区标识
CORS	Continuously Operating Reference Station	连续运行基准站
CP	Cyclic Prefix	循环前缀

英文缩写	英文释义	中文释义
CRLB	Cramer-Rao Lower Bounds	克拉美罗下限
CRS	Cell-Specific Reference Signal	小区专用参考信号
D2D	Device to Device	终端直连
DECT	Digital Enhanced Cordless Telephone	数字增强无绳电话
DLAN	Digital Living Network Alliance	数字生活网络联盟
DMA	Direct Memory Access	直接存储器存取
DMRS	Demodulation RS	解调参考信号
E-911	Emergency Call 911	紧急呼叫“911”
E-CID	Enhanced Cell ID	增强小区 ID 定位
EGNOS	European Geostationary Navigation Overlay Service	欧洲地球静止卫星导航重叠服务
ENA	European Article Number International	欧洲物品编码协会
EPC	Evolved Packet Core	演进的分组核心
E-UTRAN	Evolved UMTS Terrestrial Radio Access Network	演进的 UMTS 陆地无线接入网
FCC	Federal Communications Commission	美国联邦通讯委员会
FD	Full Dimension	全维度
FDMA	Frequency Division Multiple Access	频分多址
FFD	Full Function Device	全功能器件
FIFO	First In First Out	先入先出
FPGA	Field Programmable Gate Array	现场可编程门阵列
GAP	Generic Access Profile	通用接入层
GATT	Generic Attribute	通用属性
GDOP	Geometric Dilution of Precision	几何精度因子
GEO	Geosynchronous Orbit	地球同步轨道
GLSC	General Location Service Center	粗定位业务中心
GNSS	Global Navigation Satellite System	全球卫星导航系统
GPS	Global Positioning System	全球定位系统
GSM	Global System for Mobile Communication	全球移动通信系统
HCI	Host Controller Interface	主机控制接口

英文缩写	英文释义	中文释义
HOW	Hand Over Word	转换码
IEC	International Electro technical Commission	国际电工委员会
IGSO	Inclined Geosynchronous Satellite Orbit	倾斜地球同步轨道
ISO	International Organization for Standardization	国际标准化组织
ITU	International Telecommunication Union	国际电信联盟
*k*NN	*k*-Nearest Neighbor	*k* 近邻法
L2CAP	Logical Link Control and Adaptation Protocol	逻辑链路与适配协议
LAI	Location Area Identity	位置区识别码
LBS	Location Based Service	基于位置的服务
LCS	Location Service	定位业务
LED	Light Emitting Diode	发光二极管
LLC	Logical Link Control	逻辑链路控制
LMU	Location Measurement Unit	定位测量单元
LOS	Line Of Sight	视距、直射径
LPP	LTE Positioning Protocol	LTE 定位协议
LPPa	LTE Positioning Protocol A	LTE 定位协议附加协议
LQ	Link Quality	链路质量
MALS	Mobile Advanced Location System	移动粗定位平台
MDT	Minimized Driving Test	最小化路测
MIPS	Million Instructions Per Second	每秒百万条指令
MLC	Mobile Localization Center	移动定位中心
MME	Mobility Management Entity	移动性实体管理
MT	Mobile Terminal	移动终端
NAS	Network Attached Storage	网络附属存储
NFC	Near Field Communication	近场通信
NLLS	Non-Linear Least Square	非线性最小二乘
NLOS	Non Line Of Sight	非视距
OFDM	Orthogonal Frequency Division Multiplexing	正交频分复用
OMA	Open Mobile Alliance	开放式移动联盟
OTDOA	Observed Time Difference Of Arrival	可观察到达时间差

英文缩写	英文释义	中文释义
PBCH	Physical Broadcast Channel	物理广播信道
PCB	Printed Circuit Board	印刷电路板
PCF	Packet Control Function	分组控制功能
PCI	Physical Cell ID	物理小区标识
PDF	Probability Distribution Function	概率密度函数
P-GW	PDN Gate Way	PDN 网关
PPS	Precise Positioning Service	精密定位服务
PRS	Positioning Reference Signal	定位参考信号
PSS	Primary Synchronization Signal	主同步信号
QoS	Quality of Service	服务质量
R&S	Rohde & Schwarz	罗德施瓦茨
RAN	Radio Access Network	无线接入网
RB	Resource Block	资源块
RFD	Reduced Function Device	消减功能器件
RFID	Radio Frequency Identification	射频识别
RMS	Root Mean Square	均方根
RMSE	Root Mean Square Error	均方根误差
ROM	Read Only Memory	只读存储器
RPE	Relative Position Error	相对定位误差
RRU	Radio Remote Unit	射频单元拉远
RS	Reference Signal	参考信号
RSRP	Reference Signal Receiving Power	参考信号接收功率
RSRQ	Reference Signal Receiving Quality	参考信号接收质量
RSS	Received Signal Strength	接收信号强度
RSSI	Received Signal Strength Indicate	接收信号强度指标
RSTD	Reference Signal Time Difference	参考信号时间差
RTLS	Real Time Location Systems	实时定位系统
RTT	Round Trip Time	往返时间
SA	Service and System Aspects	业务和系统方面
SDR	Software Defined Radio	软件定义无线电

英文缩写	英文释义	中文释义
S-GW	Serving Gate Way	业务网关
SML	Security Manager	安全管理
SPS	Standard Positioning Service	标准定位服务
SRAM	Static Random Access Memory	静态随机存储器
SRS	Sounding RS	探测参考信号
SSS	Secondary Synchronization Signal	辅同步信号
TA	Timing Advance	时间提前量
TAI	Temps Atomique International	国际原子时
TBS	Terrestrial Beacon System	地面信标系统
TDOA	Time Difference Of Arrival	到达时间差
TLW	Telemetry Word	遥测码
TOA	Time Of Arrival	到达时间
TSP	Telematics Service Provider	车载信息服务提供商
TTFF	Time To First Fix	首次定位时间
UCC	Uniform Code Counci	统一代码委员会
UE	User Equipment	用户设备
UT	Universal Time	世界时
UTC	Universal Time Coordinate	协调世界时
UTDOA	Uplink Time Difference Of Arrival	上行达到时间差定位
UUID	Universally Unique Identifier	通用唯一标识符
UWB	Ultra Wide Band	超宽带
WAAS	Wide Area Augmentation System	广域增强系统
WAP	Wireless Application Protocol	无线应用协议
WLAN	Wireless Local Area Network	无线局域网
WN	Week Number	星期序号
WSN	Wireless Sensor Network	无线传感器网络
XML	Extensive Markup Language	可拓展标记语言

名词索引

www.ingramcontent.com/pod-product-compliance
Ingram Content Group UK Ltd.
Pitfield, Milton Keynes, MK11 3LW, UK
UKHW062004290726
14090UKWH00022B/1387